W0260634

Naturwissenschaften im Fokus

Reihenherausgeber
Harald Frater

Dieter Lohmann · Nadja Podbregar

Im Fokus: Entdecker

Die Erkundung der Welt

Autoren
Nadja Podbregar
MMCD, NEW MEDIA GmbH
Drakeplatz 5
40545 Düsseldorf, Deutschland
redaktion@scinexx.de

Dieter Lohmann
MMCD, NEW MEDIA GmbH
Drakeplatz 5
40545 Düsseldorf, Deutschland
redaktion@scinexx.de

ISBN 978-3-642-24336-3   ISBN 978-3-642-24337-0 (eBook)
DOI 10.1007/978-3-642-24337-0
Springer Heidelberg Dordrecht London New York

Die Deutsche Nationalbibliothek verzeichnet diese Publikation in der Deutschen National-
bibliografie; detaillierte bibliografische Daten sind im Internet über http://dnb.d-nb.de ab-
rufbar.

Springer Spektrum

Einbandentwurf: deblik, Berlin

Gedruckt auf säurefreiem und chlorfrei gebleichtem Papier

Springer Spektrum ist eine Marke von Springer DE.
Springer DE ist Teil der Fachverlagsgruppe Springer Science+Business Media
www.springer.com

Inhaltsverzeichnis

Wie Europa die Welt entdeckte – Auf den Spuren von Marco Polo & Co

Dieter Lohmann

Zusammenfassung

Auf der Landkarte der Erde gibt es heute kaum noch weiße Flecken. Alle Kontinente, alle Meere, Flüsse, Berge und Städte sind bestens bekannt und präzise kartiert. Vor rund 750 Jahren sah dies noch ganz anders aus. Damals gehörten in Europa gerade mal der eigene Kontinent, der Orient sowie die nördlichen Teile Afrikas zum vertrauten Teil der Welt. Dabei hatten die frühen Seefahrer bereits in der Antike viel mehr über das Aussehen unseres Planeten in Erfahrung gebracht. Doch das Wissen etwa um die Kugelgestalt der Erde oder die den Phöniziern zugeschriebene Umrundung ganz Afrikas war im Mittelalter längst wieder in Vergessenheit geraten. Und auch die Erinnerung an die Entdeckung Amerikas etwa 1000 n. Chr. durch die Wikinger war längst verblasst.

Europa sprengt seine Ketten

Zu den ersten, die sich aufmachten, Europas Grenzen zu sprengen und fremde Länder und Menschen zu erkunden, gehörte im Jahr 1271 der venezianische Händler Marco Polo. Während seiner Expedition ins Reich Kublai Khans lernte er die unermesslichen Schätze und Erfindungen der

D. Lohmann, N. Podbregar, *Im Fokus: Entdecker*,
DOI 10.1007/978-3-642-24337-0_1, © Springer-Verlag Berlin Heidelberg 2012

Chinesen kennen. Seide, Gewürze, Edelsteine, Porzellan und vieles andere mehr gab es dort in Hülle und Fülle. Marco Polos Reiseberichte brachten die Kunde davon nach Europa und weckten schnell Begehrlichkeiten unter den Herrschern. Doch erst durch technische Neuerungen wie hochseetüchtige Schiffe und bessere nautische Instrumente gelang es den Europäern mit der Zeit immer weiter in bis dahin unbekannte Regionen vorzudringen – und so das geographische Wissen über die Erde stetig zu erweitern.

Vor allem gegen Ende des 15. Jahrhunderts ging es Schlag auf Schlag bei der Erkundung der Erde. 1487/88 umsegelte der Portugiese Bartolomeu Diaz erstmals die Südspitze Afrikas. 1492 entdeckte Christoph Kolumbus dann Amerika aufs Neue und 1498 fand Vasco da Gama endlich den lange gesuchten Seeweg nach Indien. Dass die Erde tatsächlich eine Kugel und keine Scheibe ist, zeigte schließlich der portugiesischer Seefahrer Fernando Magellan. Zwischen 1519 und 1522 gelang ihm und seinen Männern mit dem Schiff „Victoria" die erste Weltumseglung in der Menschheitsgeschichte.

Von Abenteurern, Entdeckern und Universalgelehrten

Mit der Zeit gerieten immer neue Ziele in das Visier der Abenteurer und Entdecker. Gab es das sagenumwobene und angeblich so reiche Südland, die Terra Australis Incognita, tatsächlich? Wo im heißen Herzen Afrikas lagen die Quellen des Nils? Dies waren nur zwei von vielen Fragen mit denen sich Männer wie Francis Drake, James Cook oder David Livingstone beschäftigten. Mehr Naturforscher als Entdecker war dagegen der deutsche Universalgelehrte Alexander von Humboldt. Ihn interessierten nicht nur Themen aus der Physik, Chemie, Geologie, Mineralogie und Vulkanologie. Er beschäftigte sich auch mit Botanik, Zoologie, Klimatologie sowie Ozeanographie oder Astronomie. Auf seinen Forschungsreisen nach Südamerika, in den Ural und nach Zentralasien sammelte und bestimmte er etwa Pflanzen und Tiere und bestieg Vulkane.

Wettlauf zu den Polen

Zu Beginn des 20. Jahrhunderts war die Erde schließlich bereits recht gut erkundet. Mindestens zwei große Herausforderungen gab es jedoch noch: Die Eroberung der beiden Pole. Es entwickelte sich dabei ein Wettlauf durchs ewige Eis, bei dem es viele Verlierer und nur wenige Gewinner gab. Am Ende war es der Amerikaner Robert Peary, der am 6. April 1909 – nach eigenen Angaben – als erster Mensch seinen Fuß auf den Nordpol setzte. Der norwegische Polarforscher Roald Amundsen und seine vier Begleiter dagegen hissten am 14. Dezember 1911 voller Stolz ihre Flagge am Südpol …

Dieter Lohmann

Zusammenfassung

Siebzehn Jahre war Marco Polo alt, als er 1271 in Begleitung seines Vaters und seines Onkels zu seiner berühmten Entdeckungsreise aufbrach. Von Venedig aus ging es über die Seidenstraße Richtung Osten nach China bis an den Hof des legendären Mongolenherrschers Kublai Khan. Siebzehn Jahre lang stand Marco Polo dort anschließend im Dienste des Enkels von Dschingis Khan und reiste in dieser Zeit kreuz und quer durch das gewaltige Imperium. Als einer der ersten Europäer konnte er dabei die vielen Sehenswürdigkeiten und Wunder, die das Reich der Mitte zu bieten hatte, mit eigenen Augen sehen. 1295 kehrte Marco Polo schließlich als reicher Mann und beladen mit zahlreichen Eindrücken aus dem Fernen Osten in seine Heimatstadt zurück.

Der berühmteste Sohn Venedigs

Marco Polo gehört zu den bekanntesten Entdeckern der Menschheit. Dabei war der Venezianer gar kein Entdecker im eigentlichen Sinne. Er stammte aus einer wohlhabenden Kaufmannsfamilie und hatte deshalb die Fähigkeit zum Handel treiben mit in die Wiege gelegt bekommen. Nicht Abenteuerlust und Entdeckergeist trieben ihn ins Reich der Mitte, sondern eher die Aussicht auf orientalische Reichtümer wie Gewür-

D. Lohmann, N. Podbregar, *Im Fokus: Entdecker*,
DOI 10.1007/978-3-642-24337-0_2, © Springer-Verlag Berlin Heidelberg 2012

ze, Edelsteine oder Stoffe. Was ihn so außergewöhnlich macht, ist auch weniger seine Reise ins Reich der Mitte selbst – eine ähnliche Tour hatten beispielsweise sein Vater Nicolao und sein Onkel Maffeo Polo bereits einige Jahre zuvor unternommen –, sondern dass er in seinem 1298 erschienenen Buch „Il Milione – Die Wunder der Welt" Erlebnisse und Dinge beschrieb, die für die meisten Abendländer neu und sensationell waren.

Marco Polos Augenzeugenbericht fand im frühen Mittelalter überall in Europa seine Leser. Nicht immer jedoch schenkte man ihm Glauben. Für die Menschen klangen die meisten seiner Erzählungen einfach zu fantastisch, als dass sie wirklich wahr sein könnten. Berichte über seltsame schwarze Brocken, die in China aus der Erde geholt werden und unendlich lange brennen, oder Papiergeld als Zahlungsmittel beispielsweise hielten sie schlichtweg für blühende Fantasien eines italienischen Abenteurers. Viele Zeitgenossen Marco Polos weigerten sich zudem hartnäckig, eine hochzivilisierte Kultur im Fernen Osten zu akzeptieren, die ihrer eigenen ebenbürtig oder sogar überlegen war. Trotz aller Vorbehalte: Marco Polo hatte mit seiner Entdeckungsreise und seinem ausführlichen Reisebericht in vielen Europäern Sehnsüchte und Begehrlichkeiten nach den Reichtümern Ostasiens geweckt, die sich so ohne weiteres nicht mehr unterdrücken ließen. Seide, Gewürze, Edelsteine und Porzellan aus China waren bei den Herrschern und Kaufleuten seit seinem Besuch im Reich der Mitte in aller Munde.

Ob Christoph Kolumbus, Vasco da Gama oder Fernando Magellan – viele der späteren Entdecker hatten Marco Polos Erzählungen zumindest im Hinterkopf, wenn sie sich aufmachten, die mittelalterlichen Grenzen Europas zu sprengen und an die Schätze Asiens zu gelangen. Wie aber gelangte Marco Polo nach China? Welche Abenteuer erlebte er dort wirklich? Was passierte, als er nach 24 Jahren in der Fremde in seine Heimat zurückkehrte?

Zwei Brüder im Fernen Osten

Venedig im Jahr 1254: Die blühende Lagunenstadt liefert sich mit anderen Stadtstaaten wie Genua oder Pisa einen heftigen Kampf um die

Vorherrschaft in Europa beim Handel mit Gewürzen, Edelsteinen und anderen exotischen Schätzen aus dem Orient. Venedig kontrolliert zur damaligen Zeit zahlreiche wichtige Häfen am Mittelmeer und darüber hinaus in Richtung Osten. Auch Nicolao Polo und sein Bruder Maffeo, zwei Nachkommen einer altehrwürdigen Kaufmannsfamilie in Venedig, haben schon seit langer Zeit Handelsbeziehungen nach Konstantinopel und zur Krim aufgebaut. Sie kaufen und verkaufen und machen dabei glänzende Geschäfte. Mitte der 1250er-Jahre beschließen sie, die boomenden Metropole am Bosporus und ihre Partner zu besuchen und dort nach dem Rechten zu sehen.

Auf ihrer Reise haben es die Brüder nicht eilig und bleiben zunächst fast sechs Jahre in Konstantinopel. Erst dann machen sie sich auf nach Sarei an der unteren Wolga, um neue Kontakte zu knüpfen. Vom Entdeckergeist getrieben und auch in der Hoffnung auf weitere lohnende Handelsbeziehungen jenseits der Wolga, wagen sie sich 1260 immer weiter vor auf für sie unbekanntes Terrain. Einem Abstecher nach Bulgar folgt ein längerer Zwischenstopp in der großen und reichen Stadt Buchara. Hier aber wissen die Polos nicht so recht, was sie tun sollen. Wieder nach Westen in Richtung Venedig oder doch zu den bereits bekannten Goldvorkommen am Kaspischen Meer? Das Eintreffen einer tatarischen Karawane in der Stadt lenkt ihre Gedanken jedoch in eine ganz andere Richtung. Warum nicht dem gerade auf den Thron gestiegenen Kublai Khan in China einen Besuch abstatten? Die Polos schließen sich deshalb der Gesandtschaft des Khans Hülägü von Persien an, die dieser an seinen Bruder im fernen Osten geschickt hat.

Für die Europäer beginnt eine Zeit voller Abenteuer. Zwar ist der Weg nach Osten bereits einigermaßen gut bekannt, auf die Gebrüder Polo jedoch warten immer neue Überraschungen. Mit großem Interesse lernen sie immer neue Völker, Sitten und Gebräuche in den Gebieten kennen, die sie durchqueren. Die Reise geht zunächst nach Samarkand und von dort aus über die nördliche Route der Seidenstraße vorbei am Tienschan-Gebirge und weiter Richtung Urumtschi und Beijing. In der Nähe von Zhangye südlich der Wüste Gobi sehen sie zum ersten Mal mit eigenen Augen ein gewaltiges Bauwerk, das die früheren chinesischen Kaiser zum Schutz gegen die Barbaren errichtet hatten: die Chinesische Mauer.

Als die Polo-Brüder schließlich in Beijing – von den Europäern Cambulac genannt – ankommen, haben sie eine historische Tat vollbracht. Als ersten Abendländern ist es ihnen gelungen, fast den gesamten asiatischen Kontinent zu durchqueren. In Beijing werden sie von Herrscher Kublai Khan mit allen Ehren empfangen und lernen das Leben am Hof in allen Facetten kennen. Der Mongolenführer interessiert sich sehr für die Europäer und will vor allem mehr über das Christentum erfahren. Er erkundigt sich aber auch nach den Herrschern in Europa und den Sitten und Gebräuchen im Abendland.

Als Nicolai und Maffei Polo im Jahr 1269 schließlich wieder in die so genannte zivilisierte Welt zurückkehren, haben sie ein Begleitschreiben an den Papst in der Tasche. In diesem bittet Kublai Khan um die Entsendung von 100 versierten christlichen Gelehrten und Doktoren, damit sie an seinen Wissenschaftlerstreitgesprächen teilnehmen können, die er regelmäßig in seinem Palast abhalten lässt. Er stellt den Polos sogar in Aussicht, zum Christentum überzutreten, wenn die Theologen ihn von den Vorteilen der Religion überzeugen könnten. Die Briefe des Kublai Khan aber finden in Europa keinen Abnehmer. Als die Polo-Brüder nach dreijähriger Landreise in Akka, in der Nähe von Jerusalem ankommen, erfahren sie, dass der amtierende Papst kurz vor ihrer Heimkehr gestorben ist. Die Nachfolgegespräche im Vatikan ziehen sich nun wie Gummi. Wie im Flug vergehen die Monate, ohne dass sich ein Ansprechpartner für die Wünsche Kublai Khans findet.

Mit 17 auf eine Reise ins Ungewisse: Marco Polo verlässt Venedig

1271 haben die Polo-Brüder das Warten satt. Sie beschließen, ihre Kontakte im Reich der Mitte aufzufrischen und nicht weiter bis zur Papstwahl auszuharren. Doch sie reisen dieses Mal nicht allein. Der Sohn von Nicolao Polo, Marco, geboren 1254 auf der venezianischen Insel Rialto, ist mittlerweile 17 Jahre alt und voller Tatendrang. Nicolao und Maffeo Polo zögern nicht, den Heranwachsenden auf ihre gefahrvolle Expedition mitzunehmen. Und auch Marco Polo überlegt nicht lange, ob er seine Verwandten begleiten soll. Die abenteuerlichen Erzählungen über das Leben am Hofe des Mongolenführers haben in dem jungen Venezianer eine große Sehnsucht nach dem Fernen Osten geweckt. Er will endlich all diese Reichtümer und Wunderdinge mit eigenen Augen sehen.

Kaum sind die Polos aufgebrochen, steigt endlich doch noch weißer Rauch über dem Vatikan auf, die Bischöfe haben Gregor X. zum neuen Papst gewählt. In Windeseile werden die Reisenden zurückgerufen. In Begleitung von zwei Mönchen und mit verschiedenen Grußbotschaften und wertvollen Präsenten des Papstes im Gepäck, machen sie sich dann wieder auf ihren weiten Weg in das Reich der Mitte. Unter anderem haben sie eine Flasche geweihten Öls dabei, um die Kublai Khan bei ihrem letzten Aufenthalt ausdrücklich gebeten hatte. Schon bald aber müssen die Polos auf ihrer Mission ins Mongolenreich auf ihre wertvollen christlichen Begleiter wieder verzichten. Kriegerische Auseinandersetzungen in Armenien erschrecken die Mönche derart, dass sie eine Weiterreise kategorisch ablehnen.

Die Polos aber setzen ihre Abenteuerreise unbeirrt fort und erreichen schon bald Bandar Abbas am Persischen Golf. Dort stehen sie vor einem Problem: Sollen sie weiter per Schiff Richtung Indien und dann nach China reisen oder doch lieber den länger dauernden, aber womöglich weniger gefährlichen Landweg einschlagen? Marco Polo und seine Gefährten gehen auf Nummer Sicher und brechen mit einer Karawane, die Nahrungsmittel, Waren und Ausrüstungsgegenstände mit sich führt, in Richtung Hindukusch und Pamirgebirge auf.

Marco Polo interessiert sich unterwegs sehr für Land und Leute, Sitten und Gebräuche oder die religiöse Vielfalt. Besonders am Herzen liegen ihm aber Gewebe und Stoffe, Gewürze, Perlen und Edelsteine. Schon auf dem Weg Richtung Osten treiben die Polos Handel und schlagen bei ihren Geschäften meist einen üppigen Gewinn heraus.

Am Ziel aller Träume: Marco Polo trifft Kublai Khan

Die Reise verläuft zunächst ohne größere Probleme, doch Ende des Jahres 1271 stehen Marco Polo und seine Begleiter vor einem schier unüberwindbaren Hindernis. Das unwirtliche und zerklüftete Pamirgebirge türmt sich vor ihnen auf. Die Polos beschließen, den Winter abzuwarten, und verbringen einige Monate am Fuße des Gebirges. Zu Beginn des Jahres 1272 gelingt ihnen die Überquerung der gewaltigen Bergkette innerhalb von mehreren Wochen. Das Panorama auf den steilen Gebirgspfaden ist genauso atemberaubend wie die Strapazen, die Karawane mit allem Lebensnotwendigen heil über die Bergpässe zu bringen. Zwölf Tage dauert es allein, das riesige Hochtal zu durchwandern, in dem der Amu-Darja und zahlreiche Nebenflüsse des Indus entspringen. Tagelang treffen die Europäer auf ihren mühsamen Touren weder Mensch noch Tier.

Aber auch als sie die Schluchten des Pamir verlassen haben, befinden sich die Reisenden noch nicht in Sicherheit. 40 Tage durch die menschenfeindliche, ausgedörrte Wüste stehen ihnen noch bevor, bis sie Kaschgar erreichen. Die Metropole mit den üppigen Weingärten und den gepflegten Feldern kommt ihnen dann wie eine Oase des Lebens in der Einöde vor. Mit Kaschgar lernen sie aber auch einen der wichtigsten Knotenpunkte der Seidenstraße kennen, ein El Dorado für Kaufleute aus aller Herren Länder. Kostbare Gewürze, Porzellan, Schießpulver, natürlich Seide und andere exotische Güter werden von hier aus mithilfe von Handelskarawanen nach Vorderasien und Europa verschickt.

Trotzdem verlassen die Polos mit ihren Gefährten nach einiger Zeit des Ausruhens die pulsierende Oasenstadt und dringen weiter in Richtung Osten vor. Auf der Seidenstraße geht es lange Zeit am Rand der Wüste Takla Makan entlang. Das Klima dort ist mörderisch. Trotzdem kämpft sich die Karawane, begleitet von Stürmen und anderen Launen des Wetters, unter unsäglichen Strapazen Meter für Meter voran. Irgendwann erreichen die Polos schließlich die wichtige Stadt Hotan. Hier fühlen sie sich gleich wie zu Hause. Neben Baumwollfeldern hat die Stadt riesige Lagerstätten für Smaragde und Jade zu bieten. Dieser Anblick lässt das Herz der Edelsteinhändler höher schlagen und sie decken sich reichlich mit den wertvollen Gütern ein.

In Zhangye schließlich, der nächsten Station ihrer Expedition, bleiben die Reisenden mehr als ein Jahr und treiben auch dort intensiven Handel. Sie haben jetzt zudem endgültig den Einflussbereich Kublai Khans erreicht. Bis zum Zentrum der Macht, nach Cambaluc, ist es aber noch ein weiter Weg. Der Großkhan – immer durch schnelle berittene Boten bestens über das Herannahen der Europäer informiert – hat ihnen sogar ein Ehrengeleit entgegen geschickt, um ihnen die letzten Wochen der Reise möglichst angenehm zu gestalten.

Kublai Khan weilt zu der Zeit aber nicht in Beijing, sondern hat sich in seinen 320 Kilometer nördlich der Hauptstadt gelegenen Sommerwohnsitz Shangtu zurückgezogen, dem legendären Xanadu. Dort kommt es im Jahre 1275 dann auch zum Aufeinandertreffen der Polos mit dem mächtigen Mongolenfürsten. Als Marco Polo und seine Begleiter vor dem Herrscher demütig niederknien, haben sie eine beschwerliche dreieinhalbjährige Reise hinter sich und dabei mehr als 12.000 Kilometer zurückgelegt. Der Großkhan empfängt die Fremden freundlich und mit allen Ehren. Schon bald nimmt er die Polos in sein Gefolge auf und stattet sie mit weitreichenden Privilegien aus. Besonders die beiden goldenen Täfelchen, die ihnen Kublai Khan überreicht, öffnen den Europäern fast überall Tür und Tor. Sie weisen die Verwaltungsbeamten in allen Regionen des Reiches an, Marco Polo und seine Gefährten mit allem auszustatten, was sie für ihre Reisen und ihr Wohlbefinden benötigen.

Kublai Khan – Barbar und Staatsmann

Kublai Khan, ein Enkel des legendären Mongolenführers Dschingis Khan, hat 1260 den Thron bestiegen und herrscht über ein riesiges Staatsgebiet, das weit über die Grenzen des heutigen Chinas hinausgeht. Zuletzt hat der Machthaber mit einer gewaltigen Streitmacht, zu der alle Völker des Mongolenreiches Krieger abstellen mussten, in 13 Jahren Krieg Südchina mit seinen edlen und reichen Mandarin-Familien erobert. Kultureller und politischer Mittelpunkt des Reiches Kublai Khans ist Cambaluc, das auf den Ruinen eines früheren Beijing erbaut wurde. Dschingis Khan hatte die alte Metropole im Rahmen seiner Eroberungsfeldzüge 1215 fast völlig vernichtet.

Weit mehr als 60 Millionen Einwohner leben zur Zeit Kublai Khans in China und viele davon in Ruhe und Wohlstand. Der Handel mit Gewürzen, Porzellan und anderen exotischen Gütern wirft genügend Gewinn ab, um die Staatskasse gut zu füllen und auch den Händlern einen erklecklichen Gewinn zu sichern. Dieser Reichtum ist nicht ausschließlich das Verdienst der seit 1215 herrschenden Mongolenfürsten, aber sie haben vieles dafür getan, damit der Wohlstand erhalten bleibt. Darüber hinaus zeigt sich Kublai Khan besonders gegenüber den weniger Betuchten sehr großzügig. So stärkt er die Rechte von Bauern gegen über den Großgrundbesitzern, fördert soziale Projekte für die Ärmsten der Armen und nimmt den Kampf gegen Inflation und Wucher erfolgreich in Angriff.

Die Verwaltung des Riesenreiches ist gut organisiert. Für eine perfekte Kommunikation zwischen den zum Teil weit auseinanderliegenden Regionen des Reiches sorgt ein ausgefeiltes Postsystem. Mehrere hunderttausend Pferde liefern die neuesten Nachrichten in Windeseile in das Zentrum der Macht, in den Palast Kublai Khans. Der Mongolenführer sucht und findet seine Verwaltungsfachleute in vielen verschiedenen Ländern und Kulturen. Die Mongolen selbst sind an solchen Aufgaben nur wenig interessiert, viel zu sehr hängt ihr Herz am Kriegshandwerk und der Eroberung neuer Gebiete. Deshalb bekleiden sogar Europäer wie der italienische Arzt Essia wichtige Positionen im Reich. Und auch das riesige Heer besteht längst nicht nur aus Mongolen. Türken, Perser oder Russen tun hier mehr oder weniger freiwillig ebenfalls ihren Dienst.

Nicht überall in seinem gewaltigen Imperium ist der Herrscher unumstritten. Vor allem die vornehmen Mandarins im Süden verweigern Kublai Khan ihre Unterstützung. Für sie ist der Mongolenführer lediglich ein Barbar und damit unwürdig, in die „Fußstapfen" der alten Kaiser der Sung-Dynastie zu treten. Aber sie belassen es nicht bei einer friedlichen Verweigerung. Ganz im Gegenteil. Überall entstehen Geheimbünde und paramilitärische Gruppen, die sich gegen das Regime auflehnen und dem Herrscher das Leben schwer machen. Im ganzen Land muss Kublai Khan deshalb Stützpunkte errichten, um die öffentliche Ordnung sicher zu stellen und die Macht zu erhalten.

Shangtu und Beijing – Eine Welt voller Wunder

Marco Polo lebt sich in seiner jugendlichen Unbefangenheit schnell in der neuen Umgebung ein und bewegt sich bald sehr geschickt am Hofe von Kublai Khan. Schnell steigt er in der Gunst des Großkhans auf und wird schon bald zu seinem persönlichen Vertrauten und Berichterstatter ernannt.

Die Welt, die sich dem jungen Marco Polo in Xanadu eröffnet, ist zunächst völlig fremd und aufregend. Er sieht dort Dinge, von denen er noch nie gehört hat. Schon der Palast des Kublai Khan imponiert dem jungen Europäer sehr. Das Gebäude liegt mitten in einem gewaltigen Park, der von einer mehr als 20 Kilometer langen Mauer umgeben ist. Viele hundert Diener und Wachleute sorgen für das leibliche Wohl und die Sicherheit der zahlreichen Gäste. Einmal in der Woche lädt der Khan seine Günstlinge zur Jagd auf Antilopen oder Hirsche in dem riesigen Freigelände ein. Der Herrscher selbst hält sich zu diesem Zweck einen abgerichteten Leoparden, der ihn auf Schritt und Tritt begleitet.

Auch als Marco Polo im Gefolge des Kublai Khan später nach Beijing und in andere Teile des Riesenreiches gelangt, kommt er aus dem Staunen nicht mehr heraus. Die Hauptstadt ist dabei eine Attraktion für sich. Mit ihrem quadratischen Grundriss, den schnurgeraden Straßen und der riesigen sechs Meter hohen und drei Meter dicken Stadtmauer bildet sie ein fast uneinnehmbares Bollwerk. Zu den imponierendsten Bauwerken Beijings gehört das Observatorium, der sogenannte Himmelsturm, das auf einem Hügel gebaut wurde und mit den modernsten Geräten der damaligen Zeit ausgerüstet ist. Den 5000 Astrologen, die sich in der Stadt aufhalten, bietet dieses Wunder der Technik optimale Arbeitsbedingungen. Auch der Palast des Khans ist außerordentlich prachtvoll. Selbst die Mauern sind mit Gold und Silber überzogen.

Auch für die Sicherheit des Khans und der Einwohner Beijings ist bestens gesorgt. Kasernen sind sorgfältig auf alle Teile der Stadt verteilt, abends gilt eine strikte Ausgangssperre, die von bewaffneten Patrouillen genau überwacht wird. Innerhalb kürzester Zeit lernt Marco Polo eine Zivilisation kennen, die der Venedigs zumindest ebenbürtig, in vielen Fällen sogar überlegen ist.

Beobachter und Diplomat: Marco Polo reist durch China

Für seine folgenden diplomatischen Aufgaben im Auftrage Kublai Khans bringt Marco Polo perfekte Voraussetzungen mit. Er hat in seiner Jugend in Venedig eine gute Ausbildung genossen und spricht mehrere

Sprachen nahezu perfekt, darunter persisch, arabisch und mongolisch. Er ist wissbegierig, klug, neuen Ideen und Ansichten gegenüber aufgeschlossen und vor allem ist er seinem Herrscher gegenüber loyal. So dauert es nicht lange, bis Kublai Khan den gerade mal 21 Jahre alten Marco Polo mit allerlei Spezialmissionen auf die Reise durch sein gewaltiges Imperium schickt. Marco Polo selbst ist darüber nicht böse. Ihn hält es nicht in Beijing, er will endlich Land und Leute studieren und vor allem die Reichtümer des Fernen Ostens mit eigenen Augen sehen.

Und das Reich der Mitte hat viel zu bieten. Gewaltige Städte mit Hunderttausenden von Einwohnern und hohen Gebäuden, prunkvolle Paläste, exotische Güter – das China des frühen Mittelalters ist reich und modern. Die Buchdruckkunst ist seit 200 Jahren bekannt, das chinesische Porzellan berühmt. Sogar das Schießpulver ist im Reiche Kublai Khans bereits erfunden worden. Es wird bei den so beliebten Feuerwerken, aber auch für militärische Zwecke eingesetzt. Marco Polo lernt ein schwarzes Gestein, die Kohle, kennen, die angeblich ewig brennt und beispielsweise bei der Gusseisenherstellung zum Einsatz kommt. Aber auch Asbest, das gar nicht brennt, fasziniert ihn. Es wird in China bereits seit langer Zeit zu den verschiedensten Zwecken eingesetzt. Unübertroffen aber sind die Chinesen als Geoingenieure und Seefahrer. Kanäle, Staudämme und Schleusen findet man im frühmittelalterlichen China ebenso wie riesige sechsmastige Dschunken, die viele hundert Seeleute und gewaltige Ladungen aufnehmen können. In Massen bevölkern diese Schiffe die großen Ströme im Reich Kublai Khans.

Siebzehn Jahre China: Ein Leben im Dienste Kublai Khans

Besonders begeistert Marco Polo die Stadt Hangzhou, der Himmel auf Erden, die in einer Lagune erbaut wurde. Schon auf den ersten Blick fühlt er sich an seine Heimat erinnert: Die mehr als 100 Kanäle, die Hangzhou durchziehen, der vor Handelsschiffen schier überquellende Hafen, der Geruch nach Gewürzen und das rege und muntere Treiben in der Stadt machen Hangzhou zum Venedig des Ostens. Der Handel sorgt für den immensen Reichtum der Metropole. Allein an Zollgebühren fließen jährlich 14.700 Sack Gold in die Stadtkasse.

Marco Polo ist aber auch beeindruckt von der für mittelalterliche Verhältnisse außerordentlichen Größe der Stadt – Hangzhou zählt weit mehr als eine Million Einwohner – und begeistert sich an den kalten und warmen Bädern, die zur Erholung und dem Wohlbefinden von Einheimischen und Gästen dienen. Und noch ein Highlight hat Hangzhou zu bieten: Die Müllberge aus den zahlreichen Haushalten und Handwerksbetrieben werden regelmäßig von Booten aus der Stadt abtransportiert. Dies alles machte Hangzhou nach Polos Ansicht zur glanzvollsten Stadt der Welt.

Mit der Zeit führen seine Aufträge als offizieller Beobachter Kublai Khans Marco Polo kreuz und quer durch das gewaltige Imperium des Mongolenführers. Von Sibirien im Norden bis nach Tibet, von der Mongolei bis nach Korea, nach 17 Jahren im Dienste von Kublai Khan gibt es schließlich kaum einen Landstrich, den Marco Polo noch nicht kennengelernt hat. Zurück in Beijing berichtet er dem Herrscher nach jeder Expedition alles Wissenswerte über das Leben der verschiedenen Völker und außergewöhnliche Ereignisse wie Erdbeben, kriegerische Auseinandersetzungen oder Handelsstreitigkeiten. Während Marco Polo fast unentwegt China bereist, widmen sich der Vater und der Onkel Marco Polos vielfältigen einträglichen Geschäften. Sie handeln mit Edelsteinen, Gewürzen und anderen exotischen Gütern und gelangen so im Laufe der Jahre zu enormem Reichtum.

Eine Heimreise voller Hindernisse

Es ist das Jahr 1292: Marco Polo ist mittlerweile 38 Jahre alt, Vater und Onkel haben die 60 längst überschritten. Nach 17 Jahre am Hofe Kublai Khans – so finden sie – ist die Zeit reif für Veränderung. Die Europäer wollen endlich nach Venedig zurück. Schon bald bietet sich eine günstige Gelegenheit. Kublai Khan will eine seiner Töchter, die Prinzessin Kokätschin, mit dem wichtigen Khan Argun in Persien verheiraten und bereitet deshalb eine Gesandtschaft vor. Die Polos bitten den Herrscher um die Erlaubnis, die Reisenden begleiten zu dürfen. Der Herrscher lässt sie nicht gerne ziehen, stattet sie aber dann nach einigem Zögern doch mit Schutzbriefen und weitreichenden Hilfen aus.

In aller Eile tauschen die Polos ihr gesamtes Hab und Gut in Edelsteine um und machen sich reisefertig. Noch einmal hat der Khan eine Überraschung für die Venezianer bereit. Wegen eines Krieges in Zentralasien geht es nicht auf dem Landweg, sondern per Schiff auf den Weg in Richtung Heimat. Kublai Khan rüstet eine ganze Flotte aus, die die Polos und ihre Begleitung sicher nach Persien und dann nach Venedig bringen soll. 14 Schiffe mit mehr als 600 Mann Besatzung machen sich schließlich noch im selben Jahr von Quanzhou im Süden Chinas aus auf die Reise.

Von den guten Wünschen des Kaisers begleitet, läuft zunächst alles nach Wunsch. Erst in der Nähe der Sundainseln im Südchinesischen Meer gibt es erstmals Schwierigkeiten. Das schlechte Wetter lässt eine Orientierung nach den Sternen nicht mehr zu und die Flotte irrt eine Zeit lang durch die dortige Inselwelt. Schließlich werden die Reisenden nach Sumatra verschlagen. Aufgrund des Monsuns können die 14 Schiffe von dort aus nicht weiterfahren und bleiben monatelang vor Anker. Für die Dauer ihres Aufenthalts haben die Europäer mit einem schwierigen Problem zu kämpfen – auf Sumatra scheint es vor Kannibalen nur so zu wimmeln. Die Seefahrer sind gezwungen, einen befestigten Stützpunkt zu errichten und mit allerlei Verteidigungsanlagen auszurüsten, um vor den Eingeborenen einigermaßen geschützt zu sein.

Als sich endlich günstige Winde einstellen, wagen sich Marco Polo und seine Gefährten wieder aufs Meer hinaus. Zunächst die Küste Sumatras entlang und dann nach Sri Lanka. Beeindruckt vom Edelsteinreichtum der Insel geht es weiter nach Indien, wo sie im Norden des Subkontinents in Gujarat landen und dort die schönsten Stickereien der Welt bewundern, wie Marco Polo berichtet. Trotz aller spannenden Erlebnisse hat die viele tausend Kilometer lange Reise auch ihre Tücken. Wasser und Nahrungsvorräte sind an Bord immer knapp bemessen. Hunger und Durst, Skorbut, Infektionskrankheiten, aber auch Stürme fordern viele Todesopfer unter den Matrosen. Auch einige der 14 Schiffe müssen aufgegeben werden. Nur 18 der 600 Matrosen überleben schließlich die dreijährige Schiffsreise bis zum Persischen Golf. Wie durch ein Wunder bleiben Marco Polo und seine Begleiter von diesem Schicksal verschont.

Der Rückweg von Bandar Abbas nach Venedig gestaltet sich dann schwieriger als von den Polos erwartet. Khan Argun ist vor dem Eintreffen seiner Braut verstorben und die Polos können die Mongolenprinzessin nur noch seinem Sohn Ghazan übergeben. Nach einem kleinen Abstecher nach Aserbaidschan landen die Polos schließlich als Bettler verkleidet in Trapezunt an der Schwarzmeerküste. Glücklicherweise finden sie ein Schiff, das sie zügig nach Konstantinopel bringt. 1295 – mehr als 24 Jahre nach dem Aufbruch ins Ungewisse – kehren die Polos einigermaßen wohlbehalten in ihre Heimatstadt Venedig zurück.

Zerlumpt, halb verhungert und vor Dreck starrend werden die Polos zunächst selbst von den engsten Angehörigen kaum erkannt. Auch von ihrem Auftreten und von der Sprache her ähneln sie mittlerweile eher Mongolen als edlen Venezianern. Die zahlreichen mitgebrachten Rubine, Diamanten und Smaragde aber, die sie während der langen Reise meist direkt am Körper getragen hatten, machen sie in der Heimat zu wohlhabenden Bürgern.

Held, Gefangener, Ehemann und Vater

Lange Zeit, auszuruhen und seinen Reichtum zu genießen, hat Marco Polo nach seiner Rückkehr indes nicht. 1296 zieht er mit einem eigenen Schiff für Venedig in den Krieg gegen Genua. Schon bald aber wird er gefangen genommen. Fast drei Jahre lang halten ihn die Genueser anschließend an wechselnden Standorten fest. Doch die Haft hat für Marco Polo auch seine Vorteile. Endlich hat er Zeit und Gelegenheit, seine Reiseerlebnisse aus mehr als 20 Jahren in Asien niederzuschreiben. Bei der Formulierung und Ausschmückung der zahlreichen Episoden hilft ihm der Schriftsteller Rustichello aus Pisa, der mit ihm von den Genuesen gefangen genommen worden ist. Marco Polo diktiert seine Memoiren größtenteils frei aus dem Gedächtnis heraus, ansonsten kann er sich auf sein selbst verfasstes Tagebuch verlassen.

„Il Milione – Die Wunder der Welt": In seinem Buch berichtet Marco Polo nicht nur über die Reichtümer und Schätze Asiens, es entsteht der erste echte systematische Reiseführer über den Fernen Osten. Als Kaufmann interessiert er sich verständlicherweise besonders für die

Handelsmöglichkeiten, die sich für Europa im Fernen Osten ergeben könnten, und schildert seine Hoffnungen in „Il Milione" sehr genau. Über Kultur und Landessitten im Fernen Osten haben seine Erzählungen dagegen weniger zu bieten. Auch Sensationen wie die chinesische Mauer und der Teeanbau werden in „Il Milione" erstaunlicherweise nicht erwähnt. Dafür würzt er seinen Asienbericht mit einer Vielzahl von Geschichten über angebliche Wunder, Zauberer oder Wettermacher, die mit der Realität wenig zu tun haben.

1299 wird Marco Polo schließlich aus Genueser Haft entlassen und lässt sich als wohlhabender Bürger in Venedig nieder. Er heiratet und wird Vater von drei Töchtern. 1324 schließlich stirbt der berühmteste Sohn Venedigs in seiner Heimatstadt, ohne seine Sehnsucht nach den weit entfernten Gebieten im Reich der Mitte noch einmal stillen zu können.

Dieter Lohmann

Zusammenfassung

„Christen und Gewürze finden!" – Mit diesem Auftrag schickte der portugiesische König Emanuel I. den bis dahin weitgehend unbekannten Vasco da Gama im Jahre 1497 auf eine Reise rund um Afrika in den Indischen Ozean. Als der Abenteurer rund zwei Jahre später mit seiner Flotte nach Lissabon zurückkehrte, hatte er zwar keine Gläubigen entdeckt, dafür aber den wichtigen Seeweg nach Indien. Damit war der Weg frei für den lukrativen Handel mit den kostbaren Gewürzen und Portugals Aufstieg zur Weltmacht nicht mehr aufzuhalten.

Ein Leichtmatrose revolutioniert die Schifffahrt

Portugal zu Beginn des 15. Jahrhunderts. Ein Land vor dem Aufbruch in ein neues Zeitalter. Das Streben nach Gewürzen bestimmt das Denken und Handeln der Herrscher im kleinen Land am Südwestzipfel Europas. Bereits seit langer Zeit gelangen die kostbaren Güter aus Indien und anderen Gewürzregionen mithilfe zahlloser Karawanen bis ans Mittelmeer und dann weiter nach Süd- und Mitteleuropa. Doch den äußerst lukrativen Handel mit Gewürzen über den Landweg beherrschen damals venezianische und vor allem arabische Händler. Portugal

D. Lohmann, N. Podbregar, *Im Fokus: Entdecker*,
DOI 10.1007/978-3-642-24337-0_3, © Springer-Verlag Berlin Heidelberg 2012

muss deshalb einen anderen Weg finden, um an die begehrten Spezereien zu gelangen. Was liegt näher als es auf dem Seeweg zu probieren.

Einer der ersten, der die Vorteile und Möglichkeiten erkennt, die in der Eroberung der Ozeane liegen, ist Heinrich (1394–1460), der dritte Sohn des portugiesischen Königs Johannes I. Jahrelang hat er sich in Marokko und anderen Teilen Nordafrikas im Kriegsdienst erprobt und die Reichtümer der arabischen Kaufleute aus nächster Nähe erlebt. Er profitiert zudem von den seefahrerischen Erfahrungen des Ordens der Christusritter, einem Ritterorden ähnlich den Templern, aber mit enger Bindung an die portugiesische Krone. Ihre selbsternannte Aufgabe ist zum einen der Kampf gegen die Mauren – die „heidnischen" Araber. Zum anderen aber wollen sie das sagenhafte Land finden, in dem der mythische christliche Priesterkönig Johannes residieren soll. Denn dort, irgendwo in Asien, soll es der Sage nach nicht nur Fabelwesen geben, sondern auch ungeheure Reichtümer.

1420 wird Heinrich zum weltlichen Führer des Ordens der Christusritter ernannt und kann daher dessen finanzielle Ressourcen nutzen, aber auch ihr seemännisches Wissen. In seinem Hauptquartier am Cabo Sao Vincente an der Südwestküste Portugals lässt er das nautische und kartographische Wissen der damaligen Zeit zusammentragen und gründet eine Seefahrerschule. Bald stehen die besten Wissenschaftler, Bootsbauer und Kapitäne in seinen Diensten. Mit ihrer Hilfe entwickelt sich Portugal nach und nach zur führenden Nation in der Seeschifffahrt. In der Folge erhält Heinrich den Beinamen „der Seefahrer", obwohl er selber niemals eine längere Schiffsreise unternommen hat.

Madeira, Kap Verde, Gambia

Die Kanarischen Inseln und ein Teil der westafrikanischen Küste sind zu Beginn des 15. Jahrhunderts schon bekannt. Portugiesische Seefahrer hatten während kleinerer früherer Fahrten See- und Landkarten dieser Regionen angefertigt. Alles, was aber womöglich weiter südlich liegt, ist von Mythen und Sagen umgeben. Doch in der Ära Heinrich des Seefahrers geht es dann Schlag auf Schlag:

Bereits 1419 erreichen Heinrichs Männer Madeira. 1434 wird Kap Bojador an der Nordwestküste Afrikas entdeckt. Weiter südlich ist bis dahin noch kein europäisches Schiff in die Weiten des Atlantiks vorgedrungen. 1445 ist es Diniz Dias, der den westlichsten Punkt Afrikas, das Kap Verde unter der Flagge Portugals erobert. Um 1455 erkundet Alvise da Cadamosto die Küste der heutigen Staaten Mauretanien und Senegal und dringt auch tief in den Fluss Gambia ein. Er kommt in Kontakt mit den Eingeborenen und knüpft erste lockere Handelsbeziehungen.

Während ihrer Entdeckungsfahrten messen die portugiesischen Seeleute Entfernungen, kartieren die Küsten und zeichnen die Richtungen von Winden und Meeresströmungen auf. Die Informationen, die die Entdecker mitbringen, werden in Portugal dazu genutzt, immer bessere Karten zu erstellen, Seefahrtsbeschreibungen anzulegen und auch die nautischen Instrumente zu perfektionieren.

Heinrichs Weg aber ist zu diesem Zeitpunkt zu Ende. 1460 stirbt er, ohne dass sein großes Ziel – die Umsegelung des südlichen Endes von Afrika – erreicht ist. Seine Seefahrerschule aber trägt auch in der Folge gute Früchte. Und noch viel wichtiger: Es findet sich auch ein neuer wichtiger Förderer und Sponsor der Seefahrt. König Johann II. von Portugal setzt Heinrichs Arbeit mit Begeisterung fort. Doch er will nicht nur den Weg zu den Reichtümern des Orients finden, ihn treibt noch ein anderer Grund auf die Meere der Erde. Er will endlich das berühmte, wohlhabende Reich des christlichen Priesterkönigs Johannes entdecken, von dem bereits Marco Polo geschwärmt hat. Mal vermutet man es in Zentralasien, dann soll es wieder im Osten Afrikas zu finden sein. Und noch andere Fragen gehen ihm nicht aus dem Kopf. Ist der sagenumwobene Indische Ozean ein Binnenmeer? Wo liegt der südlichste Zipfel Afrikas?

Pedro de Covilhao: Der Kundschafter des Königs

Mittlerweile aber hat sich in Europa ein starker Widersacher Portugals um die Vorherrschaft auf den Ozeanen ins Rampenlicht gedrängt: Spanien. Der Wettlauf um die Eroberung der Meere, speziell zur Entdeckung des Seewegs nach Indien, treibt die portugiesischen Seefahrer zu immer neuen Höchstleistungen. 1474 überquert Lopo Goncalves erstmalig den Äquator. Er setzt damit einen Meilenstein in der Entdeckungsgeschichte. Bis dahin glaubte man, dass die Seefahrer in den tropischen Gewässern gekocht würden. 1482/83 dringt Diego Cao bis zur Mündung des Kongo vor, ein oder zwei Jahre später erreicht er auf einer weiteren Entdeckungstour Kap Cross in Südwestafrika. Mehr als 2500 Kilometer neuer Küste werden während seiner Expeditionen erforscht. Cao gilt zu dieser Zeit als größter Entdecker Portugals.

Ein ehemaliger Spion am Hofe des spanischen Königs Ferdinand und seiner Frau Isabella ist es schließlich, der das Vorhaben Johanns II., den Seeweg nach Indien zu finden, noch ein gutes Stück weiter voran bringt. Der Abenteurer Pedro de Covilhao wird vom portugiesischen Herrscher damit beauftragt, den Priesterkönig Johannes in Afrika zu suchen und mit seiner Hilfe in das Mekka des Gewürzhandels zu gelangen. De Covilhao bringt alles mit, was er für seine schwierige Mission benötigt: Er ist ein guter Soldat, als Diplomat geschickt und zudem von dem Wunsch beseelt, seinem Land gute Dienste zu leisten. Und er hat einen unschätzbaren Vorteil gegenüber fast allen anderen Kandidaten: Er spricht die arabische Sprache perfekt und ist auch mit den Sitten und Gebräuchen der Araber bestens vertraut. Ihm zur Seite stellt man den erfahrenen Alfonso de Paiva.

Mit genauen Instruktionen und den neuesten Land- und Seekarten ausgestattet brechen die beiden am 7. Mai 1487 auf. Über Barcelona, Neapel und Rhodos gelangen sie als Honighändler getarnt zunächst nach Alexandria, wo sie beinahe einer schweren Seuche zum Opfer fallen. Nach der Genesung geht es weiter nach Kairo, dann nach Suakin am Roten Meer und schließlich per Schiff nach Aden. Hier trennen sich die Wege der beiden Reisegefährten. Während de Covilhao mit einigen zurückkehrenden Mekka-Pilgern und dem günstigen Südwestmonsun über den Indischen Ozean nach Indien reist, bricht de Paiva nach Äthiopien auf, um dort nach dem geheimnisvollen Reich des Priesterkönigs Johannes zu fahnden. Was beide Abenteurer noch nicht ahnen: Dieser Abschied wird ein Abschied für immer werden, denn de Paiva lässt wenig später – noch bevor sein Auftrag erledigt ist – im Dienste Portugals sein Leben …

Im Land, wo der Pfeffer wächst

Auch de Covilhaos Mission scheint zunächst unter keinem guten Stern zu stehen. Die Überfahrt dauert mehr als vier Wochen und bringt allen an Bord gewaltige Strapazen und Entbehrungen. Die gnadenlose Sonne und Proviant- und Wassermangel fordern unter der Besatzung kräftig Tribut. Gegen Ende des Jahres 1488 erreicht das Schiff schließlich doch noch die Hafenstadt Cannanore an der indischen Malabarküste. Und die Neuigkeiten, die de Covilhao dort in Erfahrung bringen kann, klingen gut. Weiter südlich – so sagt man ihm – liegt die reiche Stadt Kalikut, die der wichtigste Umschlagplatz für Gewürze und andere orientalische Kostbarkeiten ist. Sollte wirklich Kalikut das Ziel seiner und aller portugiesischen Träume sein?

De Covilhao zögerte nicht lange und macht sich auf den Weg, um die Antwort auf diese Frage zu finden. Was er in der quirligen, pulsierenden Hafenstadt findet, übertrifft seine Erwartungen bei weitem. Zimt, Pfeffer, Gewürznelken, Obst, Seide, Tee, Zinn und vieles andere mehr werden auf den Märkten zum Verkauf angeboten oder in alle Richtungen verschifft. Und noch eines kann de Covilhao ohne Probleme feststellen: Der gesamte Handel liegt hier in der Hand arabischer Kaufleute. Durch seine perfekten Sprachkenntnisse hat er keine Schwierigkeiten, die Sitten und Gebräuche der Araber zu studieren und ihnen einige Geheimnisse über ihre Kauf- und Tauschgeschäfte zu entlocken. Nachdem de Covilhao seine Studien abgeschlossen hat, reist er weiter in die ebenfalls boomende Hafenstadt Goa, die viel weiter nördlich liegt. Der Grund für den Reichtum Goas ist ihre Monopolstellung beim Handel mit Araberpferden, die zur damaligen Zeit in Indien sehr geschätzt werden.

Nach dem Abschied aus Indien reist de Covilhao weiter in nordwestlicher Richtung bis nach Hormuz am Persischen Golf und von da aus mit den kräftigen Monsunwinden die afrikanische Ostküste entlang bis weit in den Süden zur reichen Goldgräberstadt Sofala. Im Nachhinein erweist sich der Abstecher als äußerst hilfreich. De Covilhao bringt dort in Erfahrung, dass es einen Seeweg weiter südlich um Afrika herum gibt, den die Europäer bisher noch nicht entdeckt haben. Mission erfüllt, kann de Covilhao mit Fug und Recht behaupten, und macht sich auf den Weg zurück nach Kairo. In der ägyptischen Metropole angekommen, trifft er 1490 auf Boten des Königs Johann II., die ihm vom Tod de Paivas berichten. Aber sie haben auch einen neuen Auftrag für ihn. Er soll sich nach Äthiopien begeben und den christlichen Priesterkönig Johannes suchen. Bevor er abreist, bringt de Covilhao noch die Entdeckungen und Vermutungen über den Seeweg nach Indien und seine Erfahrungen in Kalikut zu Papier und schickt sie mit den Boten zurück an den portugiesischen Hof.

Bartolomeu Diaz: Einmal Kap der Guten Hoffnung und zurück

König Johann II. hat aber bei der Suche nach Indien nicht nur auf ein Pferd gesetzt. Kurze Zeit nachdem de Covilhao und de Paiva auf Geheiß ihres Herrschers Lissabon verlassen haben, bricht noch eine zweite Expedition auf – dieses Mal auf dem Seeweg. Zunächst einmal muss dabei jedoch eine schier unüberwindliche Hürde genommen werden: Die erste Umsegelung Afrikas im Süden. Bartolomeu Diaz, Leiter der Expedition von königlichen Gnaden, weiß noch nichts von den Informationen, die de Covilhao in Sofala an der Ostküste Afrikas in Erfahrung bringt, als er im Spätsommer 1487 mit zwei Karavellen und einem Proviantschiff zu seiner Reise ins Ungewisse aufbricht. Bis zum Kongo und dann bis zum Kap Cross ist der Weg bekannt. Diaz lässt während der Fahrt zu jeder sich bietenden Gelegenheit Proviant aufnehmen und macht mit den Eingeborenen Tauschgeschäfte, um die Versorgung der Mannschaft zu sichern und die Matrosen bei Laune zu halten.

Am Kreuzkap, wie das Kap Cross auch genannt wird, hören die damaligen Land- und Seekarten auf, hier beginnt das Abenteuer richtig. Immer weiter nach Süden dringen die Seefahrer vor. Dabei entdeckten sie unter anderem die Bucht Angra dos Voltas an der Küste des heutigen Namibia. An jedem passenden oder unpassenden Punkt seiner Route lässt Diaz steinerne Wappensäulen – sogenannte Pradaos – an den neuentdeckten Küsten aufstellen, um den Machtanspruch Portugals auf diese Gebiete zu dokumentieren. Ende Januar 1488 aber gerät die kleine Flotte in schwere See. Ein gewaltiger Sturm sorgt dafür, dass Diaz und seine Gefährten fast vollständig die Orientierung verlieren. Meterhohe

Wellen, kein Land in Sicht – was tun? Diaz legt einen Ostkurs fest, in dem festen Glauben, dort auf Land zu treffen. Aber weit gefehlt. Auch nach tagelanger Suche zeigt sich kein Hinweis auf die afrikanische Küste am Horizont. Diaz und seine Begleiter sind ratlos.

Auf nach Norden lautet schließlich die neue Marschrichtung für die Expedition. Und was kaum noch einer zu hoffen gewagt hat, trifft ein. Im Bereich der heutigen Mossel Bay stoßen sie auf Land. Sie nennen die Bucht wegen des immensen Viehreichtums Angra dos Vaqueiros – Bucht der Viehherden. Der Clou an der ganzen Sache: Ohne es zu merken, haben die Schiffe die Südspitze Afrikas umsegelt und damit das Hauptziel der Reise erreicht. Dies wird ihnen allerdings erst dann langsam klar, als auf ihrer weiteren Fahrt Richtung Osten keine Küsten mehr auf sie warten. Diaz und seine Männer entdecken die Insel Santa Cruz und wenig später den Fluss Rio de Iffante. Schon bis dahin konnte Diaz aufgrund der gewaltigen Strapazen und Entbehrungen seine Leute nur noch schwer bei Laune halten. Immer wieder drohte eine Meuterei. Jetzt aber sind die Matrosen mit ihrer Geduld am Ende. Aufgrund massiver Proteste der Mannschaft, die mit Bangen die Vorräte an Lebensmitteln und Wasser immer weiter schwinden sehen, kehrt Diaz schließlich um.

Auf der Heimreise nach Portugal im Sommer 1488 sehen die Entdecker vom Schiff aus endlich das mächtige Vorgebirge, das allen Entdeckern und Seefahrern aus Europa so lange getrotzt hatte. Diaz und seine Männer nennen dieses Kap wegen der gewaltigen Winde und der rauen See, die sie dort vorgefunden haben, Kap Tormentoso – Kap der Stürme. Erst König Johann gibt später dem Bollwerk im Süden Afrikas seinen endgültigen Namen – Kap der Guten Hoffnung. Schließlich ist er durch die seemännische Meisterleistung von Diaz wirklich „guter Hoffnung", einen Meilenstein auf dem Seeweg nach Indien hinter sich gebracht zu haben.

Diaz aber lässt auch an der Südspitze Afrikas ein Pradao aufstellen und macht sich dann auf den Weg nach Hause. Unterwegs nehmen die beiden Karavellen an der Westküste Afrikas sogar noch eine Ladung Gold an Bord und kommen schließlich einigermaßen wohlbehalten Anfang des Jahres 1489 in Lissabon an. Mit an Bord sind jede Menge Aufzeichnungen und Kartierungen über die Entdeckungstour und 2200 Kilometer neuentdeckter Küstenlinie, die für folgende Expeditionen von unschätzbarem Wert sein werden.

Vasco da Gama: Vom Nobody zum Hoffnungsträger

Frühjahr 1491. Diaz hat vor drei Jahren das Kap der Guten Hoffnung umsegelt. Als dann noch der Bote des Abenteurers de Covilhao mit dem Bericht über dessen Entdeckungen aus Kairo am Hofe des portugiesischen Königs eintrifft, scheint der Weg nach Indien endgültig frei. Das Ziel aller Träume, das Land wo der Pfeffer wächst – oder zumindest gehandelt wird – scheint in Reichweite. Mit der Aussicht auf die verlockenden Reichtümer, die in Indien auf die Portugiesen warten, müsste Johann II. eigentlich schleunigst die nächste Expedition auf die Reise schicken. Aber nichts dergleichen geschieht.

Fast zehn Jahre vergehen ungenutzt. Zu sehr hat Portugal mit dem Krieg mit Kastilien und später dem Tod des Königs zu tun, um an die Planung neuer Entdeckungsfahrten denken zu können. Umso erstaunlicher ist es, dass den Portugiesen in dieser Zeit keine andere Macht in Europa bei dem Versuch zuvorkommt, die Vorherrschaft im Gewürzhandel mit Indien zu erobern. Zwar entdeckt Kolumbus 1492 für Spanien die „westindischen Inseln", in die Gewürzländer dringt aber auch er noch nicht vor. Der östliche Seeweg um das Kap der Guten Hoffnung herum, die bevorzugte Route der Portugiesen, liegt in dieser ganzen Zeit völlig brach.

Erst als der neue König Emanuel I. 1495 den Thron besteigt, gibt es neue Impulse für die Suche nach dem Seeweg nach Indien. Gegen den ausdrücklichen Rat der Weisen und Gefolgsleute entschließt er sich schon bald nach seiner Krönung, eine Expedition auszurüsten. Emanuel I. beauftragt zunächst den erfahrenen Kapitän Bartolomeu Diaz damit, Schiffe bauen zu lassen, die den Stürmen am Kap der Guten Hoffnung und allen anderen Unwägbarkeiten der langen Reise standhalten können. Wer aber soll die Mission leiten, von der sich Portugal Ruhm, Reichtum, die Vorherrschaft auf den Meeren und den Aufstieg zur Weltmacht erhofft?

Entgegen allen Erwartungen ist es schließlich nicht Diaz, der vom Regenten den Zuschlag erhält, sondern der bisher in der Seefahrt kaum in Erscheinung getretene Vasco da Gama. Die Gründe für diese Entscheidung Emanuels sind bis heute nicht eindeutig geklärt. Vielleicht meint der König, dass für sein Vorhaben eher ein Diplomat und kriegserfahrener Soldat geeignet ist als ein erfahrener Seemann – die Route ist ja größtenteils bekannt. Es kann aber auch sein, dass da Gama den Auftrag lediglich von seinem Vater oder Bruder erbt, die über weit mehr Erfahrung auf dem Meer verfügen als er. Immerhin – so wird sich gut ein Jahr später herausstellen – hat der König bei der Entscheidung Vasco da Gama zu nominieren ein goldenes Händchen bewiesen und seinem Spitznamen „Emanuel der Glückliche" wieder einmal alle Ehre gemacht.

Eine Reise ins Ungewisse ...

Doch bis dahin ist noch einiges zu tun. Zunächst muss die Expedition sorgfältig vorbereitet und geplant werden. Die Schiffe, die nach Diaz Anweisungen gebaut werden, unterscheiden sich deutlich von normalen Karavellen. Sie sind langsamer, aber sehr viel stabiler als die bisherigen Schiffe und deshalb für die Strapazen und Stürme, die zu erwartende schwere See im Atlantik und Indischen Ozean besser zu gebrauchen. Das Flaggschiff des Generalkapitäns Vasco da Gama, die „Santa Gabriel", hat ebenso wie die von seinem Bruder Paulo kommandierte „Santa Raphael" eine Größe von 100 Tonnen. Die „Berrio", die dritte Karavelle der Flotte, unter dem erfahrenen Kapitän Nicolas Coelho dagegen ist nur halb so groß.

Begleitet werden die für damalige Zeit modernen Segelschiffe von einem Versorgungsschiff, dessen Ausstattung besonders vielfältig und umfangreich ist, um für jede Situation während der gefährlichen Reise gewappnet zu sein. Allein der Proviant muss für die Grundversorgung der insgesamt fast 200 Mann Besatzung über drei Jahre reichen. Mit an Bord gehen auch einige Sträflinge. Sie will man in besonders kritischen oder gefährlichen Situationen an Stelle der eigenen Männer einsetzen oder opfern. So vorausschauend die Männer um Vasco da Gama auch planen, einen unverzeihlichen Fehler bei der Zusammenstellung der Ausrüstung begehen sie trotzdem. Spätestens bei der Ankunft in Indien sollen sie ihn bitter bereuen. Denn die Geschenke – kleine Spiegel, Messer und irgendwelcher Glitzerkram –, die in den Laderäumen der Schiffe lagern, taugen vielleicht dazu, bei den Eingeborenen in Afrika

Wirkung erzielen, für mögliche zukünftige Partner in den reichen Handelsstädten Indiens sind sie jedoch eher peinlich oder beleidigend.

Am 8. Juli 1497 schließlich lichtet die Flotte im Hafen von Lissabon die Anker und macht sich auf ihre Reise ins Ungewisse. Kurz zuvor hat da Gama – wie das für Seefahrer üblich ist – noch eine kleine Kapelle an der Mündung des Tejo aufgesucht, um göttlichen Beistand für seine Expedition zu erflehen. Nur etwas mehr als zwei Jahre später, nach der Rückkehr Vasco da Gamas, lässt König Emanuel I. aus Dankbarkeit an Stelle der Kapelle das bekannte Kloster Jeronimos errichten. Dieses ist stolze 32 Meter hoch und wird von „Unserer Lieben Frau von Bethlehem" geziert, der Schutzheiligen aller Seefahrer. Alle Entdecker und Kapitäne, die nach Vasco da Gama von Indien her nach Lissabon in den Hafen wollen, sehen als Erstes dieses Kloster der Seefahrer, dieses Symbol für die Entdeckung des Seeweges nach Indien …

Auf dem Weg zum Kap

Dichter Nebel ist der Grund dafür, dass die Entdeckungstour zunächst unter keinem guten Stern steht. Die „Santa Gabriel" mit Vasco da Gama an Bord verliert darin erst die Orientierung und dann den Kontakt zu den anderen Schiffen. Der Steuermann muss deshalb die vorsorglich als Nottreffpunkt ausgemachten Kapverdischen Inseln vor der Küste des heutigen Senegal anlaufen, um den Rest der Flotte wiederzufinden. Die Seefahrer setzen ihre Reise fort und beherzigen dabei die Tipps des Bartolomeu Diaz, der da Gama geraten hatte, wegen der ungünstigen Strömungen und der zahllosen windstillen Regionen den Golf von Guinea zu meiden. Stattdessen lässt der Generalkapitän einen südwestlichen Kurs in Richtung des offenen Atlantiks setzen, um dann später von dort aus in südöstlicher Richtung zum Kap der Guten Hoffnung zu gelangen.

Nach fast drei Monaten auf hoher See sichten Vasco da Gama und seine Begleiter endlich die afrikanische Küste und landen in der St. Helena-Bucht, knapp 200 Kilometer nördlich des heutigen Kapstadt. Gewürze finden die Abenteurer auf ihren Landgängen nicht, dafür können die Matrosen in aller Ruhe die Schiffe gründlich überholen und auch frisches Wasser und Proviant aufnehmen. Dabei stoßen die Europäer auf einige Eingeborene des Volks der San, früher auch als Buschmänner bezeichnet. Um mit ihnen in Kontakt zu kommen und Sitten und Gebräuche zu studieren, befiehlt da Gama seinen Männern, einen San zu fangen und auszufragen. Schnell aber macht sich bei den Portugiesen Enttäuschung breit: Keiner der Matrosen und Offiziere versteht die Sprache des Mannes. Mit kleinen Geschenken überhäuft lässt man ihn wieder frei, in der Hoffnung, damit noch mehr Eingeborene anzulocken.

Bedrohlich wird die Situation, als ein Gesandter da Gamas das Dorf der San betritt und aus nicht näher bekannten Gründen einen Streit anzettelt. Verfolgt von einer Gruppe Einheimischer erreicht der Portugiese gerade noch die Küste und flieht an Bord eines der Schiffe. Bei dem dabei entstandenen Getümmel wird auch Vasco da Gama am Bein verletzt und befiehlt daraufhin den sofortigen Aufbruch zum Kap der Guten Hoffnung.

Am Ziel der Träume: Vasco da Gama erreicht Kalikut

22. November 1497. Das erste Ziel der Reise da Gamas, das Kap der Guten Hoffnung, ist erreicht. Weiter geht die Fahrt zur Angra dos Vaqueiros, der Bucht der Viehherden, wie sie Diaz getauft hatte. In der heutigen Saint Bras oder Mossel Bay machen die Abenteurer dann noch einmal länger Station. In dieser Zeit beschließt da Gama, das Versorgungsschiff aufzugeben und Besatzung, Proviant und die sonstige Ausrüstung auf die drei übrig gebliebenen Schiffe zu verteilen. Nach einem weiteren Konflikt mit einer Gruppe von San stellen sie als Symbol der Machtansprüche Portugals noch schnell einen Pradao auf und stechen danach wieder in See.

Schon bald verlassen Vasco da Gama und seine Männer nun die bekannten Regionen und stoßen in seefahrerisches Neuland vor. Die Region Ostafrikas, die sie am Weihnachtstag 1497 passieren, nennen sie „Natal" – nach dem portugiesischen Wort für „Geburt". Unbeirrt von allen Stürmen und Problemen auf See geht die Reise weiter Richtung Norden, bis die Seefahrer die Mündung des Kupferflusses, des Limpopo, erreichen. Von da dauert es nicht mehr lange, bis auch die Sambesimündung passiert ist. In Quelimane betreten die Männer wieder festes

Land. Bei dieser Stadt handelt es sich allerdings zu ihrem Erstaunen um eine Ansiedlung arabischer Händler – wie überhaupt die gesamte Ostküste weniger von Afrikanern als von Arabern besiedelt scheint.

Später in Mosambik empfängt man sie zunächst freundlich. Dann aber greifen einige Araber eine Gruppe Matrosen an, die Wasser holen wollen. Die Reaktion Vasco da Gamas ist heftig und unbarmherzig. Um seine Männer zu schützen und als Warnung vor weiterem Widerstand gegen die Europäer, beschießt er die feindlichen Soldaten mit Kanonen. Schließlich nimmt er einen Lotsen an Bord und segelt mit seiner Hilfe in Richtung Mombasa. Im April 1498 droht der Expedition der Verlust ihres Flaggschiffs. Der Lotse hat die „Santa Gabriel" in der Nähe der heutigen kenianischen Hauptstadt geradewegs auf eine Sandbank gesteuert. Auch hier folgt die brutale Strafe für den angeblichen Verrat auf dem Fuß. Da Gama legt den Lotsen in Fesseln und lässt ihn auspeitschen.

Zeigen sich die arabischen Machthaber in Mombasa zunächst ebenfalls freundlich und aufgeschlossen, demonstrieren sie doch schon bald ihre wahren Absichten. Aber da Gama ist gewarnt. Kurz zuvor hat er zwei Verdächtige foltern lassen, die verraten, dass der König einen Angriff auf die portugiesischen Schiffe plant. Und in der Tat: Im Schutze der Dunkelheit rückt ein bewaffneter Araber-Trupp gegen Vasco da Gamas Flotte aus, um die Karavellen zu entern. Doch der Generalkapitän hat längst die notwendigen Vorkehrungen getroffen und der Überfall wird vereitelt. Bald danach lässt da Gama Segel setzen. Doch guter Rat ist teuer. Ein Lotse, der die Überfahrt über den Indischen Ozean nach Kalikut leiten könnte, fehlt noch immer. In Malindi haben die Portugiesen endlich Glück. Aus Angst vor den Männern da Gamas oder in der Hoffnung auf Verbündete gegen den verhassten Nachbarn in Mombasa, besorgt der dortige Sultan den Entdeckern den so dringend benötigten Flottenlenker. Dieses Mal bewährt sich der Lotse.

Knapp vier Wochen nach der Abreise aus Malindi ist der Indische Ozean überquert und die Portugiesen sind am Ziel ihrer Träume. Am 20. Mai 1498 – nach mehr als sieben Monaten voller Entbehrungen, Abenteuer und Entdeckungen – geht die Flotte schließlich im Hafen von Kalikut vor Anker. Der Seeweg nach Indien ist entdeckt. Der Schlüssel zum lukrativen Gewürzhandel liegt damit in den Händen der Portugiesen.

Audienzen, Intrigen und Geiselnahmen

Indien zu erreichen war die eine Sache, in Handelsbeziehungen mit dem Zamorin, dem König von Kalikut, zu treten, erweist sich aber als fast noch schwieriger als die weite Reise zu ihm. Darauf lassen zumindest die ersten Kontakte mit Einheimischen schließen: „Dass dich der Teufel hole! Was hat dich bloß hierhergebracht?" Eine solch barsche Begrüßung haben selbst die hartgesottenen Portugiesen nicht erwartet. Der Machthaber von Kalikut selber ist zu diesem Zeitpunkt noch auf Reisen. Erst nach knapp zehn Wochen endlosen Wartens kann Vasco da Gama den Zamorin zu einer Audienz aufsuchen. Als Ehrengäste werden er und seine Männer schließlich beim Einzug in die Stadt empfangen und der Generalkapitän sitzt sogar in einer orientalischen Sänfte, die ihn bis zum Palast des Zamorins bringt. Betelnüsse kauend empfängt ihn der König freundlich und hört sich die Anliegen der Europäer an. Mehr als die Erlaubnis, seine Waren im Hafen löschen zu dürfen, kann Vasco da Gama aber zunächst nicht erreichen. Immerhin lässt sie der Zamorin in der Stadt unterbringen.

Jetzt rächt es sich, dass Vasco da Gama den Fehler begangen hat, nur wertloses Zeug als Geschenke für die mächtigen und reichen Handelspartner mitzunehmen. Der Machthaber, aber auch die arabischen Kaufleute sind verärgert und weigern sich, für den Flitterkram Gewürze herauszugeben. Und noch ein Problem macht den Europäern heftig zu schaffen. Die arabischen Kaufleute fürchten um ihr Handelsmonopol für Pfeffer, Zimt, Nelken oder Ingwer und versuchen mit allen Mitteln, einen Vertrag zwischen dem Zamorin und den verhassten Portugiesen zu verhindern.

Der König von Kalikut aber ist unschlüssig. Das, was Vasco da Gama und seine Gefolgsleute im Namen des Königs von Portugal für ein Handelsabkommen versprechen, hört sich nicht schlecht an. Aber er will auch seine jahrelangen Partner, die arabischen Händler, nicht verprellen. So kommt es, dass die Europäer mal freundlich bewirtet, dann wieder kaserniert werden. Vasco da Gamas Laune wird immer schlechter und er beschließt in Kürze die Segel zur Rückfahrt zu setzen. Als der Zamorin davon erfährt, nimmt er einige der Portugiesen als Geiseln, um von den Europäern zumindest noch ein stattliches Lösegeld zu kassieren. Da Gama aber weiß sich auch in dieser heiklen Situation zu helfen. Er lässt sechs der wichtigsten Einwohner von Kalikut auf sein Schiff bringen und tut so, als ob er abreisen will. Die List wirkt. Der Zamorin gibt die Gefangenen frei und erlaubt den Christen sogar ein Kreuzzeichen in der Stadt aufzustellen.

Als Vasco da Gama schließlich aus der indischen Hafenstadt aufbricht, hat er darüber hinaus noch ein wichtiges Faustpfand in der Tasche. Der Zamorin gibt ihm einen Brief an König Emanuel mit, in dem die indischen Forderungen für ein Handelsabkommen zwischen Portugal und Kalikut festgelegt sind. Vasco da Gamas Bilanz bleibt trotzdem zwiespältig. Zwar hat Portugal jetzt einen Fuß in der Tür zum Handel mit Gewürzen, insgeheim hatte er aber gehofft, bereits von dieser ersten Tour schwer mit Reichtümern beladen nach Portugal zurückzukehren.

Den Tod als ständigen Begleiter: Die Heimreise

Am 29. August setzt die Flotte der Portugiesen die Segel und macht sich auf den Rückweg nach Portugal. Verheerende Stürme, dann wieder endlose Flauten während der Überfahrt führen dazu, dass der Proviant nicht reicht und viele Matrosen an der Geißel der Seefahrt, dem Skorbut, erkranken. Hunger und Durst – die Qualen für die Seeleute sind unbeschreiblich. Als Vasco da Gama und seine Männer schließlich in Malindi angekommen, ist die Anzahl der Matrosen bereits beträchtlich geschrumpft. Der Generalkapitän beschließt deshalb, eines der Schiffe, die „Santa Raphael", zu opfern und lässt sie vor der Küste Afrikas verbrennen. Nur das Flaggschiff, die „Santa Gabriel", und die „Berrio" stechen später wieder in See. Und noch einmal kehrt das Leid an Bord zurück. Die Männer sterben wie die Fliegen. Nur mit Mühe erkämpfen sich die beiden Karavellen ihren Weg um das Kap der Guten Hoffnung und dann die afrikanische Westküste entlang nach Norden Richtung Lissabon.

Am 10. Juli 1499 kehrt schließlich die „Berrio" als erstes Schiff der Flotte nach Hause zurück. Nicolas Coelho und seine wenigen verbliebenen Männer werden im Hafen von Lissabon begeistert gefeiert. Vasco da Gama allerdings kann den Triumph noch nicht genießen. Sein

Bruder Paulo ist erkrankt und liegt auf den Azoren im Sterben. Da Gama bleibt bis zum Ende bei ihm und kommt deshalb erst Anfang September in der Hauptstadt Portugals an. Von der Bevölkerung wird ihm dort aber ein Empfang bereit, der alles bisher Dagewesene in den Schatten stellt. Auch der König zeigt sich spendabel. Er überhäuft den neben Kolumbus vielleicht wichtigsten Entdecker und Seefahrer seiner Zeit mit Ordenstiteln, Wappen und Pensionen. Der „Admiral der Meere", wie sich Vasco da Gama ab diesem Zeitpunkt nennen darf, wird zum Nationalhelden Portugals.

Mut, Tapferkeit, Energie, aber auch gnadenlose Brutalität gegen sich, seine Mannschaft und alle Feinde zeichnen den Mann aus, der Portugal Ende des 15. Jahrhunderts die Vorherrschaft auf den Meeren der Welt sichert. Aber so erfolgreich die Entdeckungsreise auch war, sie forderte auch einen hohen Tribut. Nur gut 60 der fast 200 Männer der Flotte überleben die mörderische Fahrt, die Suche nach dem Seeweg nach Indien.

Mit Feuer und Schwert: Pedro Alvares Cabral in Indien

Der Seeweg nach Indien ist entdeckt, ein Handelsabkommen mit Kalikut in Reichweite. Der portugiesische König Emanuel I. aber ist noch lange nicht zufrieden. Die hart erkämpfte Vorherrschaft auf den Meeren muss verteidigt und der Handel mit Gewürzen richtig in Schwung gebracht werden. Und vor allem: Um jeden Widerstand gegen Portugal im Keim zu ersticken, scheint eine Machtdemonstration in Indien notwendig.

Nur ein Jahr nach Vasco da Gamas Heimkehr rüstet der Herrscher deshalb eine gewaltige Streitmacht bestehend aus 13 Schiffen und 1500 Mann Besatzung aus, um Portugals Einfluss in Indien zu festigen. Vasco da Gama aber verzichtet auf die Leitung dieser Expedition. Er will zunächst die Mühsalen und Qualen der ersten Reise nach Indien vergessen, bevor er wieder in See sticht. An seiner Stelle wählt der König Pedro Alvares Cabral aus, einen Adligen mit nur wenig Erfahrung in der Seefahrt, stellt ihm aber den Veteranen Bartolomeu Diaz zur Seite. Am 9. März 1500 bricht die Kriegsflotte auf, wird aber von Strömungen und Winden weit nach Westen abgetrieben. Die Seefahrer landen weitab von der Route Vascos da Gamas – in Südamerika. Die dortigen Küstenregionen sind fruchtbar und Cabral nimmt deshalb – quasi im Vorübergehen – das heutige Brasilien für die portugiesische Krone in Besitz. Eines seiner Schiffe schickt er nach Portugal zurück, um die Nachricht von der Einnahme des neuen Landes zu übermitteln.

Mit den verbleibenden Schiffen steuert Cabral wieder zurück über den Atlantik Richtung Afrika und umsegelt erfolgreich das Kap der Guten Hoffnung. An der Küste Ostafrikas verbreiten die Europäer Furcht und Schrecken, als sie teilweise mit Gewalt versuchen, Handelsbeziehungen aufzubauen. Nicht mehr mit dabei ist hier bereits Bartolomeu Diaz, dessen Schiff zusammen mit drei anderen vor dem Kap der Guten Hoffnung gesunken ist – Seefahrerschicksal. Auch nach ihrer Ankunft in Kalikut arbeiten die Portugiesen um Cabral mit Feuer und Schwert an der Festigung ihrer Macht. Einen Angriff der Araber, bei dem 70 Portugiesen sterben, vergelten sie mit einem blutigen Krieg gegen Kalikut und den Zamorin. Portugals Ruf in Indien leidet unter den Gräueltaten immer mehr.

Cabral und seine Gefährten reisen von Kalikut aus schließlich weiter nach Cochin, wo sie ihre Flotte mit großen Mengen an wertvollen Gewürzen und Reichtümern, wie Moschus, Pfeffer, Edelsteine und Nelken beladen. Am 31. Juli 1501 kehrt Cabral mit nur noch sieben Schiffen nach Lissabon zurück. In den Laderäumen befinden sich so viele Waren, die in Europa teuer verkauft werden können, dass König Emanuel die Verluste an Mensch und Material leicht verschmerzen kann.

Rückkehr nach Indien: Vasco da Gamas Schreckensherrschaft

Furcht und Schrecken verbreiten und Portugals Macht mehren – unter diesem Motto steht auch die nächste Expedition, die König Emanuel I. in Richtung Indien schickt. Und dieses Mal ist auch Vasco da Gama, Admiral der Meere und Held Portugals, wieder mit von der Partie. Des Nichtstuns überdrüssig, übernimmt er 1502 das Kommando über eine riesige Kriegsflotte mit 21 Schiffen. Wieder hinterlassen die Portugiesen an der Ostküste Afrikas Tod und Verwüstung. Den verhandlungswilligen Küstenstädten bieten die Portugiesen Handelsabkommen an, die restlichen werden gebrandschatzt oder geplündert.

Nicht viel besser ergeht es auch den Schiffen, denen die Europäer auf den Meeren begegnen. Der Terror, den Vasco da Gama und seine Männer verbreiten, eilt ihnen voran und lässt ihr Ansehen in Vorderasien immer mehr schwinden. Kalikut kommt später ebenfalls nicht ungeschoren davon. Als Rache für das Massaker an den 70 Portugiesen während der Reise Cabrals lässt auch Vasco da Gama die Stadt beschießen. Cochin, den kleinen portugiesischen Stützpunkt in der Nähe von Kalikut, baut er dagegen weiter aus. Darüber hinaus organisiert er einen portugiesischen Patrouillendienst entlang der indischen Küste, um den ganzen Handel in der Region unter portugiesische Kontrolle zu bekommen. Reich beladen mit Gewürzen kehrt auch da Gama 1504 in die Heimat zurück. Der hohe Blutzoll, den die Reise gefordert hat, schadet seinem Ruf in der Heimat offenbar nicht. Zum zweiten Mal feiert ein ganzes Land und auch der König seinen Helden. Wieder wird der Entdecker mit Ehrungen und Geschenken überhäuft.

„Que, da Ocidental praia Lusitana, Por mares nunca antes navegados ...“ „Vom westlichen Gestade Lusitaniens durch niemals zuvor durchschiffte Ozeane ...“ Mehr als 50 Jahre später erfährt Vasco da Gama schließlich noch eine ganz besondere Würdigung: Der portugiesische Nationaldichter Luis Vaz de Camoes beschreibt zwischen 1553 und 1570 in Goa in seinem gewaltigen patriotischen Epos „Lusiadas“ die Heldentaten von da Gama und Bartolomeu Diaz eindrucksvoll. Der Mythos Vasco da Gama ist damit endgültig perfekt.

Vasco da Gama selbst lebt zu diesem Zeitpunkt schon lange nicht mehr. Am 24. Dezember 1524 hat er das gleiche Schicksal erlitten wie viele Entdecker und Seefahrer der damaligen Zeit vor oder nach ihm: Kurz nach seiner Ernennung zum Vizekönig von Indien stirbt er auf seiner dritten Reise an die Malabarküste bei einer kriegerischen Auseinandersetzung mit einem aufständischen Statthalter. In der Festung Cochin nahe Kalikut wird der Leichnam in einer Franziskanerkirche beigesetzt. Seine Gebeine bringt man aber bereits wenige Jahre später in die Heimat zurück und bestattet sie im berühmten Seefahrerkloster Belem an der Mündung des Tejo.

Held oder Horrorgestalt?

So groß der Wert der Entdeckungsfahrten von Vasco da Gama und seinen Gefährten auch gewesen sein mag, erkauft wurden diese Triumphe durch Grausamkeiten, die teilweise selbst für die damalige Zeit ihresgleichen suchten. Wie so viele andere Entdecker vor und nach ihm traten die Männer um Vasco da Gama überall, wo sie Station machten, als erobernde Eindringlinge auf, die sich für nichts anderes interessierten als ihren eigenen Reichtum und nur ihre eigene Macht vergrößern wollten. Wo dabei andere Interessen im Wege standen, wurden sie übergangen. Zur Not mit Feuer und Schwert. Die Entdeckung des Seeweges nach Indien 1497/8 durch Vasco da Gama markiert deshalb auch den Beginn der Kolonialisierung der östlichen Welt durch die Europäer. Innerhalb kürzester Zeit zerstörten die Portugiesen ein perfekt funktionierendes, viele hundert Jahre altes Seehandelssystem, das von Arabien aus bis in die Gewürzländer der Molukken in Südostasien und im Norden bis nach China reichte.

Wenig zimperlich waren Vasco da Gama und seine Männer aber auch auf See beim Entern und Plündern von Schiffen. Besonders berühmt und berüchtigt ist noch heute die Versenkung eines arabischen Bootes im Indischen Ozean während seiner zweiten Reise nach Indien. Nachdem die Portugiesen das Schiff zunächst vollständig ausgeraubt hatten, ließ Vasco da Gama die komplette Besatzung – fast 300 Männer, Frauen und Kinder – unter Deck einsperren und das Boot in Brand setzen. Das Schicksal der sterbenden Pilger – so berichteten Augenzeugen an Bord – ließ den Generalkapitän, der das Geschehen von seinem Kajütenfenster aus betrachtete, völlig kalt.

Aber nicht nur im Umgang mit Arabern oder Indern zeigte sich die Haltung Vasco da Gamas. Auch die eigenen Männer hatten unter ihrem Anführer nicht viel zu lachen. Trotz größter Entbehrungen und Qualen zog Vasco da Gama ohne Rücksicht auf Verluste seine Mission durch. Dass dabei durch die schlechte Ernährung und den Vitaminmangel auf hoher See viele Männer an Skorbut, Unterernährung oder Infektionen starben, kümmerte ihren Anführer wenig. Auch der Verlust ganzer Schiffe mitsamt der Besatzung gehörte aus seiner Sicht einfach zum Berufsrisiko der Entdecker dazu. In Portugal sorgte diese gnadenlose Härte Vasco da Gamas damals nicht für nennenswertes Aufsehen. Ganz im Gegenteil. Er erfüllte nur die Erwartungen, die der König, ja das ganze Volk an ihn stellten. Und dass beispielsweise auf Vasco da Gamas erster Reise nach Indien zwei Drittel der fast 200 Mann Besatzung – zum großen Teil Portugiesen – nicht in die Heimat zurückkehrte, galt eben als Schicksal.

Und auch heute ist das Image des großen Entdeckers und Seefahrers in vielen Ländern der Erde erstaunlicherweise noch immer ohne jeden Makel. Der größte Sportverein in Rio de Janeiro oder die bekannteste Brücke in Lissabon – sie alle tragen den Namen von Portugals Nationalhelden, von Vasco da Gama.

Vasco da Gama – Ein Steckbrief

So bekannt und berühmt Vasco da Gama durch die Entdeckung des Seewegs nach Indien auch ist, sein Steckbrief weist – wie bei vielen anderen Entdeckern und Seefahrern der damaligen Zeit – große Lücken und weiße Flecken auf. Besonders über seine Jugendzeit ist nur wenig Genaues bekannt …

Circa 1469
Vasco da Gama wird in Sines, einem Seehafen im Süden Portugals geboren.

Die nächsten 30 Jahre …
Er wird in Evora erzogen, studiert Astronomie und Navigation und sammelt später Erfahrungen als Seemann und Soldat.

1492
Vasco da Gama erreicht den Rang eines Marineoffiziers in Diensten Johann des II. von Portugal.

1497
8. Juli: Vasco da Gama wird von König Emanuel I. zum Leiter der portugiesischen Expedition nach Indien benannt und bricht mit vier Karavellen zur Entdeckungsreise auf.
22. November: Umsegelung des Kaps der Guten Hoffnung.

1498

20. Mai: Vasco da Gama erreicht die indische Malabarküste und geht in Kalikut vor Anker. Der Seeweg nach Indien ist gefunden.
29. August: Abreise aus Kalikut Richtung Portugal.

1499

10. Juli: Das erste Schiff der Expedition unter dem Kapitän Nicolas Coelho trifft im Heimathafen Lissabon ein.
9. September: Drei Monate nach der „Berrio" erreicht auch da Gama Lissabon und wird triumphal empfangen. König Emanuel I. ernennt ihn zum Grafen von Vidigueira und zum Admiral der Indischen Meere.

1500

Zweite Expedition Portugals nach Indien. Vasco da Gama lehnt die Leitung der Entdeckungsfahrt ab. An seiner Stelle fährt die Flotte unter Pedro Alvares Cabral und entdeckt auf dieser Reise unter anderem Brasilien.

1502

Zweite Reise von Vasco da Gama in den Indischen Ozean. An der Malabarküste angekommen versucht er mit seiner gewaltigen Kriegsflotte die Macht Portugals zu festigen. Dabei kommt es auch zur Beschießung und Zerstörung von Kalikut.

1504

Rückkehr nach Portugal. Für seine Leistungen wird er von König Emanuel I. mit Titeln, Ländereien und Geldgeschenken belohnt.

Die nächsten 20 Jahre ...

Vasco da Gama lebt verhältnismäßig zurückgezogen auf seinen Gütern.

1524

April: Vasco da Gama wird zum Vizekönig von Portugiesisch-Indien benannt und reist noch einmal in den Indischen Ozean.
24. Dezember: da Gama stirbt in Indien beim Kampf mit einem feindlichen Statthalter und wird in einer Franziskanerkirche in Cochin beerdigt.

Rätsel Kolumbus: Vom Mythos zum Streitobjekt

4

Dieter Lohmann

Zusammenfassung

Er gilt als größter Entdecker aller Zeiten, als „Steigbügelhalter" für die Eroberung Amerikas durch Europa, als Wegbereiter für den Aufstieg Spaniens zur Weltmacht. Der Mythos Christoph Kolumbus lebt – auch heute, 500 Jahre nach seinem Tod. Von dieser Karriere ahnte der „Admiral des Ozeans" allerdings nichts, als er sich im Jahr 1492 mit drei Schiffen auf den Weg machte, um den Seeweg nach Indien zu erforschen. Gold, Gewürze und andere unermessliche Reichtümer hoffte er dort zu finden, sowie Ruhm und Macht für sich und Spanien. Entdeckt hat Kolumbus die sagenumwobenen Schatzkammern im Fernen Osten aber nie, obwohl er bis an sein Lebensende fest davon überzeugt war. Dafür aber eine bis dahin für Europäer unbekannte, faszinierende Welt jenseits des Atlantiks, die schon bald zur Anlaufstelle für Menschen aus ganz Europa werden sollte.

Doch noch immer gibt die Person Kolumbus viele Rätsel auf. War er tatsächlich Genueser, wie immer behauptet wird? Wo liegt der berühmte Seefahrer begraben? Und an welcher Stelle betrat er erstmals die Neue Welt? Auf diese und viele andere Fragen suchen Wissenschaftler noch immer eine Antwort.

D. Lohmann, N. Podbregar, *Im Fokus: Entdecker*,
DOI 10.1007/978-3-642-24337-0_4, © Springer-Verlag Berlin Heidelberg 2012

Eine Vision wird Wirklichkeit

3. August 1492, Palos de la Frontera, Spanien: Drei Schiffe liegen im Hafen der Kleinstadt bei Huelva vor Anker und warten auf das Auslaufen. Gerade mal 23 Meter lang ist das Flaggschiff der Flotte von Christoph Kolumbus, die „Santa Maria", noch kleiner sind die Karavellen „Nina" und „Pinta". Dennoch haben sie Großes vor. Über den Atlantik sollen sie fahren, um den begehrten Seeweg nach Indien und China zu finden, wo angeblich Unmengen an Gewürzen, Gold und Edelsteinen auf die Seefahrer warten. So hat es jedenfalls der berühmte Forschungsreisende Marco Polo berichtet, der rund 200 Jahre zuvor auf dem Landweg dorthin gereist war. Und viele andere Händler und Entdecker nach ihm haben seine Aussagen bestätigt.

Für den 41-jährigen Kolumbus geht mit der bevorstehenden Expedition ein Traum in Erfüllung. Schon seit Jahren hat er die Vision, von Europa aus Richtung Westen zu segeln, wo er die Schatzkammern Asiens vermutet. Dass es dort Land geben muss, steht für ihn außer Frage. Zu dieser Einschätzung ist er durch das Studium von Reiseberichten anderer Seefahrer und alten Überlieferungen gelangt. Und hatte nicht auch bereits Aristoteles vermutet, dass man von Gibraltar aus nur wenige Tage braucht, um über das große Wasser zu reisen und nach Asien zu gelangen?

Er muss auch keine Angst davor haben, dass der Ozean plötzlich irgendwo zu Ende ist und die Schiffe mit Mann und Maus ins Nichts stürzen. Denn dass die Erde keine Scheibe ist, sondern eine Kugel, hat zwar noch niemand endgültig bewiesen, dies gilt aber unter Seefahrern und Wissenschaftlern längst als sicher. Nur die Kirche sperrt sich noch, dies anzuerkennen. Jetzt, wo es endgültig losgehen soll mit der Reise, blickt Kolumbus auf einen steinigen Weg zurück. Denn jahrelang hat niemand seiner Idee so Recht Glauben geschenkt. Und gar eine teure Expedition auszurüsten und auf den Weg zu schicken, kam den Regenten in Portugal, England oder Frankreich, wo er um Unterstützung warb, überhaupt nicht in den Sinn.

Dies hat viele Gründe. König Johann II. von Portugal und die von ihm konsultierten Experten beispielsweise halten Kolumbus' Berechnungen über die Reisestrecke von den Kanaren bis nach Asien für falsch. Kolumbus, der seit 1477 in Lissabon lebt, schätzt sie lediglich auf knapp 5.000 Kilometer. Stimmt dies, sollte die Distanz mit den modernen Schiffen tatsächlich zu bewältigen sein. Aber dem portugiesischen Staatsoberhaupt ist das zu unsicher und er verfolgt zudem längst einen anderen Plan. Er will auf dem östlichen Seeweg nach Indien und China gelangen. Seit Jahren sind seine Seefahrer entlang des afrikanischen Kontinents immer weiter nach Süden vorgedrungen und 1487 gelingt es Bartolomeu Diaz sogar, die Südspitze Afrikas, das Kap der Guten Hoffnung, zu umsegeln. Damit könnte der Weg nach Asien frei sein für Portugal. Der Aufstieg des Landes zur wichtigsten Handelsmacht Europas auf den Meeren der Welt scheint nur noch eine Frage der Zeit. Warum dann ein Risiko eingehen und auf Kolumbus setzen?

Bruderkampf um die Vorherrschaft auf dem Meer

Die aufstrebende neue Supermacht Portugal ist letztlich aber der Grund dafür, dass Kolumbus schließlich doch noch einen Gönner findet – Spanien. Königin Isabella und König Ferdinand waren lange Jahre mit einem Krieg gegen die Mauren beschäftigt, die große Teile des Landes in ihren Besitz gebracht hatten. Doch jetzt sind die Araber besiegt und vertrieben. Da bleibt Zeit für andere Dinge und die Erfolge des Nachbarn Portugal auf dem Meer sind ihnen ein Dorn im Auge.

Deshalb interessiert sich das Königspaar auf einmal sehr für den Plan von Kolumbus. Zuvor hatte man ihn nach seiner Immigration nach Spanien im Jahr 1485 zwar immer wieder empfangen und angehört, aber dann hingehalten und auf später vertröstet. Obwohl auch spanische Experten an den von Kolumbus errechneten Reisedistanzen zweifeln, entschließen sich Isabella und Ferdinand zu Beginn des Jahres 1492, eine Expedition unter Kolumbus' Kommando auszurüsten. Die Verhandlungen zwischen dem Königspaar und dem erfahrenen Seefahrer drohen dennoch im letzten Moment zu scheitern, weil die Forderungen, die Kolumbus stellt, sehr hoch sind.

Admiral des Ozeans will er werden und Vizekönig in allen von ihm für Spanien neu entdeckten Regionen jenseits des großen Teichs. Darüber hinaus beansprucht er noch zehn Prozent vom Gewinn durch die

Edelmetalle und anderen Reichtümer, die er in Asien zu finden gedenkt. Isabella und Ferdinand akzeptieren schließlich zähneknirschend seine Bedingungen und besiegeln die Vereinbarungen mit ihm in einem Vertrag. Der Weg für Kolumbus ist endlich frei.

Kurs Indien! Die erste Reise des Kolumbus

Als es am 3. August 1492 endlich losgeht, ist Kolumbus zuversichtlich. Die drei Schiffe machen einen guten Eindruck und sind mit mehr als 120 Mann Besatzung und reichlich Vorräten bestückt. An Bord befinden sich auch Gold, Glasperlen, Gürtelschnallen und andere Geschenke, um die jenseits des Atlantiks lebenden Einheimischen günstig zu stimmen. Auch Kolumbus' Reiseroute steht längst fest: Er will zunächst nach Süden segeln. Dort gibt es, das weiß er aus dem Studium von Reiseberichten und Logbüchern anderer Seefahrer, günstige Passatwinde und Meeresströmungen, die ihm und seiner Flotte schnell und sicher über den Atlantik helfen könnten.

Doch die Fahrt steht zunächst unter keinem guten Stern. Schon nach drei Tagen bricht auf der „Pinta" ein Mast. Kolumbus muss mit seinen Schiffen auf den Kanaren Schutz suchen und den Schaden reparieren lassen. Zu seinem großen Ärger hält dies die Expedition für rund einen Monat in längst bekannten Gefilden fest, erst danach geht es weiter Richtung Westen ins Ungewisse. Noch sind die Matrosen guten Mutes. Doch je länger die Reise dauert und je weiter sich die Flotte von der Heimat entfernt, desto unzufriedener und ängstlicher werden sie. Um eine Meuterei zu vermeiden, redet Kolumbus mit Engelszungen auf sie ein, droht mit Gewalt und erinnert an die Reichtümer am Ziel der Reise. Zudem lässt er seine Männer bewusst im Unklaren darüber, wie viele Kilometer sie tatsächlich bereits gefahren sind.

Schließlich, nach zwei Monaten und neun Tagen auf hoher See können Kolumbus und die Besatzung endlich aufatmen: „Land in Sicht" schallt es am 12. Oktober 1492 aus dem Ausguck im Mast. „Um zwei Uhr morgens kam das Land in Sicht, von dem wir etwa acht Seemeilen entfernt waren. Wir holten alle Segel ein und fuhren nur mit einem Großsegel, ohne Nebensegel. Dann lagen wir bei und warteten bis zum

Anbruch des Tages, der ein Freitag war, an welchem wir zu einer Insel gelangten, die in der Indianersprache Guanahani hieß.", beschreibt Kolumbus in seinem Bordbuch den historischen Moment.

Kolumbus ist überzeugt davon, dass er in Indien oder zumindest doch auf einer der der Küste vorgelagerten Inseln angekommen ist. Die bisher zurückgelegte Reisestrecke stimmt in etwa mit seinen früheren Berechnungen überein. Wozu soll das Land daher gehören, wenn nicht zu Asien? Die ersten Einheimischen, die er sieht, sind freundlich, unbekümmert, zumeist jung und „alle sehr gut gewachsen", wie Kolumbus in sein Bordbuch vermerkt. Die rotbraunen Menschen gehören zum Volk der Tainos. Diese sind, wie Kolumbus mit der Zeit feststellt, auch auf anderen Inseln der Region zu finden. Da Kolumbus sich in Indien wähnt, nennt er die Ureinwohner Indianer.

Entdeckungen am laufenden Band

Lange hält es Kolumbus und seine Männer nicht auf „San Salvador", wie er seine erste Entdeckung genannt hat. Denn die Tainos tragen zwar Goldschmuck, größere Mengen des Edelmetalls sind hier aber nicht zu erbeuten, wie eine sofort gestartete Suche ergibt. Die drei Schiffe segeln deshalb weiter Richtung Südwesten, sichten dabei Kuba und landen wenig später südöstlich davon auf einer großen Insel, die Kolumbus Hispaniola tauft.

Allerdings ist die Ankunft dort so gar nicht nach seinem Geschmack. Denn sein Flaggschiff, die „Santa Maria", läuft vor der Nordküste an einer Untiefe auf Grund und kann sich nicht mehr befreien. Besatzung und Ladung lassen sich mithilfe der dortigen Indianer zwar an Land retten, aber das Schiff selbst ist verloren. Aus seinen Überresten lässt Kolumbus die erste winzige spanische Siedlung in Übersee bauen, der er den Namen La Navidad gibt.

Glücklich gerettet machen sich die Spanier anschließend auf die Suche nach wertvollen Edelmetallen und Gewürzen. Und sie werden auch fündig. Zwar sind es nicht das sagenumwobene Goldland oder die Gewürzinseln, die man entdeckt hat. Die ersten Kostproben reichen nach Meinung von Kolumbus aber aus, um nach Spanien zurückzukehren und den Erfolg der Mission zu verkünden. Am 16. Januar 1493 sticht der „Admiral des Ozeans" in See. Allerdings muss er aufgrund des Verlusts der „Santa Maria" einen Teil seiner Männer auf Hispaniola zurücklassen. Die ersten rund 40 spanischen Siedler, die dort bleiben, bekommen die Order, in seiner Abwesenheit auf Expeditionen ins Landesinnere mehr Gold und andere Reichtümer aufzuspüren.

Die Rückreise des Kolumbus gelingt weitgehend problemlos. Am 15. März 1493 betritt er gut sieben Monate nach seinem Aufbruch in Palos wieder spanischen Boden und erlebt in der Folge einen wahren Triumphzug. Die wertvollen Güter und ein paar mitgebrachte Tainos scheinen alle Hoffnungen von Kolumbus und der spanischen Krone zu bestätigen. Überall, wo er auf dem Weg zum in Barcelona residierenden Königspaar hinkommt, wird Kolumbus als Held gefeiert. Und auch bei Hofe empfangen ihn Isabella und Ferdinand überschwänglich und verfolgen mit Begeisterung seine Berichterstattung. Für Kolumbus aber vielleicht noch wichtiger als aller Ruhm: Er darf eine zweite, diesmal viel größere Expedition ausrüsten …

Indien oder eine Neue Welt? Kolumbus zweite und dritte Reise

17 Schiffe und 1.500 Mann Besatzung – im Vergleich zu seiner Pionierfahrt ist Kolumbus bei seiner zweiten Expedition über den Atlantik mit einer ganzen Armada unterwegs. Die Erwartungen sind durch seine Berichte allerdings ebenfalls gestiegen. Er soll Kolonien gründen, die Indianer missionieren, neue Gebiete für die spanische Krone entdecken und in Besitz nehmen und vor allem mehr Gold finden. Für diesen Auftrag haben ihm Isabella und Ferdinand Priester, Soldaten, aber auch Siedler und königliche Beamte mitgegeben. Doch schon bald macht sich Ernüchterung breit. Zwar geling der Sprung über den großen Teich erneut, doch außer einigen Inseln – darunter Domenica, Montserrat, Antigua – finden sie nichts. Die Gier nach neuen Reichtümern bleibt weitgehend ungestillt.

Darüber hinaus hat der „Vizekönig" Kolumbus auch noch mit anderen Problemen zu kämpfen. So muss er feststellen, dass die auf der ersten Reise errichtete Festung auf Hispaniola bei kriegerischen Auseinandersetzungen mit den Indianern völlig zerstört worden ist. Kein Spanier hat überlebt. Kurz entschlossen gründet er weiter östlich eine neue Siedlung mit dem Namen La Isabella. Ein Teil der 1.500 Mann Besatzung bleibt hier zurück, Kolumbus aber segelt weiter. Kuba, Jamaika und Puerto Rico sind die nächsten Stationen auf dem Weg durch die Inselwelt vor der, wie er noch immer glaubt, asiatischen Küste. Doch auch hier bleibt die Suche nach Gold weitgehend erfolglos. Unzufrieden macht Kolumbus kehrt und segelt nach Hispaniola zurück. Hier erwartet ihn im September 1494 der nächste Schock. Die Siedlung La Isabella befindet sich in einem desolaten Zustand. Unter den Kolonisten ist ein heftiger Streit entbrannt und zudem haben sich auch die Tainos gegen die Spanier aufgelehnt. Sie haben genug von den Weißen, die sie als Sklaven behandeln und zudem immer wieder gewalttätig werden.

Um Ruhe zu schaffen und seine Macht zu sichern, führt Kolumbus im Frühjahr 1495 eine Strafexpedition in der Region durch, bei der er äußerst brutal vorgeht und mehr als 1500 Indianer gefangen nimmt. Ein Teil davon wird auf Schiffe geschafft und dann nach Europa deportiert. Viele Indianer sterben schon bei der Überfahrt. Wenige Monate später trifft zudem ein „Aufpasser" von Isabella und Ferdinand auf Hispaniola ein. Er soll untersuchen, ob die Situation in den neuen spanisch kontrollierten Gebieten tatsächlich so chaotisch ist, wie Heimkehrer nach Spanien berichtet haben.

Kolumbus segelt daraufhin im März 1496 in seine Wahlheimat zurück, um beim Königspaar vorstellig zu werden und seinen Kopf zu retten. Dies gelingt ihm mit Mühe, doch bis er eine neue Flotte bekommt und wieder nach Übersee reisen kann, vergehen nahezu 24 Monate. Als es am 30. Mai 1498 endlich mit acht Schiffen erneut losgeht, steht Kolumbus unter Zugzwang. Jetzt muss er beweisen, dass er tatsächlich den Seeweg nach Indien und China gefunden hat und es geht vor allem um eins: mehr Gold, viel mehr Gold. Denn die Expeditionen sind sehr teuer und seine Geldgeber, Isabella und Ferdinand, und die ganze spanische Öffentlichkeit wollen dafür endlich eine Gegenleistung sehen.

Kolumbus wählt diesmal eine etwas südlichere Route, vermutlich, um nicht wieder auf den ihm bereits bekannten „Westindischen Inseln" zu landen, wie seine Entdeckungen in Übersee längst genannt werden.

Tatsächlich findet er nach der Überfahrt aber zunächst wieder nur einige neue Eilande – unter anderem Trinidad und Tobago – bis er schließlich doch noch das Festland erreicht. Er stößt dort auf die gewaltige Flussmündung des Orinoco und erkundet auch die Küstengebiete weiter nördlich, ohne allerdings anzulanden und selbst den Fuß auf den neu entdeckten Boden zu setzen. Was hat er da bloß aufgespürt? Ist das tatsächlich Asien? Das was er vom Schiff aus erkennen kann, sieht ganz anders aus als erwartet. Oder ist dies vielleicht doch eine neue Welt? Doch Kolumbus verwirft diesen Gedanken und macht sich wieder auf den Weg nach Hispaniola.

Vom Helden zum Häftling: Kolumbus Traum zerbricht

Auf Hispaniola hat mittlerweile Kolumbus Bruder Bartolomeo an der Südküste eine neue Siedlung gegründet – Santo Domingo. Doch auch diese Kolonie bereitet Kolumbus mit der Zeit zunehmend Probleme: Die neu angesiedelten Spanier sind mit ihrem Leben unzufrieden, weil sich die ihnen gemachten Versprechungen nicht erfüllen und die Indianer wollen nicht ohne Weiteres zum Christentum übertreten. Zudem kommt es immer häufiger zu gewalttätigen Übergriffen auf die Tainos. Verantwortlich dafür sind weiße „Desperados", die sich im Schlepptau von Kolumbus befinden. Sie interessieren sich nur für Gold und ihnen ist jedes Mittel Recht, um dies aufzuspüren. Kurz: Es herrschen chaotische Verhältnisse.

Nachdem das spanische Königspaar von der Situation Kenntnis erhält, schickt es einen neuen „starken Mann" nach Übersee, Francesco de Bobadilla. Er räumt nach seiner Ankunft im August 1500 in der Kolonie auf und setzt Kolumbus als Gouverneur und Vizekönig ab. Dieser wird zusammen mit seinem Bruder sogar verhaftet, in Ketten gelegt und anschließend nach Spanien zurückgeschickt. Dort angekommen, müssen die Kolumbus-Brüder vor dem Königspaar Rechenschaft ablegen. Es gelingt ihnen, Isabella und Ferdinand milde zu stimmen und zumindest aus der Haft entlassen zu werden. Die Absetzung aus allen seinen Ämtern bleibt aber bestehen. Darüber hinaus wartet auf Kolumbus in Spanien eine weitere niederschmetternde Botschaft: Der

Portugiese Vasco da Gama hat Afrikas Kap der Guten Hoffnung umsegelt und den Seeweg nach Indien gefunden. Für Spanien und Kolumbus eine herbe Niederlage im Kampf um Macht, Reichtum und die Vorherrschaft auf dem Meer.

Dennoch darf Kolumbus noch einmal auf Expedition gehen. Im Mai 1502 macht er sich mit vier Schiffen auf, um die auf der letzten Reise entdeckte Festlandsküste weiter zu untersuchen. Irgendwo muss es doch eine Durchfahrt nach Indien und China geben, so glaubt er. Und vielleicht ist ja sogar eine erste Weltumseglung möglich, und damit der endgültige Beweis, dass die Erde eine Kugel ist. Gelänge dies, wären sein Ruhm und seine Ehre wiederhergestellt. Doch obwohl Kolumbus von Honduras bis Venezuela eifrig sucht, erfüllen sich seine Hoffnungen nicht. Immerhin betritt er aber am 25. September 1502 im heutigen Costa Rica zum ersten Mal amerikanischen Festlandsboden – allerdings ohne zu ahnen, wo er tatsächlich ist. Er glaubt noch immer in Asien zu sein.

Auch sonst wird die Reise für Kolumbus zu einer herben Enttäuschung. Auf Hispaniola ist er nicht mehr gern gesehen. Zudem zerfrisst der Holzbohrwurm die Planken seiner Schiffe, so dass er schließlich sogar im Juni 1503 auf Jamaika strandet und die neuen Herren auf Hispaniola um Hilfe anflehen muss. Die Retter treffen jedoch erst knapp ein Jahr später ein. 1504 schließlich kehrt Kolumbus nach Spanien zurück. Krank, verbittert, enttäuscht, ruhmlos und immer noch davon überzeugt, den Seeweg nach Indien entdeckt zu haben, stirbt er zwei Jahre später am 20. Mai 1506 in Valladolid.

Kolumbus hat den Seeweg nach Indien nicht entdeckt. So viel ist klar. Vieles andere aus seinem Leben ist dagegen bis heute Gegenstand von Mythen, Legenden und Spekulationen. Vor allem seine Geburt und seine letzte Ruhestätte geben den Wissenschaftlern bis heute Rätsel auf.

Herkunft ungewiss: Wo wurde Kolumbus geboren?

Christoph Kolumbus war Genueser und damit eigentlich Italiener – dies galt lange Zeit als Fakt, ist heute aber mehr als umstritten. Und auch sein Geburtsdatum liegt nach wie vor im Dunklen. Irgendwann zwischen August und Oktober 1451 muss er das Licht der Welt erblickt haben, so schätzen Historiker. Doch wo fand das Ereignis statt? Eine entsprechende Geburtsurkunde oder ein anderes amtliches Dokument fehlen. Zahlreiche Orte und Gemeinden bewerben sich um den Titel „Geburtsstadt" von Christoph Kolumbus – nicht nur in Spanien und Italien, sondern erstaunlicherweise auch in Armenien oder Norwegen. Forscher und Stadtväter glauben in jedem dieser Orte ausreichende Indizien dafür zu haben, dass Kolumbus genau dort geboren wurde.

„Siendo yo nacido en Genoba" (frei übersetzt: ich wurde in Genoba geboren), behauptet Kolumbus selber in seinem Testament aus dem Jahr 1506. Viel mehr hat er nicht über seine Herkunft preisgegeben. Er zog es Zeit seines Lebens vor, selbst seine Freunde und Bekannten über seinen Geburtsort im Unklaren zu lassen. Warum, ist unbekannt. Doch was ist mit „Genoba" gemeint? Die meisten Forscher gehen davon aus, dass Kolumbus damit die italienische Hafenstadt Genua meinte. Dafür sprechen unter anderem schriftlich belegte enge Verbindungen des Seefahrers zum Genueser Bankhaus Banco di San Giorgio und zu verschiedenen Kaufleuten der Stadt. Dokumente beweisen zudem, dass ein Cristoforo Colombo zur fraglichen Zeit als Sohn eines Wollwebers in Genua sein Dasein fristete und später in Lissabon lebte. Ob es sich dabei um den berühmten Entdecker und Seefahrer oder einen Namensvetter handelt, ist jedoch unklar.

Für die Kritiker der Genua-Theorie sind das alles keine ausreichenden Beweise. Die französische Stadt Calvi beispielsweise argumentiert, dass mit „Genoba" keineswegs die Metropole am Ligurischen Meer gemeint ist, sondern eher die gleichnamige Republik Genua. Zu dieser gehörte vom 13. Jahrhundert an bis weit nach Kolumbus unter anderem die gesamte Insel Korsika und damit auch Calvi. In der dortigen Rue du Fil lebten bis ins 18. Jahrhundert Weber, die den Namen Colombo trugen. Kein Wunder, dass die Stadtväter an einem Haus eine Gedenktafel mit dem Hinweis: „Geburtshaus des Christoph Colombos" angebracht haben. Calvi bezeichnet sich selbst als „Stadt des Colombos" und wirbt damit auch um Touristen. Für diese Annahme spricht auch, dass nachweislich viele Calviner an Bord von Kolumbus Schiffen mitfuhren. Zwei von ihnen, die Brüder Minucci, wurden später sogar zu Gouverneuren von Panama und Portobello ernannt.

„Genoba, das sind wir", behauptet auch ein Stadtteil von Palma auf Mallorca. Vor der Eingemeindung in die Touristenmetropole gab es hier einen kleinen eigenständigen Ort, der diesen Namen trug. Für eine spanische, aber nicht unbedingt mallorquinische Herkunft von Kolumbus spricht zudem, dass er die meisten seiner Dokumente in kastilischer oder lateinischer Sprache verfasst hat. Kritiker der Genua-Theorie bringen zudem das hohe Bildungsniveau von Kolumbus und seine Vermählung mit einer Frau aus einem alten Adelsgeschlecht in Portugal im Jahre 1479 ins Spiel. Für einen ehemaligen italienischen Wollweber wäre das zur damaligen Zeit ein ungewöhnlicher Aufstieg, so meinen Historiker.

Doch wer hat Recht? Bei der Antwort auf diese Frage sollte ein Gen-Projekt der Universität von Granada helfen. Die Forscher um José Antonio Lorente suchten dafür in verschiedenen spanischen, italienischen und französischen Städten, die als Herkunftsort von Kolumbus in Frage kommen, nach Mitgliedern der Familien Colombo, Colon oder Colomb. Von diesen nahmen sie Speichelproben und isolierten aus diesen die DNA des Y-Chromosoms. Dieses Chromosom kommt nur bei Männern vor und wird daher von den Vätern an ihre Söhne weitergegeben. Daher eignet es sich dazu, Stammbäume der väterlichen Abstammungslinien zu rekonstruieren – in diesem Fall die der möglichen Nachfahren des Kolumbus. Die Wissenschaftler verglichen das Erbgut der potenziellen Nachfahren des Entdeckers mit der aus Knochen extrahierten DNA von Kolumbus' Sohn Fernando. Dessen sterbliche Überreste befinden sich seit langem in der Kathedrale von Sevilla.

Pünktlich zum 500. Todestag von Christoph Kolumbus am 20. Mai 2006 sollten die Ergebnisse der Studie eigentlich vorliegen. Doch Lorente und sein Team mussten die hochfliegenden Erwartungen enttäuschen. Sie hatten festgestellt, dass die Coloms aus Spanien und aus dem italienischen Genua zu eng miteinander verwandt sind. Über die DNA des Y-Chromosoms allein sei es daher nicht möglich, ausreichend Unterschiede festzustellen, um Kolumbus Herkunft aus einer dieser Verwandtschaftsgruppen eindeutig zu bestimmen, sagen die Forscher. Die Frage müsse daher vorerst weiter offen bleiben.

Sevilla oder Santo Domingo? Rätsel um die letzte Ruhestätte

Im Gegensatz zum Geburtsort von Kolumbus ist die Frage nach seiner letzten Ruhestätte inzwischen zumindest teilweise beantwortet. Auch hier konkurrieren mindestens zwei Städte um den Ruhm – und um die Echtheit – der dort liegenden Knochen. Dies sind die spanische Metropole Sevilla und die größte Stadt der Dominikanischen Republik, Santo Domingo. Begonnen hat das Verwirrspiel um die 500 Jahre alten Gebeine bereits kurz nachdem Kolumbus am 20. Mai 1506 in der spanischen Stadt Valladolid gestorben war. Dort wurde er zunächst auch beigesetzt. Wenige Jahre später jedoch überführte man den Leichnam in ein Kloster nach Sevilla.

Aber damit nicht genug: Gut drei Jahrzehnte später ließ Kolumbus' Sohn Diego die sterblichen Überreste des Vaters wieder zurück in die Karibik überführen. Dort blieben sie angeblich für etwas mehr als zweieinhalb Jahrhunderte in Santo Domingo. Anschließend wanderten sie im Jahr 1795 vermutlich weiter in eine Kirche in Havanna auf Kuba und dann schließlich 1898 zurück ins spanische Sevilla, wo sie in der Kathedrale bis heute begraben sind – soweit zumindest die Theorie. Ob aber tatsächlich auf den verschiedenen Stationen immer die richtigen Knochen verpackt und auf die Reise geschickt wurden, ist unklar. Jedenfalls reklamieren sowohl Sevilla als auch Santo Domingo bis heute den Besitz des Originals der sterblichen Überreste des Christoph Kolumbus für sich.

Um dem Geheimnis auf die Spur zu kommen, wollten Forscher das Kolumbus-Grab in der gotischen Kirche Santa Maria in Sevilla näher untersuchen. Dies scheiterte jedoch zunächst lange am Widerstand der katholischen Kirche. Erst im Jahr 2004 gab diese doch noch ihre Zustimmung. Nach dem Öffnen des Grabes schien für die beteiligten Anthropologen zunächst klar, dass es sich bei dem dort vorgefundenen Leichnam wohl kaum um Christoph Kolumbus handeln konnte. Die Knochen schienen von einem deutlichen jüngeren Verstorbenen zu stammen und auch die Statur passte kaum zu dem von Kolumbus bekannten Erscheinungsbild. Um die Identität des Toten zu überprüfen, entnahm ein internationales Wissenschaftlerteam unter Leitung von

José Antonio Lorente von der Universität Granada im Jahr 2005 Proben aus den Knochen des angeblichen Christoph Kolumbus sowie Vergleichsproben aus den Knochen seines Bruders Diego und seines Sohnes Fernando. Aus diesen Proben isolierten und verglichen sie die Mitochondrien-DNA, um darüber die Verwandtschaft der beiden nachweislichen Kolumbus-Familienmitglieder mit dem Unbekannten im Grab aufzuklären.

Im Mai 2006 dann das Ergebnis: Die in Sevilla begrabenen Knochen stammen tatsächlich von Christoph Kolumbus. „Es gibt eine absolute Übereinstimmung zwischen der mitochondrialen DNA von Kolumbus' Bruder und der aus dem Grab von Christoph Kolumbus", verkündet der Historiker Marcial Castro am Tag vor dem 500. Todestag des Seefahrers die Schlussfolgerungen des Forscherteams. Das aber bedeute nicht unbedingt, dass nicht auch ein Teil der Knochen in Santo Domingo von Kolumbus stammen könnten, betont der Forscher. Da die Knochen des Toten mehrfach hin und her bewegt worden seien, könnten durchaus einige auf der Karibikinsel Hispaniola geblieben sein. Bestätigen ließe sich dies aber erst, wenn man auch die Knochen in San Domingo genetisch untersuchen könnte. Doch genau dies will Juan Bautista Mieses, der Direktor des dortigen Kolumbus Museums auf keinen Fall zulassen. „Wir Christen glauben, dass man die Ruhe der Toten nicht stören soll.", sagte er.

Guanahani, Samana Cay und Playa Damas

Die Rätsel um Kolumbus hören mit Geburtsort und Grab aber nicht auf. Auch über die vier Reisen des Seefahrers weiß man weniger als allgemein angenommen. Dies beginnt schon mit dem Ort, an dem Kolumbus zum ersten Mal seinen Fuß auf amerikanischen Boden setzte. „Guanahani" nannten die einheimischen Indios ihre Heimat, die der Entdecker mit seinen Leuten am 12. Oktober 1492 erreichte. Kolumbus aber hatte einen eigenen Namen für die Insel parat: San Salvador, so beschloss er, sollte sie von nun an heißen – Heiliger Retter.

Ein San Salvador gehört zwar auch heute zu den Bahamas, ob es sich dabei allerdings um das von Kolumbus entdeckte Eiland handelt, ist mehr als ungewiss. Dies liegt wenigstens zum Teil daran, dass die Seeleute des ausgehenden 15. Jahrhunderts keine verlässlichen Positionsbestimmungen vornehmen konnten. Zwar besaßen sie bereits einen Magnetkompass und einen Jakobsstab, den Vorläufer der heutigen Sextanten, die mit den Karavellen zurückgelegte Strecke konnte jedoch trotzdem meist nur grob geschätzt werden. Hinzu kam, dass bei den Pionierfahrten damals keine Wissenschaftler mit an Bord waren, die die angelaufenen Ziele sachgerecht kartierten. Auch mögliche geografische Besonderheiten oder die Fauna und Flora blieben meist unerforscht und fehlen deshalb auf den Zeichnungen und in den oberflächlich Beschreibungen der Inseln.

Trotzdem haben Wissenschaftler der National Geographic Society im Jahr 1986 versucht, mit Hilfe der Logbücher von Kolumbus und Computern den Reiseweg der Flotte Puzzleteil für Puzzleteil zusammenzusetzen. Sie kamen zu dem Schluss, dass nicht das heutige San Salvador, sondern die weiter südlich gelegene kleine Insel Samana Cay der Ort gewesen sein muss, an dem Kolumbus die Neue Welt erreichte. Andere Forscher tippen dagegen nach wie vor auf San Salvador. Unter anderem, weil man dort Münzen, Perlen und Gürtelschnallen gefunden hat, die nachgewiesenermaßen aus der Zeit von Kolumbus stammen.

Ähnlich schwierig wie die Suche nach dem Anlandungsort von Kolumbus gestaltet sich auch die Fahndung nach den Schiffen, die der Seefahrer im Verlaufe der Expeditionen aufgeben musste. Zwei Karavellen sind allein auf seiner vierten Reise vor der Küste Panamas auf der Strecke geblieben, darunter die „Vizcaina". Kolumbus behauptet in einem Brief an den spanischen König Ferdinand, er habe das Schiff in der Bucht von Puerto Gordo, dem heutigen Portobelo, zurückgelassen. Vorher mussten die Matrosen fast alle Kanonen und Waffen auf die „Vizcaina" bringen, damit die gesamte Besatzung Platz auf den beiden verbliebenen Schiffen fand.

Im Jahr 2001 entdeckte der Schatztaucher Warren White in der Bucht von Playa Damas nahe Portobelo ein Schiffswrack am Meeresboden, das die „Vizcaina" sein könnte. Archäologen um Donald Hamilton vom Institut für Unterwasserarchäologie der Universität Texas untersuchten ab 2003 das Wrack, das zumindest zum richtigen Schiffstyp gehörte: „Es gibt bei diesem Wrack definitiv alle klassischen Eigenschaften eines spanischen Schiffswracks. Die Anker haben die typischen langen Schäfte und sie haben Schaufeln, die auf der Seite herausragen. Das ist typisch spanisch. Ohne jeglichen Zweifel können wir sagen: Das Wrack ist spanischer Herkunft und definitiv von vor 1550", sagte Hamilton in der ZDF-Sendung „Tauchfahrt in die Vergangenheit: Kolumbus letzte Reise".

Aber wann vor 1550? Gesunken ist das Schiff 1503, die Bäume, aus denen es gebaut wurde, müssten daher noch deutlich älter sein. Für genauere Datierungen unterzogen die Forscher zunächst eine Holzprobe einer C-14-Datierung. Dabei kamen sie auf einen Fällungszeitraum des Baumes zwischen 1469 und 1787 – das würde zur „Vizcaina" passen. Doch wenig später ergab die Datierung eines weiteren Holzprobe aus einem anderen Teil des Schiffswracks ein stark abweichendes Alter: Bei ihr kamen die Forscher auf 1530 bis 1550 als Fällungszeitraum. Stimmt diese Datierung, kann es sich bei dem Wrack nicht um die „Vizcaina" von Christoph Kolumbus handeln. Da die Behörden Panamas 2004 aus Angst um den Zustand des Wracks weitere Tauchgänge und Probennahmen verboten haben, steht eine nähere Untersuchung noch aus.

Die wahren Entdecker Amerikas: Wikinger als Vorreiter?

Zeit seines Lebens ging Kolumbus davon aus, den Seeweg nach Indien gefunden zu haben. Schon wenige Jahre später konnte jedoch Fernando Magellan bei seiner ersten Weltumseglung beweisen, dass Kolumbus irrte und er stattdessen auf einem neuen Kontinent, in Amerika, gelandet war. Doch auch hier war er nicht der erste Europäer.

Grönland vor mehr als tausend Jahren. Dort, wo heute ein dicker Panzer aus Schnee und Eis die Insel überzieht, war das Klima damals deutlich angenehmer und wärmer. Um zwei bis vier Grad Celsius höher als jetzt lagen die Durchschnittstemperaturen zwischen 900 und 1350 n. Chr. – auf Grönland und auch in anderen Teilen Nordeuropas. Die Wikinger nutzten die guten Bedingungen, die sich ihnen boten, um zunächst Island zu besiedeln und dann noch weiter nach Nordosten vorzudringen. Dabei erreichte Erik der Rote, ein wilder Geselle, der angeblich wegen Mordes aus seiner Heimat verbannt worden war, zusammen mit über 30 Männern auf seinem Schiff schließlich eine riesige Insel. Er fuhr die Küste entlang – immer auf der Suche nach einem guten Lager- und Siedlungsplatz.

In einem tief in die Küste eingeschnittenen Fjord an der Westküste entdeckten die Wikinger um das Jahr 975 schließlich fruchtbares Weideland. Erik der Rote nannte die Insel „grünes Land" – Grönland. So schnell es ging, holte er seine Familie und viele andere Wikinger nach und gründete eine Siedlung. Doch auf Grönland mangelte es an Bäumen für den Haus- und Bootsbau. Da kam den Wikingern der Zufall zur Hilfe. Bjarne Herjolfsson, ein Holzhändler aus Norwegen, geriet bei seiner Fahrt von Island nach Grönland in einen schweren Sturm und wurde weit nach Westen in unbekannte Gefilde verschlagen. Plötzlich entdeckte er an einer auftauchenden Küste Wiesen und Wälder. Nachdem er sich nach Grönland zurück gekämpft hatte, berichtete er Erik von seinen Erlebnissen. Schon wenige Jahre später ging Leif Eriksson, der Sohn des Grönland-Entdeckers, der Sache auf den Grund.

Zusammen mit einigen Männern an Bord seines Schiffes stach er Richtung Westen in See und sichtete schließlich in Höhe der heutigen Baffin-Insel Amerika. Das sollte das versprochene Paradies sein? Nur Steine weit und breit. Doch Eriksson ließ sich nicht entmutigen und drang weiter nach Süden vor. Endlich entdeckten die Wikinger vor der Küste von Neufundland eine Bucht, in der es günstige Bedingungen mit mildem Wetter, Wäldern und üppigem Weideland gab. Sie tauften es „Vinland", Weinland. Dort bleiben sie für Monate und bauten sogar eine kleine Ortschaft auf.

Alles nur Sage oder Legende? Weit gefehlt. Die mehr als 400 Jahre lange Warmzeit haben Klimaforscher längst belegt. Und für die Entdeckung Amerikas durch die Wikinger gibt es ebenfalls archäologische Beweise. Der norwegische Forscher Helge Ingstadt grub an der Nordspitze Neufundlands bei Anse-aux-Meadows eine rund tausend Jahre alte nordische Siedlung aus. Die Bauweise der Häuser, aber auch einige gefundene Werkzeuge wie eine Nadel aus Knochenmaterial oder eine Spinnwirtel – ein Schwunggewicht einer Spindel – aus Speckstein überzeugten die Forscher: Kolumbus kam 500 Jahre zu spät.

Entdeckten Chinesen Amerika?

Immerhin noch mehr als 70 Jahre früher als Kolumbus kamen die Chinesen unter ihrem Admiral Zheng He als Zweite in die Neue Welt – zumindest wenn die Theorie des Autors Gavin Menzies stimmt, die er in seinem Buch „1421 – Als China Amerika entdeckte" vorstellt. Menzies hatte dafür unzählige historische Dokumente gesichtet und dabei Widersprüche in der bisherigen Geschichtsschreibung entdeckt. Anhand von zahlreichen Indizien versucht er deshalb zu belegen, dass Zheng He in den Jahren 1421 bis 1423 eine Weltumseglung gelungen ist, bei der er alle Kontinente und auch Amerika zu Gesicht bekam. Doch das ist längst noch nicht alles. Nach Ansicht von Menzies besaßen die großen europäischen Seefahrer wie Kolumbus, Magellan oder Cook chinesische Karten, die sie bei ihren Entdeckungsfahrten erst auf die richtige Spur brachten.

Unterstützung bekam Menzies durch den chinesischen Anwalt Liu Gang. Der präsentierte vor kurzem die Kopie einer uralten chinesischen Karte aus dem Jahr 1418, auf der bereits alle Kontinente zu erkennen sind. Unter Historikern unbestritten ist, dass es Zheng He tatsächlich gab und er mit seiner Flotte vermutlich auch weit herumgekommen ist. So soll er beispielsweise Borneo und vermutlich auch die Ostküste Afrikas bereist haben. Ob aber Menzies Theorie stimmt und ob die Karte von Liu Gang echt ist, bezweifeln sogar chinesische Forscher.

Kolumbus ein Held? Der Preis der Macht

„Der Amerikaner, den Columbus zuerst entdeckte, machte eine böse Entdeckung" schreibt Georg Christoph Lichtenberg in seinen „Sudelbüchern", die zwischen 1765 und 1799 entstanden sind. Der Professor für Experimentalphysik und Naturwissenschaften in Göttingen notierte in seinen Heften seine täglichen Einfälle und Beobachtungen und schuf so im Laufe der Zeit die berühmteste Aphorismensammlung der deutschen Literatur. Lichtenbergs Einschätzung von Kolumbus ist zwar despektierlich, aber durchaus nicht unbegründet. Sie wird von vielen

Historikern und Amerikaforschern geteilt – zumindest aus heutiger Sicht. Denn für die Indianer Mittelamerikas und später auch des Rests der Neuen Welt begann mit der Ankunft von Kolumbus und seinen Männern ein Überlebenskampf, der in den ersten 100 Jahren der spanischen Herrschaft vermutlich fast 70 Millionen Menschen in Amerika das Leben kostete.

Verantwortlich dafür waren unter anderem Hernan Cortez, der 1521 das Reich der Azteken in Mexiko eroberte, Franzisco Pizarro mit der Zerschlagung des Inka-Staates 1531 und auch Christoph Kolumbus. Denn schon zu seiner Zeit als Vizekönig und Generalbevollmächtigter Spaniens in Westindien begann der Völkermord an den Einheimischen. Die Spanier um Kolumbus trieb auf ihren Expeditionen in unbekannte Gebiete weniger der Entdeckerdrang oder die Suche nach neuen „Schäfchen für die Herde Gottes", sondern oft eher die Gier nach Macht und Reichtum. So sollte Kolumbus laut Vertrag mit seinen Auftraggebern, dem spanischen Königspaar Ferdinand V. und Isabella I., möglichst viele wertvolle Edelmetalle finden und mit nach Spanien bringen.

Dementsprechend rücksichtslos gingen die Spanier von Beginn an zu Werke. Obwohl Ferdinand und Isabella ausdrücklich eine gute Behandlung der Indianer als zukünftige Christen gefordert hatten, hielt sich kaum jemand an diese Auflage. Spanien war weit und wer sollte schon als Richter auftreten.

Darüber hinaus führte Kolumbus ein Regel- und Abgabensystem für die neuen Kolonien Spaniens ein. Die Indianer auf Hispaniola mussten beispielsweise in regelmäßigen Abständen Gold abliefern, ansonsten wurden sie versklavt, ausgebeutet, misshandelt oder gar auf den Scheiterhaufen geschickt. Schon unter der Herrschaft von Kolumbus wurden zudem immer wieder einheimische Frauen von den Spaniern aus den Dörfern der Indios entführt und vergewaltigt, Aufstände schlugen die Spanier brutal nieder. Landraub und Strafaktionen waren an der Tagesordnung. Selbst für geringe Vergehen gegen die Obrigkeit gab es schwere Strafen wie das Abschlagen von Händen. Eingeschleppte Krankheiten taten ein Übriges dazu, dass die Ureinwohner der Karibik innerhalb von wenigen Jahrzehnten nahezu ausgerottet wurden. Mehrere hunderttausend Tainos gab es beispielsweise vor der Ankunft von Kolumbus im Jahr 1492 allein auf der Insel Hispaniola – wenige Jahrzehnte später waren nur noch wenige davon übrig.

„Wir können hier als eine gewisse und wahrhafte Tatsache anführen, dass in obgedachten vierzig Jahren durch das erwähnte tyrannische und teuflische Verfahren der Christen, mehr als zwölf Millionen Männer, Weiber und Kinder auf die ruchloseste und grausamste Art zur Schlachtbank geführt wurden und wir würden in der Tat nicht irren, wenn wir die Anzahl derselben auf fünfzehn Millionen angäben," zieht der Dominikaner-Mönch Bartolome de las Casas in seinem „Bericht von der Verwüstung der Westindischen Länder" aus dem Jahr 1552 eine Bilanz von 60 Jahren weißer Herrschaft in der Karibik.

Kult um Kolumbus: Der Mythos lebt

Er wollte den westlichen Seeweg nach Indien und China entdecken, mit Gewürzen und Gold die spanischen Staatskassen und seine eigene Geldbörse füllen und als erster Mensch die Welt umsegeln. Nichts davon hat Christoph Kolumbus tatsächlich geschafft. Stattdessen war er sogar für den Tod vieler Indios verantwortlich. Und auch die Ehre, dass der von ihm (wieder)entdeckte Kontinent Amerika seinen Namen trägt, blieb ihm versagt. Dennoch gilt er als der Entdecker schlechthin, sind Mythos und Kult um Kolumbus ungebrochen. Das haben beispielsweise die Feierlichkeiten im Jahr 1992 zum 500. Jahrestag seiner Amerikareise und Kinofilme wie „1492 – Die Vertreibung aus dem Paradies" gezeigt.

Überall auf der Welt sind zudem Orte, Straßen, Universitäten, Schulen oder Brücken nach ihm benannt. So heißen beispielsweise die Hauptstädte der US-Bundesstaaten Ohio und South Carolina nach dem berühmten Entdecker. Zudem gibt es im Ostküstenstaat Washington ein Columbia-Becken nahe der Kaskaden-Bergkette. Und in Südamerika trägt mit Kolumbien sogar ein ganzes Land seinen Namen. Wiederzufinden ist dieser Kult um den angeblichen Entdecker der Neuen Welt auch in Kunst und Literatur. Dichter und Denker, aber auch Musiker und Maler oder das einfache Volk würdigten die Leistungen des Visionärs, großen Seefahrers und Entdeckers in zahlreichen Liedern, Gedichten, Bildern und Erzählungen.

Doch woher kommt diese ungeheure Popularität einer Person, die fast alle ihre Ziele verfehlt hat? Mit den Reisen des Kolumbus sprengte Europa endgültig seine eigenen Grenzen und machte sich auf den Weg, die Welt zu entdecken und zu erobern. Afrika, Indien, China, Australien wurden von neuen Entdeckern und Seefahrern wie Vasco da Gama, Fernando Magellan, Francis Drake oder später James Cook angesteuert und erkundet. Und auch die Neue Welt, Amerika, hatte Kolumbus mit seinen Reisen endgültig in das Blickfeld der Menschen in Europa gerückt. Es begann ein wahrer Wettlauf um die Gebiete jenseits des großen Teiches, der Spanien, aber auch Portugal im Laufe der Zeit nicht nur immer neue Kolonien, sondern auch das ersehnte Gold brachte.

„Das Echo der Tat eines Kolumbus hallte jahrhundertelang wider, während das kollektive Bewußtsein sich innerhalb von Wochen an die Eroberung des Mondes wie an etwas beinahe Banales gewöhnte.", so beschreibt Stanislaw Lem in seinem Buch „Die vollkommene Leere" die Bedeutung von Kolumbus und seinen Reisen.

Der venezianische Händler Marco Polo besucht Ende des 13. Jahrhunderts China und berichtet später in seinen Reisebeschreibungen über seine Erlebnisse im Reich der Mitte. © historische Abbildung aus dem Buch Il milione (1298–1299)

Das Kap der Guten Hoffnung von Cape Point aus gesehen: Der portugiesische Kapitän Bartolomeu Diaz entdeckte es als erster Europäer im Jahr 1488. © Matthias Kniese/*Octavian78*/gemeinfrei

Der Seeweg nach Indien ist entdeckt: Vasco da Gama erreicht 1498 Kalikut. © historisch (Alfredo Roque Gameiro, um 1900)

Links: Christoph Kolumbus dachte Zeit seines Lebens, er hätte im Jahr 1492 den Seeweg nach Indien gefunden. *Rechts:* Gemälde von Kolumbus Flaggschiff, der Santa Maria. © historisch (Sebastiano del Piombo, 1519), National Maritime Museum

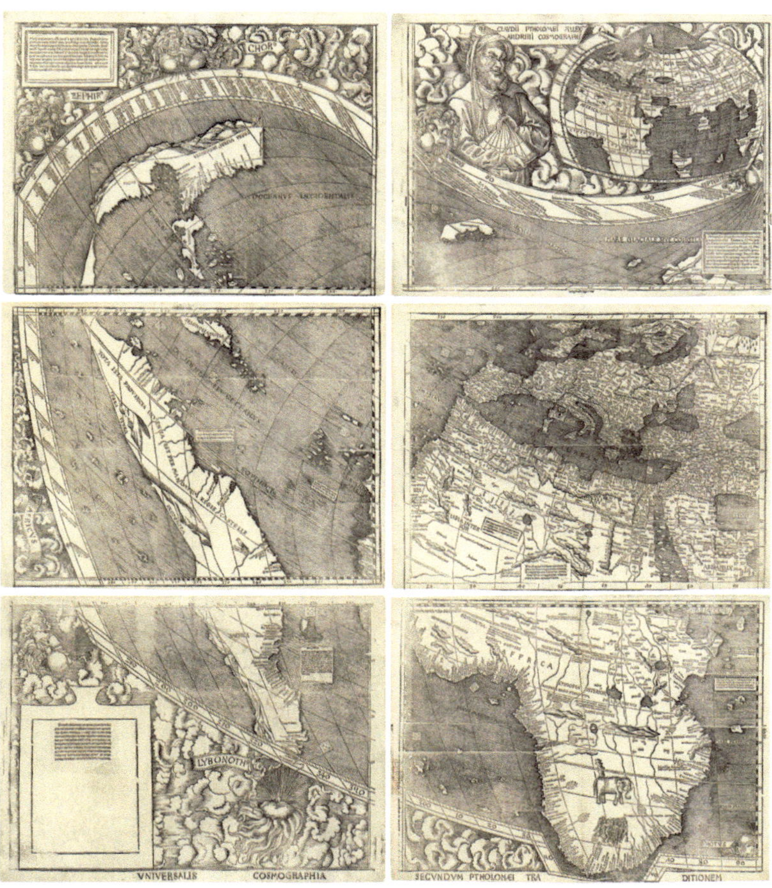

Amerikas Geburtsurkunde: Auf der Karte von Martin Waldseemüller war erstmals der Name America eingetragen. Dies geschah zu Ehren von Amerigo Vespucci, den er für den wahren Entdecker der „Neuen Welt" hielt. © historisch (Martin Waldseemüller, 1507)/Library of Congress

Willem Blaeu benannte in seiner Karte von 1635 das Land südlich der von Fernando Magellan entdeckten Meeresstraße ihm zu Ehren ebenfalls als „Magellanica". © historisch (Willem Blaeu, 1635)

Nachbau von Magellans Schiff Victoria, mit dem von 1519–1522 die erste Weltumseglung gelang. © Gnsin/CC-by-sa 3.0

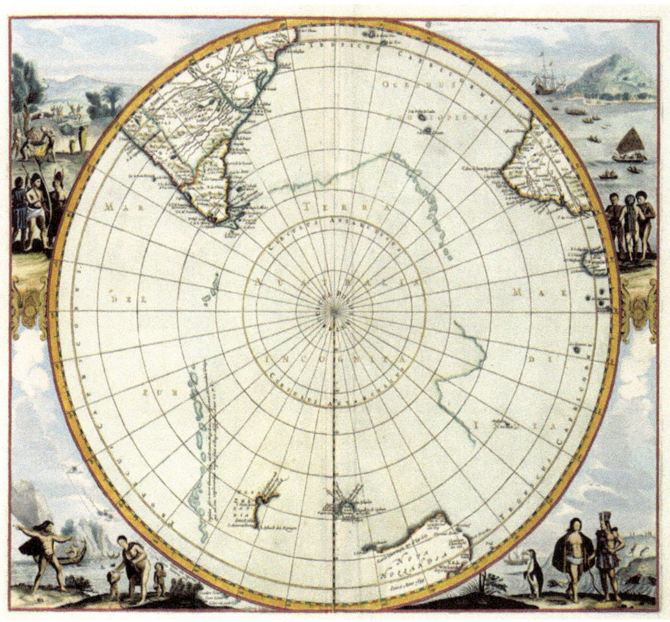

Karte der Terra Australis Incognita im „Atlas Major" von Jan Janssonius (1657).
© historisch

James Cooks Schiffe „Resolution" und „Adventure" ankern während der zweiten
Reise des Entdeckers vor der Küste Tahitis (1773). © Zeitgenössisches Gemälde von
William Hodges (1776)

Alexander von Humboldt gilt als der berühmteste Universalgelehrte Deutschlands. © Historisch (Henry William Pickersgill, 1831)

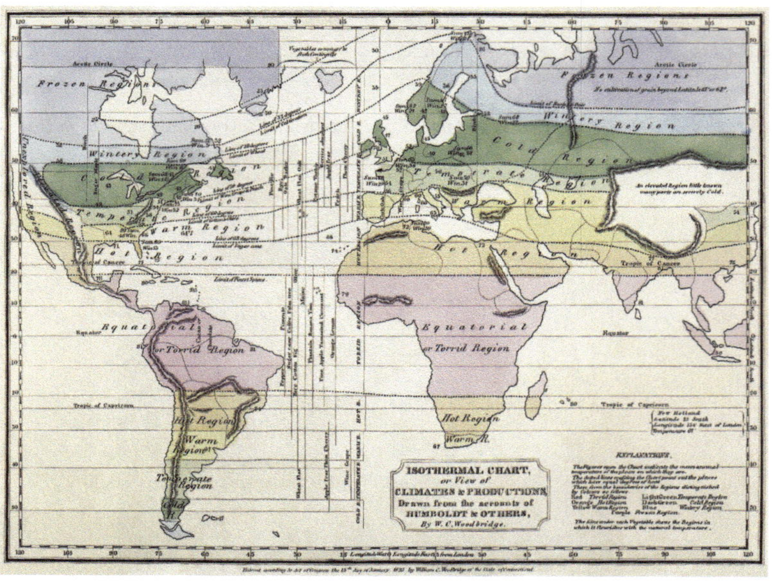

Isothermenkarte, die 1823 von William Channing Woodbridge auf der Basis von Alexander von Humboldts Arbeiten erstellt wurde. © historisch (William Channing Woodbridge, 1823)

Der Nil ist seit jeher die wasserspendende Lebensader Ägyptens, hier ein Blick auf das Niltal bei Luxor. © Bionet/gemeinfrei

Im Rahmen seiner Suche nach den Nilquellen erreichte der Brite John Hanning Speke 1858 als erster Europäer den Viktoriasee. © Damiano Luchetti/gemeinfrei

Robert Falcon Scott in der Überwinterungshütte vor Antritt seiner Südpolexpedition.
© Scott-Fotografie von Expeditionsteilnehmer Herbert Ponting

Knapp gescheitert: Robert Scott und sein Team am Südpol – einen Monat nachdem
Roald Amundsen ihn erreichte: Lawrence Oates, Henry Bowers, Robert Scott, Edward
Wilson und Edgar Evans. © Fotografie von Expeditionsteilnehmer Henry Bowers

Der Norweger Roald Amundsen *(links)* setzte in seiner Südpolexpedition auf Hundeschlitten. © Historische Fotografie aus „The South Pole" Band I, von Roald Amundsen/Reproduktion von NOAA

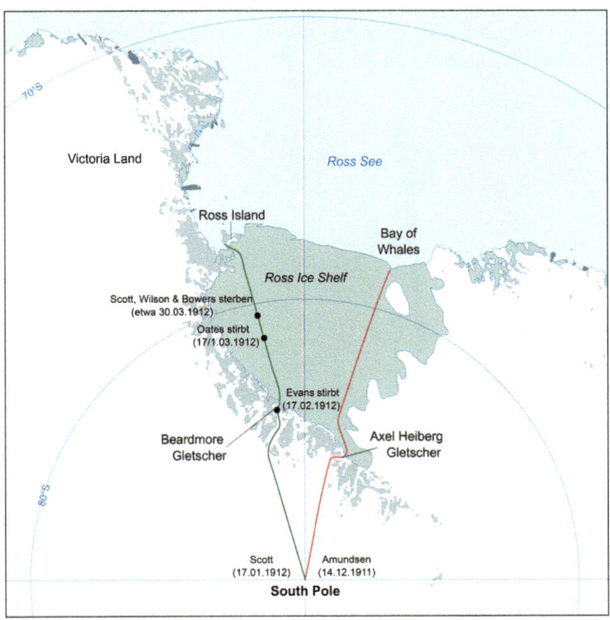

Die Routen von Roald Amundsen *(rot)* und Robert Scott *(grün)* zum Südpol. © gemeinfrei

Thor Heyerdahls Floß Kon-Tiki im Museum in Oslo. Mit diesem Gefährt segelte der norwegische Entdecker quer über den Pazifik von der Westküste Südamerikas bis nach Polynesien. © Daderot/gemeinfrei

Mit dem Schilfboot „Ra II" wollte Thor Heyerdahl beweisen, dass auch die alten Ägypter bereits Schiffe bauten, mit denen sie den Atlantik überqueren konnten. © Berthold Werner/gemeinfrei

Dieter Lohmann

Zusammenfassung

Am 25. April 1507 wird Geschichte geschrieben: Denn da stellt ein deutscher Forscher eine neue Weltkarte vor, die das komplette Wissen über die Erde auf einen Blick präsentiert. Doch die eigentliche Sensation versteckt sich im Kleingedruckten: Erstmals trägt das kürzlich entdeckte Land jenseits des Atlantiks den Namen „America". Der Freiburger Kartenmacher Martin Waldseemüller will damit den Entdecker Amerigo Vespucci aus Florenz ehren, der seiner Meinung nach entscheidend an der Erkundung dieser Überseegebiete beteiligt war. Vor allem aber hat Vespucci als Erster erkannt, dass es sich dabei um eine „Neue Welt", einen bis dahin unbekannten Kontinent handelt. Doch wer war dieser Amerigo Vespucci? Hat er es verdient, dass die Amerikas nach ihm und nicht nach ihrem eigentlichen (Wieder-)Entdecker Christoph Kolumbus benannt sind?

Zahlen statt fremde Völker: Vespuccis langer Weg zum Seefahrer

Das Jahr 1451 n. Chr., Europa steht am Übergang vom tristen Mittelalter zur Neuzeit. In diesem Jahr werden drei Kinder geboren, die im Laufe ihres Lebens Geschichte schreiben: Isabella, die spätere spani-

D. Lohmann, N. Podbregar, *Im Fokus: Entdecker*,
DOI 10.1007/978-3-642-24337-0_5, © Springer-Verlag Berlin Heidelberg 2012

sche Königin, Christoph Kolumbus und Amerigo Vespucci. Letzterer erblickt am 9. März in Florenz das Licht der Welt. Bei Vespucci deutet jedoch zunächst nichts darauf hin, dass er einmal ähnlich berühmt werden wird wie die beiden anderen.

Amerigos Vater Nastagio Vespucci ist ein wohlhabender und versierter Seidenhändler. Ihm gehört ein größeres Anwesen in der Stadt Peretola unweit von Florenz. Auch Amerigo soll einmal ein erfolgreicher Geschäftsmann werden, das ist sein Wunsch. Um die Ausbildung des jungen Amerigo kümmert sich aber nicht in erster Linie der Vater, sondern sein Onkel, der gebildete Dominikaner Giorgio Antonio Vespucci. Er sorgt dafür, dass sein Neffe all das lernt, was er braucht, um einen guten Job zu finden. Amerigo liest zudem viel und sammelt mit großem Eifer Bücher, aber auch Landkarten. Hilfreich bei seiner beruflichen Karriere ist nicht nur, dass viele Verwandte aus dem Haus Vespucci in Florenz wichtige Posten innehaben, die Familie hat auch einen guten Draht zu den einflussreichen Medicis. Letztere sind seit langem die uneingeschränkten Herrscher von Florenz und für ihre erfolgreichen Geld- und Handelsgeschäfte berühmt. Im Laufe der Zeit sind sie dabei sogar zu einer der reichsten Familien im Italien des 15. Jahrhunderts aufgestiegen.

Der mittlerweile 24-jährige Amerigo besucht zunächst Ende der 1470er Jahre in Gesellschaft seines Onkels Frankreich. 1482 tritt er dann jedoch in die Dienste der Medici ein und nimmt bei ihnen eine Stelle – vermutlich – als eine Art Bankkaufmann an. Während er in seinem Job endlose Zahlenreihen addiert, Finanzgeschäfte abwickelt und Konten prüft, widmet er sich in jeder freien Minute und in seinen Träumen, anderen, spannenderen Dingen. Bekannte Entdecker und Handlungsreisende haben es ihm angetan, er interessiert sich aber auch für die Seefahrt und die Kartographie.

Da kommt es ihm gerade recht, dass die Medicis im Jahr 1492 jemanden für ihre Geschäftsfiliale im spanischen Sevilla suchen. Ohne großartig zu zögern, nimmt Vespucci die Offerte an und macht sich auf in die andalusische Metropole. Sevilla mausert sich zu der Zeit allmählich zum Zentrum des spanischen Seehandels, aber auch zum Mittelpunkt der spanischen Kunst. Die neue Stadt, die neue Sprache und die neue Herausforderung ziehen Vespucci vollständig in ihren Bann. Unter der Obhut seines Vorgesetzten Giannotto Berardi, der nebenbei auch als Schiffsausrüster und Besitzer eines Handelshauses tätig ist, lernt Vespucci viele Seefahrer und Händler kennen. Der berühmteste von ihnen ist Christoph Kolumbus. Zusammen mit Berardi unterstützt er diesen in den Jahren 1493 und 1498 bei den Vorbereitungen zu seiner zweiten und dritten Reise über den Atlantik.

Die Reiseberichte von Kolumbus und anderen Entdeckern und die großen Reichtümer, die scheinbar überall auf der Welt auf ihn warten, nehmen Vespucci immer stärker gefangen. In ihm reift allmählich eine Idee, die sein ganzes Leben verändern wird: Er will zur See fahren und all diese geschilderten Wunderdinge mit eigenen Augen sehen. Und vielleicht fallen dabei ja auch noch ein bisschen Reputation und Reichtum für ihn ab ...

Fremde Länder, fremde Sitten: Vespucci erforscht Südamerika

Was seine Zukunft bringen soll, weiß Amerigo Vespucci gegen Ende des 15. Jahrhunderts ziemlich genau. Doch er weiß auch, dass er etwas dafür tun muss, um dieses Ziel zu erreichen. Denn von der Seefahrt hat er kaum Ahnung und auch sonst fehlt ihm noch das Handwerkszeug für einen erfolgreichen Entdecker. Und als Handlanger oder Küchenjunge auf große Fahrt zu gehen, ist nicht das, wovon er im Alter von fast schon 50 Jahren träumt.

Vespucci beginnt deshalb mit großem Engagement, die neuesten Erkenntnisse aus der Geographie und anderen verwandten Wissenschaften wie Astronomie zu studieren. Schnell wird er auch fit in der Steuermannskunst und traut sich zu, als Navigator an Bord eines Schiffes die Welt zu erkunden. Und die Gelegenheit dazu ergibt sich viel schneller als Vespucci erhofft hat. Denn am 18. Mai 1499 bricht eine aus drei oder vier Schiffen bestehende spanische Flotte unter der Leitung von Alonso de Ojeda und Juan de la Cosa in die neuen Überseegebiete auf. Beide sind ehemalige Gefolgsmänner von Christoph Kolumbus und mit seinen Reiserouten bestens vertraut. Die Überfahrt gelingt daher weitgehend problemlos und schon nach 37 Tagen kommt jenseits des Atlantiks Land in Sicht. Auf ihrer Fahrt entlang der Nordostküste Südamerikas besuchen die Abenteurer unter anderem die Insel Trinidad, Guyana sowie die Orinoco-Mündung. Sie bekommen aber immer wieder auch für sie exotische Menschen zu Gesicht.

Vespucci ist von diesen so fasziniert, dass er sie in seinen späteren Reiseberichten ebenso detailliert wie lebendig beschreibt: „Was wir über ihren Lebensstil und ihre Bräuche gelernt haben ist, dass sie völlig nackt umherlaufen, sowohl die Männer als auch die Frauen ... Sie sind von mittelgroßer Statur und sehr wohl proportioniert. Ihre Körperfarbe erinnert an das Rot der Löwenmähnen." Die Ureinwohner der besuchten Gebiete wirken auf ihn aber auch unzivilisiert und rückständig. „Ihre Lebensweise ist sehr barbarisch. So essen sie nicht zu bestimmten Zeiten, sondern immer wenn sie wollen. [...] Und sie essen auf dem Boden, ohne ein Tischtuch oder einen anderen Schutz darunter."

Beeindruckt zeigt sich Vespucci dagegen von den selbst gefertigten Bögen und Pfeilen der Indios. Letztere sind nicht wie sonst üblich mit Metallspitzen bestückt, sondern mit Fischzähnen oder über dem Feuer gehärteten Holzzacken. Für großes Erstaunen bei den Europäern sorgen auch die Dörfer der Ureinwohner, die sie im Laufe der nächsten Wochen und Monate immer wieder besuchen. So stoßen sie beispielsweise auf eine Siedlung aus nur 13 Gebäuden, in denen aber insgesamt 4.000 Menschen leben. Mindestens ebenso kurios ist für Vespucci und seine Männer, dass die von ihnen begehrten Schätze wie Gold oder Juwelen für die fremden Völker kaum eine Bedeutung zu haben scheinen.

Nach einiger Zeit erreichen die Seefahrer schließlich einen Ort, der ihnen besonders imponiert – vor allem, weil er Vespucci an seine italienische Heimat erinnert. Er erklärt das Besondere an der Siedlung später in seinen Reiseerinnerungen so: „Wir landeten in einem natürlichen Hafen, wo wir ein Dorf fanden, dass wie Venedig auf dem Wasser gebaut ist: Es gab 44 große Behausungen in Hüttenform, die auf dicken Pfählen errichtet worden waren. Deren Türen oder Eingänge erinnerten an Zugbrücken. Von jedem Haus aus konnte man alle anderen erreichen, indem man diese Zugbrücken benutzte, die alle mit einander verbanden." Vespucci und Co. nennen diesen Ort „Klein-Venedig" – was im Spanischen so viel bedeutet wie „Venezuela". Alles in allem kommt es Vespucci so vor, als wenn er eine Art Garten Eden, das lange gesuchte Paradies auf Erden gefunden hat. Die erfolgreichen Entdecker nehmen von ihrer Expedition Gold, Perlen und Smaragde mit – und sie fangen Sklaven, die sie nach ihrer Rückkehr nach Europa gewinnbringend verkaufen.

„Heureka! Ich hab's! ... " Vespuccis Vision von der Neuen Welt

Herbst 1500: Nach mehr als einem Jahr auf See endlich wieder zuhause, hat Amerigo Vespucci noch lange nicht genug von seinem Entdecker- und Abenteurer-Dasein. Ganz im Gegenteil: Er will so schnell wie möglich wieder auf Tour gehen und sich den Duft der großen weiten Welt um die Nase wehen lassen. Und er hat auch schon eine Idee, wie er das bewerkstelligen könnte.

Da er sich auf seiner ersten Südamerika-Reise einen guten Ruf als Navigator und Wissenschaftler erworben hat, ist er nicht nur in Spanien ein gefragter Mann, sondern auch in Portugal, das immer stärker auf den Weltmeeren präsent und erfolgreich ist. Hinzu kommt, dass Vespucci Kenntnis davon erhalten hat, dass der portugiesische König Manuel I. händeringend nach fähigen Seeleuten sucht. Sein Ziel ist es, eine Expedition zu dem sagenumwobenen Brasilien zu schicken. Dieses hat eine Armada von Manuels Schiffen unter dem Kommando von Pedro Álvares Cabral schon im April 1500 auf 16°52' südlicher Breite zufällig entdeckt und für Portugal in Besitz genommen. Der portugiesische König will wissen, ob es sich bei Cabrals Fund nur um eine Insel handelt. Oder steht die Region womöglich mit den Gebieten in Verbindung, auf die Kolumbus und seine Gefährten unter spanischer Flagge vor kurzem weiter nördlich gestoßen sind? Manuel I. hält Vespucci für eine Bereicherung seiner neuen Erkundungsfahrt, die unter dem Kommando von Gonçalo Coelho stehen wird. Schnell wird man sich einig.

Am 14. Mai 1501 geht es von Lissabon aus los auf den offenen Atlantik. Doch dieses Mal haben die Seefahrer mit einigen Unbilden der Natur zu kämpfen. So bläst der Wind meist nur mäßig bis schwach und die Überfahrt dauert 64 Tage – fast doppelt so lange wie bei Vespuccis erster Fahrt über den Atlantik. Der Rest der Reise jedoch erweist sich, was die geographischen und biologischen Entdeckungen betrifft, als ähnlich erfolgreich wie Vespuccis früherer Besuch in Südamerika. Die Seefahrer dringen im Laufe der Zeit vom Cabo de São Roque nahe der heutigen Großstadt Natal auf fünf Grad südlicher Breite bis weit Richtung Süden vor – zahlreiche Landgänge inklusive.

„Dieses Land ist sehr anmutig; es ist von zahllosen grünen und gewaltigen Bäumen bewachsen, die nie ihr Laub abwerfen, einen süßen und aromatischen Duft verbreiten und zahllose Früchte hervorbringen, von denen viele wohlschmeckend und gesund sind; das offene Land ist voller Kräuter und Blumen und Wurzeln, die sehr süß und wohlschmeckend sind …", beschreibt Vespucci später seine Eindrücke vor Ort. Zusammen mit seinen Seefahrer-Kollegen stößt er in der Folge unter anderem auf die riesige Guanabara-Bucht an der heute Rio de Janeiro liegt, auf den Rio de la Plata und passiert schließlich angeblich sogar die patagonische Küste. Irgendwann jedoch wird die Kälte so groß und die See so rau, dass die Männer umdrehen müssen und die Schiffe über Sierra Leone in Afrika und die Azoren wieder nach Europa zurückkehren.

Wichtiger als alle Einzelentdeckungen und die vielen neuen exotischen Eindrücke von Land und Leuten ist für Vespucci ein anderes Ergebnis seiner zweiten Fahrt westwärts: Denn langsam aber sicher dämmert es dem früheren Bankier, dass die gewaltigen Küstenabschnitte, die er befahren hat, nicht zu Asien gehören können. Es muss sich um eine „Neue Welt" handeln, um einen bis vor kurzem völlig unbekannten Kontinent. Er steht damit allerdings im krassen Widerspruch zu seinem noch viel berühmteren Entdecker-Kollegen Christoph Kolumbus. Dieser ist Zeit seines Lebens davon überzeugt, den Seeweg nach Indien gefunden zu haben.

Doch Vespucci lässt sich nicht beirren. Er beginnt damit, seine neue, revolutionäre Sicht der Welt öffentlich kundzutun. Einen umfangreichen Reisebericht inklusive seiner fundamentalen Erkenntnis schickt er zunächst 1502 als Brief an Lorenzo de Medici. Nur wenig später wird dieser als „Mundus Novus" (lateinisch für „Neue Welt") gedruckt und verteilt. Vespuccis Memoiren erfreuen sich in vielen Teilen Europas alsbald großer Beliebtheit und werden zu einer Art mittelalterlichem Bestseller.

Amerikas Geburtsurkunde: Wie gleich zwei Kontinente zu ihren Namen kamen

Kennen Sie Martin Waldseemüller? Oder Hylocomylus wie er sich selber nannte? Nein? Dann sind Sie sicher nicht der Einzige. Denn der um 1470 in der Nähe von Freiburg geborene katholische Priester war zwar durchaus ein bedeutender Gelehrter. Berühmt geworden ist aber nicht er, der sich vor allem mit Mathematik, Kosmologie und mit Kartografie beschäftigte, sondern sein Meisterwerk: die Weltkarte aus dem Jahr 1507. Und das eigentlich auch nur wegen eines einzigen Wortes.

Es ist der 25. April 1507, die Frankfurter Frühjahrsmesse ist in vollem Gange. Einer der Aussteller ist Waldseemüller. In Saint Dié in Lothringen hat er zusammen mit dem Philologen und Dichter Matthias Ringmann in langer, mühsamer Detektivarbeit das in den letzten Jahren hinzu gekommene Wissen über das Aussehen der Erde zusammen getragen – und daraus eine Weltkarte mit einer erstaunlichen Gesamtgröße von 1,38 mal 2,48 Meter gebastelt. Eingang gefunden in das aus zwölf Teilen bestehende Werk haben natürlich auch die von Christoph Kolumbus und anderen Seefahrern erst kürzlich entdeckten Landmassen im Westen. Diesen neuen, aufregenden Gebieten jenseits des Atlantiks hat Waldseemüller gemäß seinem Wissensstand ein skurriles Aussehen verpasst, das vage an ein Seepferdchen erinnert. Zu sehen sind die bis dahin bekannten Küstenregionen einschließlich der vorgelagerten Inseln. Das Besondere an Waldseemüllers Darstellung: Er stellt sie nicht als Teile Indiens oder andere asiatischer Landmassen dar, sondern als zwei voneinander getrennte neue Kontinente. Östlich davon liegt laut Waldseemüller Wasser, viel Wasser – ein weiterer Ozean.

Oberhalb der eigentlichen Karte hat der Kartograf darüber hinaus zwei Halbkugeln platziert. Neben der „Alten Welt" ist Claudius Ptolemäeus zu sehen, der in seinem Werk Geographia um 150 n. Chr. das damals bekannte Antlitz der Erde verewigte. Neben der Hemisphäre mit der „Neuen Welt" ist dagegen Amerigo Vespucci abgebildet. Seine Reiseberichte haben Waldseemüller und vor allem Ringmann eifrig studiert und sind begeistert. Sie halten Vespucci und nicht Kolumbus für den wahren Entdecker der „Neuen Welt" und würdigen dies, indem sie in der Karte erstmals „America" statt „Terra incognita" als Namen eintragen. Zwar nur im südlichen Teil der Landmassen, etwa in Höhe des heutigen Brasilien, aber immerhin.

Wie bedeutend Waldseemüller und Ringmann die Leistungen Vespuccis einschätzen, wird auch am vollständigen Namen der Karte deutlich: „Universalis cosmographia secundum Ptholomaei traditionem et Americi Vespucii aliorumque lustrationes" (Vollständige Kosmografie nach der Überlieferung des Ptolemäus und nach Amerigo Vespucci sowie nach anderen Abbildungen). Das üppige kartographische Gesamtpaket ergänzen ein Erdglobus und ein beigefügter gedruckter Text, der wohl vor allem von Ringmann stammt. In der sogenannten „Cosmographiae Introductio" heißt es: „Ich sehe nicht ein, warum nicht (dieser Erdteil) nach dem Entdecker Amerigo, einem Mann von klugem Geist, ‚Amerige', also das Land des Americus oder ‚America' genannt werden soll: denn sowohl Europa, als auch Asia sind Namen, die sich von Frauen ableiten." Neben einigen weiteren Erläuterungen, etwa zur Namenswahl, sind darin auch Vespuccis Reiseberichte enthalten.

Vom Anfang für America – bis zum Ende von Vespucci

Die neue Weltkarte des Freiburger Kartografen Martin Waldseemüller erregt 1507 aber nicht nur auf der Frankfurter Frühjahrsmesse Aufsehen. Auch die gebildeten Schichten der Bevölkerung, darunter viele Wissenschaftler, Seefahrer, Händler und Herrscher, zeigen sich sehr interessiert und beurteilen sie überwiegend positiv. Nahezu jeder will die Karte haben und sie ausgiebig studieren. Etwa um neue Forschungsexpeditionen und Handelsrouten zu planen oder sich ganz einfach auf den aktuellen Wissensstand zu bringen. Kein Wunder, dass die Karte in der Folge reißenden Absatz findet. Alles in allem werden in relativ kurzer Zeit über 1.000 Kopien angefertigt – eine erstaunliche Zahl für die damalige Zeit.

Mit den Karten verbreitet sich auch der Name America in Windeseile in ganz Europa und wird zum Sinnbild für die „Neue Welt", sehr zum Leidwesen der Kolumbus-Anhänger, die ein „Columbia" viel angemessener gefunden hätten. Daran ändert am Ende auch Waldseemüllers Widerruf nichts mehr. Denn im Jahr 1513 legt dieser – warum auch immer – eine korrigierte Fassung seiner Weltkarte vor, aus der der Name America wieder verschwunden ist. Stattdessen steht dort wie früher „Unbekanntes Land". Am liebsten wäre es Waldseemüller jedoch, wenn die „Neue Welt" Papageienland oder Brasilien getauft würde.

Amerigo Vespucci selbst bekommt von der „Rolle rückwärts" des Kartografen nichts mehr mit. Denn er ist bereits am 22. Februar 1512 in Sevilla gestorben, möglicherweise an den Folgen einer Malaria-Erkrankung. Seine letzten Jahre hatte Vespucci zuvor in Sevilla in Diensten des spanischen Königs Ferdinand II. verbracht. Dieser ernannte den seit einiger Zeit mit Maria Cerezo verheirateten Florentiner im Jahr 1508 nicht nur zum Chefnavigator – „piloto mayor de Indias" – sondern stattete ihn darüber hinaus mit einem üppigen Gehalt aus. Zu den Aufgaben Vespuccis gehörte es, eine Schule für Navigation zu betreuen, die Lotsen und Steuermänner ausbildete. Ziel war es aber auch, die bekannten Navigationstechniken zu erfassen, zu standardisieren und zu verbessern.

Vespucci selbst besaß einige für die damalige Zeit ungewöhnliche Fertigkeiten bei der Bestimmung der genauen Schiffsposition auf hoher See. Während die Breitengradberechnung nach dem Stand der Sonne für die Seefahrer und Entdecker damals längst kein großes Problem mehr war, sah dies bei der Längengradmessung ganz anders aus. Der Florentiner hatte jedoch auf seinen Reisen eine erste, halbwegs präzise Methode zur Ermittlung der Längengrade entwickelt. Als Piloto mayor verbesserte er diese und gab sie höchstwahrscheinlich auch an seine Schüler weiter.

Doch wie genau funktionierte das Verfahren? Vespucci beobachtete auf den Forschungsexpeditionen in die „Neue Welt" intensiv den Nachthimmel. Aus einem astronomischen Kalender wusste er genau, wann es zu Konjunktionen von Mars und Mond kommt – zu einer Anordnung der beiden Himmelskörper, bei denen diese von der Erde aus gesehen genau in einer Linie stehen. Bei der Beobachtung dieser Phänomene fiel ihm folgendes auf: „[...] eines Nachts, am 23. August 1499, gab es laut dem Kalender um Mitternacht oder eine halbe Stunde davor eine Konjunktion von Mond und Mars. Ich entdeckte jedoch, dass [...] um Mitternacht die Marsposition 3,5 Grad weiter östlich lag." Aus dieser Abweichung zwischen der vorhergesagten und tatsächlichen Position konnte er anschließend grob den erreichten Längengrad auf See herleiten.

Vespuccis neue Methode setzte sich jedoch nicht in großem Maßstab durch. Und das aus gutem Grund. Denn sie funktionierte nur beim Eintritt dieser astronomischen Konjunktion. Diese aber ist eher ein Ausnahmefall. Zwischen zwei Bedeckungen des Mars durch den Mond können beispielsweise mehr als zehn Jahre liegen. Zudem musste man die präzise Uhrzeit vor Ort und die Referenzzeit am Null-Meridian kennen, um den Längengrad berechnen zu können. Wirklich genau funktionierende Schiffschronometer wurden jedoch erst 250 Jahre später vom Schotten John Harrison entwickelt. Schließlich benötigte man für die lang andauernden und umfangreichen Arbeiten einen äußerst stabilen Standort. Ein solcher war an Bord eines kleinen, beständig schlingernden und rollenden Schiffes – vor allem bei rauer See – jedoch nur selten vorhanden.

Vespucci war in Sevilla aber nicht nur mit der Ausbildung einer neuen Generation an Steuermännern beschäftigt, sondern auch für die Pflege des Padrôn Real zu ständig. Dabei handelt es sich um eine streng geheime Generalkarte Spaniens, die alle aktuellen geografischen Informationen enthielt und ständig aktualisiert werden musste. Der Florentiner war froh und stolz über seine neuen Aufgaben, denn sie erforderten eine Menge Fachwissen. Vespucci fasste seine Qualifikationen selbst mit einiger Arroganz so zusammen: „Ich war kundiger als alle Schiffskollegen in der ganzen Welt". Da sein neuer Job ihm neben viel Anerkennung ein standesgemäßes, sorgenfreies Leben garantierte, erfüllte er ihn mit großem Einsatz bis zu seinem Tod kurz vor Vollendung seines 49. Lebensjahres.

Zwischen Wahrheit und Fiktion: Wie bedeutend war Vespucci?

Geschickter Banker, erfahrener Seemann, erfolgreicher Entdecker und Namenspatron für die Amerikas: Amerigo Vespuccis Image ist ebenso tadellos wie seine Leistungen – sollte man zumindest meinen. Doch längst sind Forscher und Biografen in der überlieferten Geschichte des Florentiners auf eine ganze Menge Widersprüche, Rätsel, Legenden und Mythen gestoßen.

So herrscht unter ihnen beispielsweise keine Einigkeit darüber, an wie vielen Reisen in die „Neue Welt" Vespucci tatsächlich selber teilgenommen hat. In einem Brief an den befreundeten florentinischen Staatsmann Piero Soderini – gedruckt in lateinischer Übersetzung als „Quatuor Americi Vesputii Navigationes" (Vier Seefahrten des Amerigo Vespucci) – berichtet Vespucci selbst von vier Entdeckertouren. Von diesen sind aber nur die beiden zuvor näher Beschriebenen auch durch andere Quellen bestätigt und belegt. Viele moderne Historiker, die sich näher mit Vespucci beschäftigt haben, gehen deshalb davon aus, dass die angeblich erste (10. Mai 1497 bis 15. Oktober 1497) und die vierte Expedition (10. Mai 1503 bis Mitte 1504) eher auf „Seemannsgarn" beruhen. Stimmt dies, wäre zumindest die Legende vom Tisch, dass Vespucci noch vor Giovanni Caboto (24. Juni 1497) und Christoph Kolumbus (1498) amerikanisches Festland betreten hat.

Ebenfalls nicht endgültig geklärt ist bis heute, was für eine Rolle Vespucci bei den historisch gesicherten Fahrten an Bord spielte – und welche der angeblichen Funde ihm dabei tatsächlich gelungen sind. So gilt Vespucci zwar beispielsweise als derjenige, der als Erster die Mündung des Amazonas gesehen hat. Doch dieser Titel könnte auch dem Spanier Vicente Yáñez Pinzón gebühren, der nahezu zeitgleich dort mit seinem Schiff unterwegs war. Weitgehend erwiesen ist zudem, dass es nicht Vespucci war, der die „Allerheiligenbucht" (Bahia de Todos os Santos) am 1. November 1501 entdeckte. Denn historischen Dokumenten zufolge wurde diese schon zuvor von dem portugiesischen Seefahrer Gaspar de Lemos besucht – und dies rund eineinhalb Jahre vor Vespucci.

Diese und andere, ähnliche Beispiele haben dafür gesorgt, dass Vespuccis Ruf als Entdecker in den letzten Jahrzehnten ziemlich gelitten hat. Wahrheit und Fiktion sind in seinem Leben zum Teil kaum noch zu unterscheiden. Dies liegt auch daran, dass viele von Vespuccis angeblichen Heldentaten in Südamerika nur durch seine eigenen Reiseberichte bekannt sind. Weitere, objektive Aufzeichnungen darüber gibt es in der Regel nicht. Einige von Vespuccis Kritikern halten ihn deshalb für einen Blender und Fälscher, dem es nur um das eigene Ansehen ging.

Noch komplizierter wird das Ganze durch einen anderen Aspekt: Niemand kann heute mehr sicher sagen, ob Vespuccis wichtigste Reise-

berichte „Mundus Novus" und „Quatuor Americi Vesputii Navigationes" tatsächlich aus dessen eigener Feder stammen. So existiert beispielsweise vom „Mundus Novus" das in italienischer Sprache ge-
schriebene Original längst nicht mehr. Stattdessen muss man heute auf
alte lateinische Kopien zurückgreifen. Und was den Soderini-Brief
Vespuccis angeht, kommt der Biograf Frederick J. Pohl in seinem Buch
„Amerigo Vespucci: pilot major" aufgrund von eigenen Recherchen zu
dem Schluss, dass dieser schlicht und einfach gefälscht ist. Der kolum-
bianische Schriftsteller und Journalist Germán Arciniegas dagegen hält
diesen Brief in seinem Buch „Amerigo and the New World: The Life
and Times of Amerigo Vespucci" für echt …

Held oder Scharlatan? Versuch eines Fazits

Angesichts fehlender historischer Quellen und beträchtlicher Lücken in
seinem Lebenslauf fällt es heute schwer, Amerigo Vespuccis Leistungen objektiv zu würdigen. War er nun ein bedeutender Entdecker? Oder
doch eher ein Mitläufer? Hat er in seinen Reiseberichten gelogen, be-
ziehungsweise maßlos übertrieben, oder sind sie authentisch? All diese
Fragen sind selbst von Historikern heute wohl kaum mehr schlüssig zu
beantworten. Klar ist lediglich, dass die Vespucci zugeschriebenen
Schriften zu seiner Zeit echte Renner waren. Nicht zuletzt, weil darin
spätmittelalterliche Tabuthemen wie Nacktheit oder Wollust aufgegrif-
fen und sehr plastisch beschrieben wurden.

Amerigo Vespucci muss aber zu Beginn des 16. Jahrhunderts auch
einen guten Ruf als Seefahrer und Wissenschaftler besessen haben.
Denn sonst hätte ihm der damalige spanische König wohl kaum eine
gut dotierte, lebenslange Stellung als „Piloto Mayor" angeboten. Für
Vespucci spricht zudem ein Handel, den die Library of Congress – die
bekannteste Forschungsbibliothek der USA – im Jahr 2001 mit einer
schwäbischen Adelsfamilie abgewickelt hat. Die Bibliothek kaufte
damals die weltweit einzige bis heute erhaltene Kopie von Martin
Waldseemüllers Weltkarte aus dem Jahr 1507 Johannes Franz Xaver
Graf zu Waldburg-Wolfegg und Waldsee ab – für erstaunliche zehn
Millionen Dollar.

In ihrer Begründung für den Erwerb von „Amerikas Geburtsurkunde" bestätigten die Experten der Library of Congress dann den wichtigsten Amerigo Vespucci zugeschriebenen Geniestreich: „Waldseemüllers Karte unterstützte Amerigo Vespuccis revolutionäres Konzept der ‚Neuen Welt' als separaten Kontinent, der bis dahin für die Europäer unbekannt war." Und weiter: „Die Karte stellte einen großen Wissensfortschritt dar [...] und veränderte das Verständnis und die Wahrnehmung der Welt durch die Menschheit für immer."

Fernando Magellan – Einmal um die ganze Welt

6

Dieter Lohmann

Zusammenfassung

Als Fernando Magellan am 20. September 1519 mit seiner Flotte den Hafen von Sanlucar de Barrameda an der spanischen Atlantikküste verließ, konnte noch niemand ahnen, wie dramatisch die abenteuerliche Entdeckungsreise ins Ungewisse verlaufen würde. Offizielles Ziel der Fahrt war es, die sagenumwobenen Gewürzinseln auf dem westlichen Seeweg zu entdecken und für die spanische Krone in Besitz zu nehmen. Aufgebrochen mit der Hoffnung auf Reichtum und Macht, fanden Magellan und seine Gefährten am Ende nicht nur jede Menge Nelken, Pfeffer oder Muskat, sondern auch die Durchfahrt vom Atlantik in den Pazifik, die nach ihrem Entdecker Magellanstraße benannt wurde. Magellan selbst konnte seinen Triumph aber nicht mehr genießen. Im April 1521 wurde er auf der philippinischen Insel Mactan bei einem Angriff gegen Aufständische getötet.

Was hat gerade Magellan angetrieben, sich auf eine Reise ins Ungewisse, auf diese gefährliche Fahrt rund um die ganze Erdkugel zu begeben? War es der Drang, die Welt zu christianisieren, echter Entdeckergeist oder das Streben nach Reichtum und Macht?

D. Lohmann, N. Podbregar, *Im Fokus: Entdecker*,
DOI 10.1007/978-3-642-24337-0_6, © Springer-Verlag Berlin Heidelberg 2012

Ein „Frühhippie" schreibt Geschichte

Schon früh nahm Magellan in den Diensten des portugiesischen Königs an Eroberungsfahrten teil. Dabei gelangte er unter anderem nach Indien und in das heutige Malaysia, wo er half, das portugiesische Kolonialreich zu vergrößern. Dort kam er dann nach dem Fall Malakkas 1512 zum ersten Mal auch mit den sagenumwobenen Gewürzinseln in Berührung. Mit einigen Gefährten reiste er von Malakka aus zur Insel Banda und kehrte reich beladen mit Gewürzen zurück. Heimgekehrt nach Portugal nahm er zunächst am Feldzug gegen die marokkanische Festung Azamor teil, bei dem er sich eine Verletzung zuzog, die ihn Zeit seines Lebens hinken ließ.

Schließlich erreichten Magellan ein paar Briefe eines gewissen Francisco Serrao. Dieser hatte – der abendländischen Kultur überdrüssig – Portugal verlassen und fristete sein Dasein als „Frühhippie" auf einer kleinen Insel im Staatsgebiet des heutigen Indonesiens. In einer handvoll Notizen berichtete Serrao seinem Freund über sein Paradies auf den Molukken und natürlich auch über die Gewürze, die dort im Übermaß vorhanden waren. Welche Überlegungen diese Schwärmereien in Magellan auslösten, lässt sich heute nicht mehr sicher belegen. Es wäre aber eine weitere Kuriosität der Geschichte, wenn ein „Aussteiger" in einem entscheidenden Maß zum Sprung Europas in die Neuzeit beigetragen hätte.

Magellans Idee, ganz im Süden Amerikas eine Ostwestpassage vom Atlantik in den Pazifik zu suchen, gründete sich dagegen auf Gespräche mit dem Astronomen Ruy Faleiro, den er 1517 in Spanien kennenlernte, sowie auf Fantasiekarten und -globen, die solch eine Durchfahrt andeuteten, ohne das ein entsprechender Nachweis vorgelegen hätte.

Mit fünf altersschwachen Schiffen zum Paradies …

Die Zeit ist reif für die Entdeckung des westlichen Seewegs nach Maluku, zu den Gewürzinseln, um sie gemäß dem Vertag von Tordesilla für Spanien in Besitz zu nehmen. Mit diesem festen Glauben macht sich Magellan 1517 auf den Weg zum spanischen König, um dort sein Glück zu versuchen. Enttäuscht von der Undankbarkeit des portugiesischen Königs hatte er Monate zuvor seinem Heimatland den Rücken gekehrt.

Die östliche Route zu den gewinnträchtigen Molukken in Südostasien hatte Vasco da Gama schon im Jahr 1498 gefunden und Portugal damit zu Reichtum, Ansehen und Macht verholfen.

Doch der spanische Herrscher Karl der Erste ist zunächst von Magellans Plänen wenig begeistert. Schließlich gewinnt aber doch das spanische Interesse an den Gewürzen – verbunden mit Hoffnung auf die zu erwartenden Gewinne – die Oberhand. Die Krone sichert ihm im März 1518 fünf altersschwache Schiffe zu, die auf Kosten Spaniens renoviert und ausgerüstet werden sollen. Im Vertrag zwischen dem spanischen König und Magellan ist ganz präzise geregelt, wer hinterher welchen Anteil am Gewinn der Reise erhalten soll. Demnach steht Magellan nach Abzug aller Kosten der 20. Teil aller Reichtümer zu, die sich aus dieser Reise ergeben.

Bis die Flotte am 10. August 1519 Sevilla und mehr als fünf Wochen später Sanlucar de Barrameda an der Südküste Spaniens verlassen kann, bleibt noch viel zu tun. Magellans Flaggschiff, die „Trinidad", aber auch die „San Antonio", die „Concepcion", die „Victoria" und die „Santiago" müssen mit Lebensmitteln, Trinkwasser, Waffen und anderen Ausrüstungsgegenständen beladen und hochseetüchtig gemacht werden. 2138 Zentner Zwieback, 415 Fässer Jerez-Wein, 18 Zentner Rosinen, 200 Fass Sardellen, 10.500 Fischerangeln, 50 Zentner Pulver, 1140 Wurfspieße, 1000 Lanzen und vieles andere mehr landen schließlich in den Laderäumen der fünf Schiffe. Sieben lebende Kühe und drei Schweine komplettieren die Ausrüstung.

Den angeworbenen 237 Matrosen verheimlicht man wohlweislich das endgültige Ziel der Reise. Der Generalkapitän befürchtet eine mangelnde Motivation der Leute, wenn bekannt würde, welche Strapazen auf sie zu kommen. Einige Sabotageakte der Portugiesen im Vorfeld der Reise verzögern die Vorbereitungen zusätzlich, verhindern können sie das Auslaufen der Flotte allerdings nicht.

Südwärts! Über die Kanaren zum Rio de la Plata

Endlich heißt es Segel setzen und Anker lichten. Am 20. September 1519 verlässt Magellan mit seiner Flotte den Hafen von Sanlucar de

Barrameda an der spanischen Südküste. Mit an Bord ist der Italiener Francisco Antonio Pigafetta, der alle Erlebnisse der Reise in seinem Tagebuch festhält. Der erste Teil der Fahrt verläuft störungsfrei. Am Heck der „Trinidad" brennt in der Nacht stets eine Fackel, damit die anderen Schiffe den Kontakt halten können.

Auf den Kanaren und auf den Kapverdischen Inseln macht die Flotte Station, um Lebensmittel, Trinkwasser und Pech an Bord zu nehmen. Unterwegs sehen die Männer zahlreiche Haie, die Chronist Pigafetta als „riesige Fische mit fürchterlichen Zähnen, die jeden Menschen fressen, den sie im Meer finden, ob tot oder lebendig" beschreibt. Nur die sich schon andeutende Missstimmung zwischen Magellan und den Kapitänen der anderen Schiffe trübt ein wenig die gute Laune an Bord. Vielleicht liegt es daran, dass er Portugiese ist und sie Spanier.

Weiter geht die Reise die Küste Westafrikas entlang, bis schließlich Kurs auf Südamerika genommen werden kann. Am Cabo de Sao Roque stößt Magellan auf die südamerikanische Küste und fährt dann weiter Richtung Rio. Enthusiastisch werden die Ankömmlinge dort am 13. Dezember 1519 empfangen. Mit den Europäern kommt nämlich auch der erste Regen nach monatelanger Dürre in das Land. Die Einheimischen sind freundlich, die Tauschgeschäfte laufen gut für die Männer der Flotte. Für einen Spiegel gibt es Unmengen an Fischen, für ein Messer eine Indiotochter als Sklavin. Aber die Männer und allen voran der Generalkapitän haben andere, wichtigere Ziele.

Die Flotte macht sich deshalb auf den Weg zum Rio de la Plata, um dort endlich nach der Ostwestpassage zu forschen. Jeder Meeresarm wird abgefahren, doch immer vergeblich. Nach zahllosen Fehlversuchen bleibt nur die Möglichkeit es weiter südlich zu probieren. Hier aber enden die Karten, die Reise ins Ungewisse beginnt. Erfolgreicher als bisher wird die Suche zunächst nicht, dafür wird das Wetter schlechter.

Meuterei und Schiffbruch: Die Mission droht zu scheitern …

Frustriert wählt Magellan schließlich ohne Rücksprache mit seinen Kapitänen die Bucht von San Julian aus, um den harten patagonischen

Winter zu überstehen. Nach den Strapazen der bisherigen Reise muss nun auch noch die Kälte ertragen werden. Hoffnungslos verloren fühlen sich die Männer jetzt am Ende der bekannten Welt. Die Mannschaften auf den Schiffen werden zusehends unruhiger. Die drei spanischen Kapitäne schüren die Stimmung gegen den Generalkapitän. Als die Nahrungsmittel knapp werden, kürzt Magellan kurzentschlossen die Rationen, um die spätere Weiterfahrt nicht zu gefährden. Nun gibt es kein Halten mehr. Die Männer der drei Schiffe „Victoria", „San Antonio", und „Concepcion" meutern. Magellan hat nur noch die Kontrolle über sein Flaggschiff „Trinidad" und die „Santiago". Seine Machtposition ist erschüttert, die Lage anscheinend aussichtslos.

Trotzdem will Magellan nicht aufgegeben und sich dem Willen der Meuterer beugen. Fieberhaft überdenkt der Admiral die Chancen, seine Mission zu retten. So viel scheint klar: Um den Rebellen offen gegenüber treten zu können, muss er erst eines der Schiffe zurückgewinnen. Magellan entscheidet sich für die „Victoria" und ersinnt eine List.

Er schickt einige Männer unter der Leitung von de Espinosa zum Schiff hinüber, angeblich um Verhandlungen zu führen. Die harmlosen Unterhändler entpuppen sich aber schnell als bewaffnete Enterer, die Kapitän Mendoza ohne große Hemmungen die Kehle durchschneiden. Die geschockte Mannschaft wird dann von einem größeren Enterkommando, das Magellan mit dem zweiten Boot der „Trinidad" zur „Victoria" hinüber geschickt hat, überwältigt. Das Schiff steht nun unter Espinosas Kontrolle und damit zu Magellans Verfügung. Blitzschnell lässt er die Mündung der Bucht von seinen drei Schiffen blockieren. Die Falle schnappt zu und die Rebellen müssen aufgeben.

Nach dem Gesetz der See müsste Magellan jetzt eigentlich ein Fünftel der Meuterer töten lassen. Dies würde aber die Mission gefährden. Der Leiter der Flotte wählt deshalb eine andere Bestrafung: Der Anführer der Meuterer Gaspar de Quesada, der sich Hoffnungen auf die Nachfolge Magellans gemacht hatte, wird zur Abschreckung geköpft und geviertelt. Die Leichenteile werden anschließend auf Pfähle gespießt und als Abschreckung zur Schau gestellt. Cartagena, ein anderer Kapitän der Flotte wird an Land ausgesetzt. Die brutalen Maßnahmen verfehlen ihre Wirkung nicht, die Meuterei ist vorbei, Magellan hat die Herrschaft zurück gewonnen.

Der Winter aber ist noch nicht zu Ende. Deshalb bleibt nun viel Zeit für Naturbeobachtungen. Dabei fallen mysteriöse Tiere auf, die die Bucht und die umliegenden Inseln bevölkern. Der Chronist Pigafetta erwähnt unter anderem Gänse, die nicht fliegen können und sich von Fischen ernähren, und vor allem Seewölfe. Diese merkwürdigen Riesen sind groß und dick wie Kälber, haben aber keine Beine, sondern Füße, die nah am Körper anliegen und Häute zwischen den Zehen. Magellan lässt mehrere dieser Tiere einfangen und untersuchen. Ganze Fässer voller Schiffszwieback und unzählige Ratten, so berichtet Pigafetta, verspeisen die Seewölfe mit Genuss.

Irgendwann lässt sich schließlich am Strand von San Julian ein groß-gewachsener Indio sehen, der gewaltige, aus Guanofellen gefertigte Mokassins trägt. Als Magellan ihn sieht, ruft er „E un patagoe" – „Einer mit dicken Pfoten" – der Name Patagonien ist geboren. Endlich wird es Oktober und die Segel können gesetzt werden. Weiter geht die Suche nach der entscheidenden Durchfahrt zum Pazifik. Schnell wartet aber eine neue Bewährungsprobe auf die Flotte. Eines der Schiffe, die „Santiago", strandet bei einer der Entdeckungsfahrten. In größter Eile werden die Schiffbrüchigen gerettet und auf die anderen Schiffe verteilt.

Vom Cabo Virgenes zum Pazifik: Die Magellanstraße ist entdeckt

21. Oktober 1520. Am katholischen Gedenktag der Heiligen Ursula und ihren 11.000 Jungfrauen sichtet Magellan in der Nähe des 52. Breitengrades ein Kap und nennt es „Kap der Jungfrauen" – Cabo Virgenes. Die „San Antonio" und die „Concepcion" gehen wieder auf Erkundungsfahrt, dieses Mal in die Wasserstraße südlich des Kaps. Die Hoffnungen eine Durchfahrt zu finden sind gering. Zu viele solcher Arme hat man bereits vergeblich durchsucht. Auch dieses Mal scheinen die Befürchtungen berechtigt. Es dauert lange, bis die beiden Schiffe zurückkehren. Als sie herannahen, ist jedoch alles anders. Mit wehenden Fahnen und lautem Geschrei verkünden die Matrosen der beiden Schiffe die frohe Nachricht. Die Passage scheint gefunden.

Der erste Teil der Durchfahrt durch die Magellanstraße gelingt noch relativ leicht. Viele Tage tasten sich die vier verbliebenen Schiffe durch die Wasserstraße Richtung Westen. Schwieriger wird es, als die Entdecker an einen engen und felsigen, nebelbedeckten Kanal kommen. Der Gegenwind ist so stark, dass die Matrosen teilweise die Schiffe mit Ruderbooten vorwärts schleppen müssen. Unterwegs sehen die Seefahrer in Richtung Süden zahlreiche Feuern lodern und nennen das Land deshalb „Tierra del Fuego" – Feuerland.

Am 28. November 1520 schließlich erreicht Magellan mit seinen Leuten das offene Meer. Die erste wichtige Station der Reise ist erreicht – 16 Monate nach der Abfahrt in Sanlucar de Barrameda. Die Freude wird allerdings getrübt durch den Verlust der „San Antonio": Kapitän und Matrosen haben das Labyrinth der Passage genutzt, um sich davonzuschleichen und auf den Rückweg nach Spanien zu machen. Die Flotte mit den drei verbliebenen Schiffen nimmt Kurs nach Norden und fährt die südamerikanische Küste entlang. Es gibt nur vage Karten, wieder einmal ist es eine Reise ins Ungewisse. Aber das Wetter ist günstig, das Meer ruhig. Den gewaltigen Ozean, den sie gerade befahren und dessen Ausmaße sie nicht kennen, nennt Magellan deshalb „mar pacifico" – Stiller Ozean.

Der Entdecker wähnt sich fast am Ziel seiner Träume. In ungefähr einem Monat, so schätzt er, sind die Gewürzinseln erreicht. Erholung von den Strapazen der Expedition und Reichtum scheinen greifbar nah. Doch er irrt sich gewaltig. Wie so viele Seefahrer vor ihm hat er den Umfang der Erde völlig unterschätzt.

Die Tour der Leiden: 110 Tage bis Guam

Hunger, Entbehrungen und eine gnadenlos brennende Sonne begleiten die Seefahrer in den nächsten 110 Tagen. Der Großteil der verbliebenen Vorräte ist mit der „San Antonio" auf dem Weg nach Spanien. Die Nahrung der Mannschaften besteht deshalb aus den Resten von altem Schiffszwieback, vermischt mit Maden und Rattenkot. In ihrer Not weichen die Männer sogar das steinharte Leder der Takelage ein und braten es dann über offenem Feuer. Ratten sind seltene Gäste und gelten als Delikatesse. Gelingt es sie zu fangen, werden sie zu Rekordpreisen in der Mannschaft gehandelt. Das Trinkwasser ist gelb und stinkt schon bald erbärmlich. Skorbut wütet in der Mannschaft und rafft viele Matrosen dahin. Ganze zwei unbewohnte, öde Inseln sichtet die Flotte in der ganzen Zeit, die aber auch keine Linderung der Qualen bringen. Islas Degraciadas – Inseln der Unglücklichen – nennen Magellan und seine Begleiter sie deshalb.

Wirft man einen Blick auf die heutigen Karten, wird deutlich, wie unglücklich die Reiseroute gewählt war. Im großen Bogen hat Magellan fast die gesamt die polynesische Inselwelt umschifft. In unmittelbarer Nähe der Reiseroute befinden sich Dutzende von Inseln, die die Männer mit Trinkwasser und Nahrungsmitteln hätten versorgen könnten.

Erst am sechsten März 1521 kommt so der erlösende Ruf „Land in Sicht!" vom Ausguck. Es sind aber noch immer nicht die ersehnten Gewürzinseln, auf denen sich die Seefahrer endlich mit Trinkwasser und Lebensmitteln eindecken können. Während des Aufenthaltes der Europäer auf Guam, einem Teil der heutigen Marianen, versuchen Insulaner ein Beiboot der Flotte zu stehlen. Islas de los Ladrones, nennt Magellan sie, die Diebesinseln. Er nimmt grausame Rache für den Diebstahl und lässt einige Eingeborene töten. Viele Häuser werden niedergebrannt. Weiter geht die Fahrt der Flotte dann in Richtung Philippinen. Auf der Insel Cebu machen die Abenteurer am siebten April erneut Halt. Wie Pigafetta eindringlich beschreibt, bietet Magellan den Menschen auf der Insel Freundschaft an. Aber die Europäer verzichten auch nicht darauf, mit unverhüllten Drohungen aufzutreten: „Wenn man unsere Freundschaft zurückweist, werden wir die ganze Insel zerstören". Das macht Eindruck. Zumal diese und ähnliche Worte vom Knall der mächtigen Kanonen und den drohenden Musketen untermalt werden.

Die Einwohner teilen mit ihnen alles, was die Insel zu bieten hat. Sogar ein Freundschaftsvertrag wird abgeschlossen und Blutsbrüderschaft gefeiert. Auch der Tauschhandel kommt in Gang. Langsam erholen sich Mannschaft und Offiziere von den Strapazen der langen Reise. Welch eine Veränderung ist ihnen widerfahren. Vor kurzem noch als demoralisierte Meute Hungernder scheinbar verloren in der Wasserwüste des Stillen Ozeans treibend, sind sie plötzlich wieder die

Machthaber, Herren über Leben und Tod. Auch die Versuche Magellans, das Christentum einzuführen, sind auf Cebu anfänglich von großem Erfolg gekrönt. Der König von Cebu und viele seiner Untertanen lassen sich bereitwillig taufen. Vielleicht hat der Herrscher über die Insulaner auch nur erkannt, dass sich mit einer offenen Konfrontation nichts gewinnen lässt. Immer ungenierter treten die Weißen als Herren der Insel auf.

Mit der Gesundheit kehren auch die alten Streitigkeiten unter den Matrosen zurück. Die Kapitäne Barbosa und Serrano drängen auf die Weiterfahrt zum eigentlichen Ziel der Reise, die Gewürzinseln. Magellan aber geht seinem Missionarsdrang weiter nach. Dann keimt unter den Einheimischen allmählich Widerstand auf. Aufmüpfige Einwohner einer der Nachbarinseln werden von den europäischen Eindringlingen bestraft. Das Dorf wird niedergebrannt und ein Holzkreuz errichtet zum Zeichen, dass die Bewohner Heiden waren. Aber die weitere Entwicklung lässt sich damit nicht mehr aufhalten. Zu sehr hatten sich Magellan und seine Männer in die Strukturen und Hierarchien der Cebu-Gemeinschaft eingemischt.

Tod auf Mactan: Berufsrisiko eines Entdeckers?

Von Cebu nur durch eine schmale Wasserstraße getrennt liegt das wenig fruchtbare Inselchen Mactan in der See der Visayas. Gerade mal zwölf Kilometer lang und zehn Kilometer breit ist Mactan. Schwarzes Gestein dominiert die Küstenzonen der Insel, nur gelegentlich unterbrochen von Sandstränden. Knapp drei Woche nach der Landung auf Cebu wird Magellan hier seinen Tod finden.

Die ganze Entwicklung beginnt mit einer Botschaft, die einer der beiden Stammesfürsten der Insel Mactan an Magellan überbringen lässt. Der Herrscher über die Insel schickt dem Admiral einen Abgesandten, seinen Sohn, um zwei Ziegen als Zeichen der Unterwerfung zu übergeben. Alarmierend für Magellan ist allerdings die Botschaft des Einheimischen, dass der andere Führer der Insel, Lapulapu, die Abgabe eines Tributs verweigert habe und sich auch dem König von Cebu nicht unterwerfen wolle. Der Generalkapitän fasst dies als Angriff auf seine Autorität und Machtposition auf, er meint Stärke beweisen zu müssen. Er plant überstürzt eine Strafaktion um die „Aufständischen" in ihre Schranken zu verweisen. Ist es totale Selbstüberschätzung, die Magellan jegliche Vorsicht und Scharfsinn vergessen lässt, oder nimmt er den Gegner einfach nur nicht ernst? Alle Warnungen vor einer Beteiligung schlägt er in den Wind. Schnell sucht er 60 Männer aus, die unter seiner Führung in den Kampf gegen die Aufständischen ziehen sollen.

„Diese Strafaktion soll ausschließlich den Mythos der Unverwundbarkeit, der Gottähnlichkeit der Spanier über alle Inseln hin sichtbar machen …", schreibt Stefan Zweig in seiner Magellan-Biographie aus dem Jahre 1938. Den König von Cebu und seine Männer lädt der Generalkapitän ein, dieser Machtdemonstration beizuwohnen. Magellan erwartet einen kurzen ungefährlichen und natürlich erfolgreichen Feldzug, aber es kommt ganz anders.

Drei Landungsboote hat Magellan mit allem Notwendigen für eine solche Unternehmung ausrüsten lassen. Musketen, Lanzen, Schwerter, sogar einige Kanonen sind an Bord. Er will schließlich kurzen Prozess machen. Zunächst aber wird einer der Männer als Unterhändler an Land geschickt, um den Aufständischen zum letzten Mal Straffreiheit und Freundschaft anzubieten, wenn sie sich doch noch unterwerfen sollten. Die Antwort ist ebenso überraschend wie eindeutig. Die Mactaner wollen kämpfen. Trotzdem ist Magellan noch nicht beunruhigt und bleibt siegessicher.

Als der Tag dämmert, waten 50 Europäer durch das seichte Wasser an Land. Dort werden sie von einer Übermacht von mehreren Tausend Insulanern empfangen. Im Feuer gehärtete Pfähle, Pfeile, Steine, Erdbrocken prasseln auf die Angreifer ein. Darauf waren die Weißen nicht gefasst. Die Musketen und schweren Rüstungen der Europäer erweisen sich im Kampf als nutzlos, ja hinderlich. Noch einmal ersinnt Magellan eine List und schickt einige Männer los, um das Dorf der Aufständischen in Brand zu setzen. Dies gelingt auch, macht aber die Insulaner „… noch wilder und blutgieriger", wie Pigafetta schreibt. Bald zeigen die Waffen der Insulaner ihre Wirkung. Pfeile und Lanzen bohren sich in die ungeschützten Körperteile der Europäer. Auch Magellan selbst trifft ein vergifteter Pfeil in den rechten Oberschenkel. Er gibt den Befehl zum geordneten Rückzug. Aber der Großteil seiner Männer flieht Hals über Kopf. Nur acht Helfer bleiben bei Magellan und versuchen ihn zu retten. Die Insulaner schießen sich jetzt auf dieses kleine Häuflein ein. Die Lage für die Weißen wird immer aussichtsloser. Sogar Pigafetta wird verletzt. Schließlich stürzen sich Lapulapu und seine Männer auf Magellan und stoßen ihre Speere in seinen Körper.

Am Ende des Tages liegt Magellan tot am Strand. Alle seine Männer sind entweder geflüchtet oder ebenfalls Opfer des Kampfes geworden. Was als Machtdemonstration begann, endet in einer Schmach für die scheinbar so übermächtigen Europäer. Und noch schlimmer: Der König von Cebu hat das Schauspiel mit angesehen ohne einzugreifen. Mit der Niederlage ist sein Glaube an die Unverwundbarkeit der Europäer geschwunden. Warum also sich weiter unterwerfen? Die Tage nach Magellans Tod bringen für die Weißen noch mehr Niederlagen.

Ende gut, alles gut? Gewürze, Gewürze, Gewürze

Schnell werden aus Herrschern Bedrohte. Unmittelbar nach der herben Niederlage sagt sich der König von Cebu zunächst vom Christentum los und greift dann die Europäer an. Zwei Nachfolger Magellans als Generalkapitän werden dabei getötet. Auch die Bemühungen der Europäer, die Leiche Magellans von den Einwohnern Mactans zu erhalten und dann zu bestatten, ist vergeblich. Kapitän del Cano übernimmt jetzt das Kommando über die Reste der Flotte. Er lässt die „Concepcion" ausschlachten und versenken, denn die verbliebenen 115 Mann Besatzung reichen nicht für drei Schiffe. Schließlich setzen die beiden restlichen Schiffe mit den wenigen Überlebenden an Bord die Segel und machen sich auf die Suche nach ihrem eigentlichen Ziel, den Gewürzinseln.

Viele weitere Irrfahrten und Strapazen liegen hinter den Männern, als sie schließlich über Borneo zu den Molukken gelangen, wo sie am achten November 1521 in Tidore, einer kleinen Vulkaninsel anlegen. Endlich können sie die Laderäume mit den begehrten und kostbaren Gewürzen füllen. Mehr als 700 Zentner Nelken, Pfeffer und andere Kostbarkeiten lagern schließlich in jedem Winkel der Victoria. Kurz nach Weihnachten, am 28. Dezember 1521, lässt del Cano auf der „Victoria" Segel setzen und begibt sich mit der wertvollen Ladung auf die Heimreise nach Spanien. Ihre Route führt durch den südlichen Pazifik und um das bedrohliche Kap der Guten Hoffnung herum. Das zweite Schiff, die „Trinidad", segelt nach Südamerika zurück.

Mehr als acht Monate dauert die Reise der „Victoria" und sie bringt noch einmal große Strapazen für die Mannschaft und ihren Kapitän. Die Masten sind zersplittert, die Segel zerfetzt und die Schiffsplanken von Würmern zerfressen. Noch kurz vor dem Ende droht die Mission zu scheitern. Am siebten September 1522 schließlich erreicht die Karavelle doch den Hafen von Sanlucar de Barrameda. Nur 18 der ehemals 237 Mann starken Besatzung sind noch am Leben. Die Gewürzladung der „Victoria" allerdings bringt beim späteren Verkauf einen guten Erlös. Selbst nach Abzug der Kosten bleibt für spanische Krone und die anderen Sponsoren ein stattlicher Gewinn übrig.

Was aber brachte die erste Weltumseglung an Erkenntnissen? Welchen Einfluss hatte sie auf Wissenschaft und Kultur? Zunächst haben Magellan und seine Begleiter endlich zweifelsfrei bewiesen, dass die Erde eine Kugel ist. Selbst die letzten Zweifler mussten dies nach der dreijährigen Reise anerkennen. Da endlich die ungefähre Größe der Erde bekannt war, konnten die Seefahrer und Entdecker nach Magellan ihre Standorte und Routen auf dem Globus besser berechnen und damit zukünftige Expeditionen genauer planen.

Unbekannt blieben dagegen auch weiterhin die Dimensionen Feuerlands, Australien und die Inselwelt der Südsee, an der Magellan so haarscharf vorbeigesegelt war. Noch eines wurde für die Zeitgenossen offensichtlich: Kolumbus hatte 1492 ganz sicher nicht Indien, sondern einen neuen, selbständigen Kontinent entdeckt. Batista Agnese zeichnete deshalb kurze Zeit nach der ersten Weltumseglung eine neue, verbesserte Weltkarte, in der die Wasserstraße zwischen Atlantik und Pazifik bereits eingetragen war und die Größe des Stillen Ozeans weitgehend präzise dargestellt wurde.

Die erste Weltumseglung und die Entdeckung der Passage in Ost-West-Richtung aber machten Magellan in der ganzen Welt so berühmt und populär, dass sein Name auch heute noch auf keinem Atlas fehlt. Zu seinen Ehren wurde die Wasserstraße zwischen Patagonien und Feuerland Magellanstraße genannt.

Held oder Unterdrücker? Magellan und der europäische Zeitgeist

„Am 27. April 1521 fiel Fernao de Magalhaes, auch Magellan genannt, im Kampf gegen die Eingeborenen." So oder so ähnlich lauten die Beschreibung der europäischen Geschichtsbücher und Lexika über den Tod des Mannes, der die erste Weltumseglung geleitet hat. Ein Held Spaniens, ja ganz Europas, getötet von wilden und blutgierigen Insulanern, wie es Pigafetta überliefert hat.

Aber war es wirklich so? Waren die Einwohner Mactans die Aggressoren und Totschläger? Oder war es gerade andersherum? Die Europäern hatten den Insulanern nicht viel vorzuwerfen: Im äußersten Fall waren sie nicht unterwürfig gewesen und hatten sich dem Willen dem Europäer nicht widerstandslos gebeugt. Aus dem Verständnis der Entdecker heraus war dies allerdings eine ausreichende Begründung, um die Insel zu überfallen und den „Aufständischen" eine Lehre zu erteilen. Magellan und seine Männer drangen in ihr Hoheitsgebiet ein, ließen ein Dorf abbrennen und viele Insulaner töten. Nach juristischen Maßstäben erfüllt dieser Überfall den Tatbestand der Körperverletzung, der Brandstiftung und des Totschlages. Magellan ein Held?

Wie so viele andere Entdecker vor und nach ihm traten die Männer um Magellan überall, wo sie Station machten, als erobernde Eindringlinge auf, die sich für nichts anderes interessierten als dafür, ihren eigenen Reichtum, ihre eigene Macht zu vergrößern. Wo dabei andere Interessen im Wege standen, wurden sie ausgeräumt, meistens mit Gewalt. Obwohl die Weißen fast überall mit offenen Armen empfangen wurden, brachten sie der Bevölkerung meist Tod und Unterdrückung, wurde die Welt der Einheimischen europäischen Vorstellungen und Werten entsprechend verändert oder umgekrempelt. Magellan und seine Entdeckungen und Eroberungen entwickelten sich damit zu einem der Vorboten, vielleicht sogar einem der maßgeblichen Wegbereiter der Kolonialisierung der Welt durch die Europäer.

Aber nicht nur im Umgang mit den Bewohnern der besuchten Regionen zeigte sich der Zeitgeist der europäischen Entdecker und Herrscher wie Magellan. Auch die eigenen Männer und Matrosen hatten unter ihren Anführern nicht viel zu lachen. Bewusst verschwieg Magellan seinen

Männern beim Anwerben beispielsweise das eigentlichen Ziel der Reise und die Strapazen, die ihnen bevorstanden. Magellan und seine Sponsoren handelten so, „damit sie nicht vor Staunen und Angst unwillig wären, ihn auf so einer langen Reise zu begleiten", wie Pigafetta schreibt.

Ohne Rücksicht auf Verluste zog Magellan seine Mission später dann auch durch. Eine Meuterei ließ er brutal niederschlagen, viele Menschen starben während der Fahrt an Skorbut, Infektionen oder im Kampf mit den Einheimischen. Selbst als extremer Hunger und Durst die Mannschaften quälten, gab es keinen Gedanken an Aufgabe. Ganze 18 von 237 Mann Besatzung der fünf Schiffe kehrten schließlich zurück in den Heimathafen. Magellan ein Held?

Der historische Wert der Leistung Magellans und seiner Gefährten soll keineswegs geschmälert werden. Die erste Weltumseglung und der damit verbundene Beweis für die Kugelgestalt der Erde ließen die Menschen endlich die wahren Dimensionen der Erde erkennen. Ein Kunststück vergleichbar vielleicht mit der Eroberung des Weltalls durch Juri Gagarin, oder der ersten Mondlandung, als die Menschen zum ersten Mal ihren Fuß auf einen anderen Himmelskörper setzten. Der Mythos Magellan aber erscheint bei genauerer Betrachtung zumindest umstritten. Ruhm und Ansehen beginnen vor allem dann zu bröckeln, wenn man Magellan nicht aus europäischer Sicht betrachtet, sondern aus dem Blickwinkel der Menschen, die von ihm entdeckt und unterjocht wurden oder mit ihm reisten …

Fernando Magellan – Ein Leben in Zahlen und Fakten

Circa 1480

Fernando Magellan oder Fernao de Magalhaes, wie ihn die Portugiesen nennen, wird im Norden Portugals in Saborosa in der Provinz Trans os Montes geboren. Er entstammt einer normannischen Einwandererfamilie, die im 13. Jahrhundert nach Portugal gekommen ist.

1505

Magellan gelangt unter der Führung von Francisco de Almeidas nach Indien und nimmt unter anderem an der Schlacht von Diu im Jahr 1509 teil. Das Kolonialreich Portugals wird auch mit seiner Hilfe immer weiter ausgebaut.

1511

Magellan reist mit der Flotte von Diogo Lopes de Sequeira nach Malaysia und nimmt unter der Führung von Albuquerque an der Eroberung Malakkas teil.

1512

Er bricht mit einigen Gefährten zur Insel Banda auf und kehrt mit vielen kostbaren Gewürzen nach Malakka zurück.

1513

Nach der Heimkehr nach Portugal beteiligt sich Magellan an einem Feldzug gegen die Mauren und wird in Marokko verwundet. Die Verletzung ist so schwer, dass er Zeit seines Lebens humpelt.

1515

Nach einem Streit mit dem portugiesischen König Manuel I. sieht sich Magellan genötigt seine Dienste andernorts zur Verfügung zu stellen.

1517

Magellan geht nach Spanien und versucht König Karl I. für seine Zwecke zu gewinnen. Zwischenzeitlich heiratet er eine Beamtentochter namens Beatriz Barbosa aus Sevilla. Sie bekommen einen Sohn mit dem Namen Rodrigo.

1518

Die spanische Krone erklärt sich im März 1518 bereit fünf Schiffe auszurüsten, um eine Durchfahrt vom Atlantischen zum Pazifischen Ozean zu finden und die Gewürzinseln der Molukken auf einem westlichen Seeweg zu erreichen. Magellan selbst wird zum Admiral und Generalkapitän ernannt.

1519

Am 20. September verlassen die fünf Schiffe den spanischen Hafen Sanlucar de Barrameda zu einer Reise ins Ungewisse.

1520

Am zehnten Januar ist der Rio de la Plata erreicht. Weiter entdeckt Magellan mit seinen Männern in der Nähe des Cabo de las Virgines die Einfahrt in die heutige Magellanstraße. Noch im gleichen Jahr, am 28. November erblickt Magellan die Südsee, den „mar pacifico".

1521

Im März gelangt die Flotte nach qualvoller Überquerung des Ozeans Guam. Wenige Wochen später, am 27. April 1521 fällt Magellan auf der Insel Mactan (heutiges Gebiet der Philippinen) in einem Gefecht mit den Eingeborenen.

1522

Mit vielen wertvollen Gewürzen an Bord erreicht Juan Sebastian del Cano am siebten September 1522 mit der „Victoria", dem einzigen verbliebenen der fünf gestarteten Schiffe wieder den heimischen Hafen. Magellans Mission ist erfüllt …

7

Sir Francis Drake – Dreister Pirat oder legendärer Seefahrer?

Dieter Lohmann

Zusammenfassung

Für die einen ist er der größte Seefahrer, den England je hervor gebracht hat. Für die anderen ein verwegener Draufgänger, ein dreister Pirat, der spanische Schiffe und Städte überfiel und gnadenlos plünderte: Sir Francis Drake gehört zu den umstrittensten Persönlichkeiten der Geschichte. Als Drake im Jahr 1596 an Bord seines Schiffes „Defiance" vor der Küste Panamas starb, hatte er ein bewegtes Leben hinter sich. Geboren als Bauernsohn, entdeckte er schnell seine Leidenschaft für das Meer. Erst als einfacher Steuermann, dann als Kapitän und Vizeadmiral in Diensten von Königin Elisabeth I. reiste Drake um die Welt – zum Wohle Englands und auf der Suche nach eigenem Ruhm und Reichtum. Doch welche Leistungen zeichnen Francis Drake aus? War Drake nun ein strahlender Held oder doch nur ein mit allen „Wassern gewaschener" Abenteurer und Eroberer?

Vom Bauernsohn zum Sklavenhändler

Die Grafschaft Devon in England. Genauer gesagt, die Kleinstadt Tavistock in Westen der Region. Wir schreiben etwa das Jahr 1540. Der auf den Ruinen einer Benediktiner-Abtei gegründete Ort ist zwar bereits über 500 Jahre alt. Berühmtheit wird er aber erst durch einen Jungen er-

D. Lohmann, N. Podbregar, *Im Fokus: Entdecker*,
DOI 10.1007/978-3-642-24337-0_7, © Springer-Verlag Berlin Heidelberg 2012

langen, der dort etwa zu diesem Zeitpunkt das Licht der Welt erblickt: Francis Drake. Der Sohn eines Bauern wächst auf in einer Welt, die politisch und wirtschaftlich vor allem von Spanien und Portugal dominiert und kontrolliert wird. Seefahrer und Entdecker wie Christoph Kolumbus, Fernando Magellan oder Vasco da Gama haben in Übersee viele Entdeckungen und Eroberungen gemacht. Die Iberer kontrollieren den Handel mit den teuren und begehrten Gewürzen und beuten die Gold- und Silberschätze Südamerikas aus. Das protestantische England fährt zwar auch schon seit Jahren zur See, spielt aber zu der Zeit allenfalls eine Rolle als „Underdog".

In Drakes Kindheit deutet noch nichts daraufhin, dass er an der Verschiebung dieser Machtverhältnisse entscheidend beteiligt und als Seemann und gefürchteter Pirat in die Geschichte eingehen wird. Denn Francis ist nur der erste von insgesamt zwölf Sprösslingen der Familie Drake. Sein Vater Edmund und der Rest des Clans müssen viel arbeiten, das Geld reicht gerade mal zum Überleben. Und dann sind da auch noch die ständigen Konflikte mit den Katholiken in der Region. Letztere eskalieren und die Drakes müssen Hals über Kopf ihr Land verlassen und in Plymouth und später in Gillingham in Kent Schutz suchen. Noch bevor Drake zehn Jahre alt ist, hat ihm Edmund trotz der widrigen Lebensumstände Lesen und Schreiben beigebracht – immerhin.

Mit 13 Jahren passiert dann etwas, das das gesamte Leben von Francis Drake auf den Kopf stellt: Er entdeckt die Leidenschaft fürs Meer. Zuerst eher unfreiwillig, denn Edmund will seinen Sohn gut versorgt wissen und gibt ihn in die Obhut seines Nachbarn. Dieser besitzt ein einfaches Segelschiff, eine sogenannte Bark. Damit ist er im Küstenhandel aktiv und fährt von Plymouth aus unter anderem Frankreich und die heutigen Niederlande an. Der Schiffseigner zeigt sich als guter Lehrmeister und bringt seinem jungen Helfer viel über das Führen und Steuern eines Schiffes bei. Das Leben an Bord ist hart, aber Drake zeigt sich sehr aufgeschlossen, gewissenhaft – und er lernt schnell. Schon bald versteht er zur Freude seines Ausbilders sein Handwerk als Steuermann ausgezeichnet und ist nur noch selten auf Hilfe angewiesen.

Der Skipper ist von dem nun rund 20 Jahre alten Drake so angetan, dass er ihn in seinem Testament berücksichtigt und ihm nach seinem Tod sogar das Küstenschiff vererbt. Einige Zeit später wird Drake der

Bark jedoch überdrüssig, die seiner Meinung nach nur öde und langweilig „die Küste entlang kriecht". Ihm steht der Sinne nach mehr als nur sicheren und einfachen Handelsreisen. Als Spanien ihm und seinen Kollegen dann auch noch verbietet, die zum spanischen Reich gehörenden Niederlande anzulaufen, hat Drake genug. Er verkauft die Bark und hält Ausschau nach einer neuen, auch finanziell lukrativen Herausforderung. Schließlich muss er irgendwie seinen Lebensunterhalt bestreiten.

Schon bald bietet sich eine günstige Gelegenheit: der Sklavenhandel. Die von Kolumbus rund 70 Jahre zuvor entdeckte „Neue Welt" hat großen Bedarf an billigen Arbeitskräften und Schwarzafrikaner stehen dabei besonders hoch im Kurs. Eigentlich dürfen nur spanische Schiffe die Überseegebiete mit Sklaven beliefern, aber die dortigen Siedler in den Vorposten nehmen es meist nicht so genau und kaufen auch anderen die begehrten Arbeitskräfte ab.

Wildern in fremden Revieren: Engländer in der Karibik

In den Jahren 1566 und 1567 beteiligt sich Francis Drake unter verschiedenen Kapitänen an zwei Expeditionen, um Slaven zu fangen und diese in Übersee zu verkaufen. Doch beide Fahrten enden letztlich als Flop. Dabei lässt sich vor allem auf der zweiten Reise zusammen mit seinem Vetter John Hawkins zunächst eigentlich alles ganz gut an. Sie kapern unter anderem eine portugiesische Karavelle, einen schnellen und wendigen Segler mit wenig Tiefgang, und rauben sie aus. In Sierra Leone erbeuten die sechs englischen Schiffe mit über 400 Mann Besatzung rund 250 Schwarzafrikaner und machen sich anschließend auf den Weg nach Westindien, um sie dort zu Geld zu machen. In Rio de la Hacha und Santa Marta an der Küste des heutigen Kolumbiens gelingt es den Männern um Drake und Hawkins, viele der Sklaven an den Mann zu bringen. Allerdings müssen die Engländer gelegentlich nachhelfen, indem sie beispielsweise mit militärischen Aktionen drohen. Drake ist zufrieden, zumal er mittlerweile längst sein eigenes Schiff befehligt, die „Judith".

Das Schicksal wendet sich, als die kleine Flotte auf dem Heimweg nach England von einem schweren Unwetter überrascht wird. Drake und seine Seefahrerkollegen können sich soeben noch in den Hafen von San Juan de Ulúa im heutigen Mexiko flüchten, wo sie das Ende des Sturms abwarten und die Schäden an den Schiffen beseitigen wollen. Doch es kommt alles anders. Denn schon bald treffen insgesamt 13 spanische Schiffe ein. Sie sollen die in San Juan de Ulúa angesammelten Schätze wie Gold und Silber an Bord nehmen und in die Heimat bringen. Mit dabei ist auch ein spanischer Vizekönig: Martín Enríquez de Almansa. Nach einigem Hin und Her wird zwischen den Engländern, die in fremden Revieren wildern, und den Spaniern ein Waffenstillstand ausgehandelt. Doch der entpuppt sich schon bald als Makulatur.

Am 23. September 1568 kommt es im Hafen von San Juan de Ulúa zu einer heftigen militärischen Auseinandersetzung. Die Spanier auf den Schiffen halten sich nicht an die Vereinbarungen. Zusammen mit eilig herbeigerufenen Soldaten überfallen sie die ahnungslosen und unvorbereiteten Engländer um Hawkins und Drake. Doch diese wissen sich trotzdem zu wehren und es entwickelt sich ein erbittertes Gefecht, das von zehn Uhr morgens bis tief in die Nacht andauert. Die Verluste sind auf beiden Seiten enorm. Den Engländern gelingt es unter fortwährendem Kanonenfeuer zwei wichtige spanische Galeonen zu versenken, zahlen dafür allerdings einen hohen Tribut: Gleich vier ihrer eigenen Schiffe gehen ebenfalls verloren. Zahlreiche englische Matrosen geraten zudem in spanische Gefangenschaft. Wie durch ein Wunder gelingt es Drake, mit seinem Schiff „Judith" und Hawkins mit der „Minion" dem Unheil zu entrinnen und zu fliehen.

Vor allem die Minion entkommt nur mit großer Mühe, denn sie ist überfüllt und hat weder ausreichend Trinkwasser noch Lebensmittel an Bord. Viele Männer sterben auf der Überfahrt über den Atlantik. Hawkins wirft Drake später vor, die „Minion" im Stich gelassen zu haben. Trotz allem schaffen es beide Schiffe im Januar 1569 zurück in den Hafen von Plymouth. Von den über 400 britischen Seeleuten, die knapp anderthalb Jahre zuvor auf die Expedition gegangen waren, kommen jedoch nur ein paar Dutzend heil wieder zuhause an. Von den materiellen Schäden durch die versenkten vier Schiffe ganz zu schweigen. Der Zwischenfall in San Juan de Ulúa und das folgende Desaster für die

Engländer sät in Francis Drake einen lebenslangen Hass auf Spanien. Er belastet aber auch das Verhältnis zwischen den Iberern und der sich langsam entwickelnden Seefahrernation England.

Pirat auf Plünderfahrten: Rache für San Juan

1569 erholt sich Francis Drake erst einmal gründlich von den Schrecken und Strapazen der missglückten letzten Reise, dann aber ist für ihn der Fall klar: Er will Rache für „San Juan". Vom Hass auf Spanien und vor allem seine Machthaber getrieben, beginnt Drake mit der intensiven Planung von neuen Expeditionen in deren Überseegebiete. So viele Schiffe der Iberer wie möglich will er überfallen – und nach Möglichkeit auch die reichen spanischen Orte und Vorposten in der Karibik.

Bevor es losgeht, nimmt sich Drake aber noch ein bisschen Zeit fürs Privatleben: Im Alter von knapp 30 Jahren heiratet er Mary Newman. Zeit für Nachwuchs bleibt jedoch nicht, denn schon 1570 bricht Drake endgültig zu Kaperfahrten nach Westindien auf. Dabei fällt den Männern an Bord der „Swan" zu Beginn des Jahres 1571 unter anderem ein spanischer Zweimaster in die Hände. Später gelingt es Drake in kürzester Zeit, Dutzende meist nur leicht bewaffnete spanische Schiffe in der Karibik zu überfallen und zu plündern. Dabei erbeutet er Gold und Silber, aber auch andere Handelswaren im Wert von fast 70.000 Pfund. Zum Vergleich: Dies entsprach etwa einem Drittel der jährlichen Steuereinnahmen der englischen Königin Elisabeth I. Der spanische König Philipp II. tobt, in England dagegen wird Drake als Held gefeiert.

Eine weitere Plünderfahrt in der Karibik in den Jahren 1572 bis 1573, bei der sich Drake mit entlaufenen Sklaven, so genannten Cimarrones, und dem französischen Kapitän Jean le Testu zusammentut, ist ähnlich erfolgreich – auf See und an Land. Die Piraten nehmen unter anderem den Ort Nombre de Dios im heutigen Panama ein, von wo aus das Silber aus den zahlreichen Minen der südamerikanischen Kolonien nach Spanien abtransportiert wird. Drake und seine Kumpane erbeuten nicht nur das Metall aus den Lagerhallen des Ortes, sie überfallen auch drei Maultierkarawanen, die gerade Silbernachschub nach Nombre de Dios bringen wollen.

Einmal um die ganze Welt: Drake auf geheimer Mission

Nach seiner Rückkehr von der letzten erfolgreichen Plünderfahrt in die spanischen Überseegebiete am 9. August 1573 hat Francis Drake Zeit, viel Zeit. Denn mit dem Vagabunden- und Piraten-Dasein in der Karibik ist für einige Jahre Schluss. Drake hat den spanischen König Philipp II. genug geärgert, meint zumindest die britische Krone. Eine weitere Eskalation der Beziehungen zu Spanien kann und will England erst einmal nicht riskieren. Drake soll abtauchen und sich um andere Dinge kümmern. In den nächsten Jahren ist er unter anderem an einer militärischen Aktion in Irland beteiligt, er knüpft dort aber auch zahlreiche neue Kontakte.

Doch Drake hat seinen Rachefeldzug gegen die spanische Krone noch längst nicht abgehakt. Und ein weiterer Gedanke spukt ihm seit langem im Kopf herum: Den Pazifik will er bereisen, so viel ist klar. Aus den Zielen für seine nächste Expedition macht er jedoch ein großes Geheimnis. Er bespricht sich darüber nur mit wenigen Vertrauten, darunter Förderer und Gönner. Nach außen dringt dazu jedoch nahezu nichts.

Seine Pläne sind aber offenbar vielversprechend, denn geeignete Finanziers für die Reise sind bald gefunden. Ein Londoner Konsortium zeigt sich bereit, alle Kosten für die Ausrüstung der Expedition und den Unterhalt der Schiffe zu tragen. Eine entscheidende Rolle spielt dabei Thomas Gresham, der ein untrügliches „Näschen" für lukrative Geldgeschäfte besitzt und bereits im Jahr 1571 die erste Londoner Börse gegründet hat. Gresham steht auch der britischen Krone sehr nahe, denn er fungiert als wichtiger Berater und Vertrauter von Königin Elisabeth I. Vor allem, wenn es um finanzielle Dinge jeglicher Art geht. Von einer offiziellen Beteiligung der Krone an der geheimen Mission Drakes ist jedoch bis heute nichts bekannt.

Am 15. November 1577 sind schließlich alle Vorbereitungen abgeschlossen. Drake hat immerhin fünf Schiffe parat: sein Flaggschiff, die „Pelican" (später „Golden Hinde"), die „Elisabeth", die „Swan", die „Marygold" und die „Benedict". Über 160 Mann an Bord der Flotte hören auf sein Kommando. Die Besatzung ist guten Mutes. Denn ihr hat man beim Anheuern unter anderem weißgemacht, dass es sich um eine vergleichsweise simple und einigermaßen ungefährliche Handlungsreise nach Alexandria in Ägypten handelt.

Doch das Unternehmen beginnt mit einem klassischen Fehlstart. Ein Unwetter trifft die Flotte noch vor der Küste Englands und sorgt für schwere Schäden an den Schiffen. Es dauert Wochen, bis alle Schäden behoben sind. Erst am 13. Dezember können erneut die Segel gesetzt werden. Dieses Mal funktioniert alles wie am Schnürchen. Von Plymouth aus geht es zunächst ohne große Probleme an der französischen und spanischen Küste entlang. Als die Schiffe auch die Straße von Gibraltar links liegen lassen, ist jedem Matrosen klar: Drake hat sie mit dem angegebenen Ziel hinters Licht geführt. Das Murren der Besatzung ist nicht zu überhören, aber Drake hat die Lage im Griff. Nach einem Zwischenstopp an der afrikanischen Nordwestküste und auf den Kapverden, um neue Verpflegung aufzunehmen, segelt er mit seiner Flotte schließlich über den Atlantik Richtung Südamerika. Die Überseegebiete sind zu dieser Zeit fest in portugiesischer und spanischer Hand.

Vor der südamerikanischen Ostküste in Höhe des heutigen Brasiliens angekommen, wenden sich die englischen Seefahrer Richtung Süden bis sie an die Mündung des Rio de la Plata kommen. Hier wird erst mal Station gemacht um frisches Trinkwasser und Nahrung aufzunehmen, es bleibt aber auch Zeit um Land und Leute zu erforschen. Was die Europäer dabei erleben, beschreibt ein Besatzungsmitglied in seinen Aufzeichnungen später so: Die Menschen waren „zumeist nackt [...] sie hatten lange Haare und hatten ihre Körper rot, weiß und schwarz bemalt und gegen die Kälte eingeölt [...] ihr Erscheinungsbild war furchteinflößend, sie hatten sich kleine Knochen durch Nase und Ohrläppchen gesteckt, waren aber sehr freundlich".

Doch schon bald geht es wieder auf See, erneut Richtung Süden. Spätestens jetzt wird zumindest den geographisch gebildeten Mitreisenden klar, dass nur die Magellanstraße das Ziel sein kann – die einzige bis dahin bekannte Zufahrt zum Pazifik auf dem westlichen Seeweg. Als Drake dort ankommt, ist seine ohnehin kleine Flotte weiter geschrumpft. Zwei der fünf Schiffe mussten zwischenzeitlich abgewrackt und verbrannt werden. Doch in der Magellanstraße läuft alles bestens, innerhalb von nur gut zwei Wochen ist sie durchquert. Drakes erster Traum hat sich erfüllt: Der Pazifik, der „Stille Ozean", ist erreicht ...

Mit der Golden Hinde entlang
der Westküste Amerikas

Kaum ist Francis Drake im September 1578 mit seinen Schiffen im „Stillen Ozean" unterwegs, macht das Meer seinem Namen überhaupt keine Ehre. Denn dort weht kein laues Lüftchen, sondern es tobt ein gewaltiger Sturm, der fast zwei Monate dauert. Es ist ein Wunder, dass nur ein weiteres Schiff, die „Marygold", im Meer versinkt. Die beiden anderen werden weit von ihrem geplanten Kurs abgebracht und verlieren sich schließlich aus den Augen. Die „Elisabeth" tritt kurze Zeit später die Heimreise an.

Die Männer auf der „Golden Hinde" lassen sich aber nicht entmutigen und trotzen erfolgreich den widrigen Wetterbedingungen. Weit nach Süden abgetrieben – das können sie mithilfe von nautischen Geräten wie Quadrant, Jakobsstab und Astrolabium feststellen – gelingen Drake und seinen Männern sogar erstaunliche Beobachtungen. So stellen sie fest, dass das Land südlich der Magellanstraße keineswegs zum sagenumwobenen Südkontinent Terra Australis gehört, wie bis dahin von vielen vermutet. Auf Feuerland folgen stattdessen nur noch ein paar Inseln und Wasser, viel Wasser. Die Seefahrer stoßen angeblich auch als erste Europäer auf Kap Hoorn, dass sie selbst Kap „Elisabetha" taufen.

Anschließend kämpft sich die „Golden Hinde" langsam aber sicher nach Norden vor und passiert dabei große Teile der Westküste Südamerikas. Erstmals Station machen die Engländer auf der Insel Mocha vor der chilenischen Küste, wo Drake von Einheimischen bei einem Landgang zwei gefährliche Wunden zugefügt werden. Sie verheilen allerdings schnell. Immer weiter Richtung Äquator geht anschließend die Reise, wobei so manches Schiff und so manche spanische Siedlung überfallen und ausgeraubt werden. Die Engländer stoßen dabei meist auf wenig Widerstand, obwohl sich die Nachricht von der Ankunft des bekannten und gefürchteten Piraten längst wie ein Lauffeuer verbreitet hat.

Der vielleicht riskanteste und listigste Coup gelingt den Engländern schließlich in Callao, dem Hafen von Lima. Dort schleichen sie sich an 30 vor Anker liegende spanische Schiffe heran und berauben sie –

allerdings ohne große Beute zu machen. Als die Anwesenheit des feindlichen Schiffes schließlich doch entdeckt wird, gelingt Drake und seinen Gefolgsleuten unbeschadet die Flucht. Er hat ohnehin längst ein neues Ziel im Auge. Von einem spanischen Kapitän hat der Pirat erfahren, dass vor kurzem das spanische Schiff „Nuestra Señora de la Concepción" von Callao aus Richtung Panama gestartet ist. Sie hat Unmengen an Gold, Silber und anderen Wertgegenständen an Bord. Diese fette Beute – in der Seefahrersprache auch Prise genannt – will sich Drake auf keinen Fall entgehen lassen. Er macht sich an die Verfolgung des Schiffes.

Am 1. März 1579 hat er die „Nuestra Señora de la Concepción" vor der Westküste Kolumbiens endlich eingeholt. Im Handstreich kapert er die spanische Galeone, die wegen der vielen Kanonen an Bord den Spitznamen „Feuerscheißer" (spanisch Cacafuego) trägt. 40 Kilogramm Gold, tonnenweise Silberbarren und unzählige Silbermünzen wechseln den Besitzer und verschwinden in den Laderäumen der „Golden Hinde". Die spanische Mannschaft und ihr Schiff werden – wie oft bei Drake – geschont und ein paar Tage später wieder freigelassen.

Mit gewaltigen Schätzen beladen denkt Drake nun an eine baldige Heimreise. Vielleicht kann er ja die legendäre Nordwestpassage finden, die nördlich von Amerika den Atlantik mit dem Pazifik verbinden soll. An diesem Vorhaben sind allerdings schon viele Seefahrer, darunter der Engländer Martin Frobisher, gescheitert. Und auch Drake muss auf seinem Weg nach Norden irgendwann einsehen, dass eine Weiterfahrt aufgrund des frostigen Wetters keinen Sinn mehr macht. Vermutlich kommen die Seefahrer aber immerhin bis nahe Vancouver Island in Kanada, bevor sie endgültig umkehren – ein Rekord, zumindest für Europäer.

Die 2. Weltumseglung

Zurück auf dem Weg Richtung Süden landet die „Golden Hinde" im Juni 1579 schließlich auf 38° nördlicher Breite in einer kleinen Pazifikbucht. Drake tauft das neue Land Nova Albion und nimmt es für England und Königin Elisabeth in Besitz. Die Region ist heute Teil des

US-Bundesstaats Kalifornien. Drake entschließt sich nun nach langem Überlegen, mit seinem schwer beladenen Schiff die Pazifiküberquerung zu riskieren. Die „Golden Hinde" zeigt sich dabei einmal mehr zuverlässig, nach gut zwei Monaten ist Palau erreicht. Über die Philippinen gelangen die Europäer schließlich auf die Gewürzinseln, wo sie vom Sultan Babu von Ternate überaus freundlich empfangen werden.

Drake und der Machthaber einigen sich auf einen Vertrag, von dem beide erheblichen Profit erwarten. Drake sichert darin für sein Land den Handel mit Ternates Gewürznelken, im Gegenzug soll England Babu beim Kampf gegen die portugiesischen Invasoren unterstützen. Nachdem der Deal perfekt ist, geht es direkt an die Umsetzung des Handelsabkommens. Unzählige Gewürznelken landen in den Lagerräumen der „Golden Hinde". Nun ist jeder noch so kleine Platz an Bord mit wertvollen Gütern belegt – Zeit heimzukehren.

Kurz vor Weihnachten des Jahres 1579 brechen die Männer auf. Doch die indonesische Bandasee ist nicht ungefährlich. Überall lauern Riffe, Klippen und Untiefen unter der Wasseroberfläche. Die „Golden Hinde" kommt nur langsam vorwärts. Anfang Januar 1580 läuft das Schiff dann auf Grund. Ist das das Ende? Nachdem alle Versuche sich zu retten, gescheitert sind, entschließt sich Drake in größter Verzweiflung, Teile seiner wertvollen Fracht und die Kanonen zu opfern. Erst nachdem tonnenweise Ladung im Wasser gelandet ist, wird das Schiff wieder manövrierfähig und kann auf den Barat-Daya-Inseln anlanden und repariert werden.

Von dort aus geht es nach einem letzten Zwischenstopp an der Südküste Javas ohne weitere Unterbrechungen über den Indischen Ozean bis nach Sierra Leone an der afrikanischen Westküste. Unterwegs haben Drake und seine Männer nicht nur mit den Unbilden des Wetters zu kämpfen, sondern auch mit spätmittelalterlichen Logistik- und Beschaffungsproblemen. So wird das Trinkwasser dramatisch knapp und muss penibel rationiert werden. In Westafrika angekommen, ist aber das Schlimmste überstanden. Eine erfolgreiche Rückkehr in die Heimat wird immer wahrscheinlicher. Die gelingt schließlich nur zwei Monate später. Am 26. September 1580 ist die zweite Weltumseglung der Geschichte perfekt: Drake läuft mit der „Golden Hinde" in die Bucht von Plymouth ein.

Vom Weltumsegler zum Kriegshelden:
Der Überfall auf Cadiz

Als Francis Drake 1580 nach der Weltumseglung Bilanz zieht, fällt diese überaus positiv aus. Güter im Wert von rund 600.000 Pfund hat er heimgebracht. Das freut das Londoner Konsortium, das die Reise finanziert hat und einen satten Gewinn einstreicht. Auch Drake und seine Männer erhalten ihren Anteil am Gewinn, der große Rest geht vor allem an die britische Krone. Das von den ursprünglich fünf Schiffen nur die „Golden Hinde" und die „Elisabeth" wohlbehalten heimgekehrt sind, fällt dabei nicht ins Gewicht. Auch den Tod des Großteils der Besatzung hakt man achselzuckend ab. Drake wird von nun an zuhause als strahlender Held angesehen.

Auch die Königin ist „amused" und besucht ihn gut sechs Monate nach seiner Ankunft in Plymouth auf der „Golden Hinde". Der erfolgreiche Seefahrer und Pirat wird aufgrund seiner Leistungen zum Wohle Englands dort sogleich zum Ritter geschlagen und darf sich von nun an „Sir" nennen. Auch finanziell ist Drake ein gemachter Mann. Er wird Großgrundbesitzer, Bürgermeister der Stadt Plymouth und zieht auch ins englische Parlament ein.

Erst 1585 geht es dann wieder auf Kaperfahrt. Dieses Mal ganz offiziell im Auftrag der britischen Krone, die eine Eskalation der Beziehungen zu Spanien nicht mehr scheut. Aus dem Abenteurer und Piraten ist ein Freibeuter von höchsten Gnaden geworden. Am 14. September startet eine Flotte von mehr als 30 Schiffen unter Drakes Kommando in die Karibik. Dort angekommen, überfallen und zerstören die Engländer in den nächsten Wochen zahlreiche spanische Siedlungen – darunter Santo Domingo und Cartagena. Große Beute machen sie allerdings nicht. Dennoch ist Drake und der britischen Krone erneut ein wichtiger Nadelstich gegen Philipp gelungen, der seit der Vereinigung 1580 zugleich König von Spanien und Portugal ist.

Als auch noch die ehemalige schottische Königin Maria Stuart – wie Philipp Katholikin – wegen angeblichen Hochverrats in England hingerichtet wird, hat der spanische Monarch endgültig genug von den Provokationen des protestantischen England. Er beschließt eine Armada auszurüsten, die das Land erobern und die Menschen zum rechten

Glauben zurückführen soll. Doch die Briten bekommen schnell Wind von der Sache und reagieren mit einem Präventivschlag. Königin Elisabeth schickt Drake im April 1587 mit rund zwei Dutzend Kriegsschiffen ins spanische Cadiz, wo der spanische Angriff auf England vorbereitet wird. Die Mission von Drakes Flotte gegen die völlig überraschten Spanier ist überaus erfolgreich. Große Teile der noch im Aufbau befindlichen Armada werden in kürzester Zeit vernichtet. Philipps Pläne sind erst einmal durchkreuzt. Doch damit nicht genug. Die Engländer patrouillieren in der Folge noch einige Zeit vor der spanischen Atlantikküste und fangen Dutzende von spanischen Schiffen mit wertvoller Fracht ab. So wird Drakes Attacke auch finanziell lukrativ.

Wieder in der Heimat angekommen, wird der Seefahrer nun auch als Kriegsheld gefeiert, er hat endgültig den Höhepunkt seines Ruhms erreicht. In seinen Erinnerungen bewertet er den Angriff auf Cadiz wie folgt: „Ich habe den Bart des spanischen Königs versengt!" Papst Sixtus V., als oberster Katholik naturgemäß Anhänger von Philipps Plänen, konstatiert sogar ebenso beeindruckt wie besorgt: „Er hat die Flotte beraubt, und Santo Domingo eingenommen. Sein Ruf ist so groß, dass seine Landsleute zu ihm strömen, um an seiner Beute teilzuhaben [...] Es tut uns leid, dies sagen zu müssen, aber wir haben keine hohe Meinung von dieser spanischen Armada und befürchten ein Unglück!"

Sieg vor Calais – Tod in der Karibik

Wie richtig der Papst mit seinen Befürchtungen liegt, zeigt sich im August 1588. Denn da taucht eine neu formierte spanische Armada doch noch vor England auf. Diese besteht aus 130 Schiffen mit 2.630 Kanonen und 30.000 Soldaten. Nahe Calais kommt es schließlich am 8. August 1588 zu einer großen Entscheidungsschlacht auf See. Doch die riesigen, schwerfälligen Schiffe der Spanier – eher auf Entern als auf Wendigkeit ausgelegt – werden durch die zahlenmäßig unterlegenen Engländer übertölpelt. Durch unbemannte brennende Schiffe aus dem Hafen vertrieben, müssen sich die Spanier aus ihrer geplanten Formation lösen und werden entscheidend geschlagen. Drake stürzt sich als Vizeadmiral der Briten in das Kampfgetümmel und hat entscheidenden

Anteil daran, dass die Invasion verhindert und Teile der spanischen Flotte zerstört werden.

„Eine der berühmtesten Begebenheiten an denen Drake beteiligt war, ereignete sich, als das spanische Flaggschiff ‚Rosario‘ mit einem anderen Schiff kollidierte", schreibt das National Maritime Museum in Greenwich, London, auf seiner Website. „Es verlor dabei seinen Mast und wurde vom Rest der spanischen Flotte abgetrennt. Drake kaperte es, obwohl er eigentlich den Job hatte, die Armada zu verfolgen und mit seiner Hecklaterne alle anderen englischen Schiffe, die im folgten, zu führen. Die Verlockung der ‚Rosario‘ muss für ihn zu groß gewesen sein, um ihr widerstehen zu können. Das Schiff wurde eingenommen, ohne dass ein einziger Schuss fiel – noch mit der königlichen Geldtruhe an Bord." Zum endgültigen Desaster für König Philipp II. wird die Flucht der Überreste der Armada über die Nordroute um die britischen Inseln herum. Schwere Stürme sind schuld daran, dass viele spanische Schiffe stranden und tausende Soldaten sterben. Der Monarch rechtfertigt die Niederlage deshalb auch später so: „Ich habe meine Armada zum Kampf gegen die Engländer ausgesandt, nicht gegen Naturgewalten."

Drakes Karriere auf See ist aber auch nach der Abwehr des spanischen Angriffs noch lange nicht zu Ende. Ganz im Gegenteil. Er hat Großes vor, denn Drake will Spanien, den Erzfeind und Rivalen um die Vorherrschaft auf den Meeren, endgültig besiegen. Es gelingt ihm schließlich in vielen Gesprächen seine Königin von den Plänen zu überzeugen. Zusammen mit dem Offizier Sir John Norreys – Spitzname „Schwarzer Jack" – schickt ihn Elisabeth 1589 Richtung Spanien und gibt ihm 150 Schiffe und 18.000 Soldaten an die Hand.

Die Flotte hat gleich mehrere Aufträge zu erfüllen. Erstes Ziel ist es, die übrig gebliebenen Schiffe der Armada in den spanischen Atlantikhäfen zu finden und zu zerstören. Anschließend sollen die Truppen in Lissabon einmarschieren und dort eine Revolte gegen Philip II. anzetteln. Schließlich geht es auch darum, wenn möglich die Azoren zu besetzen. Doch dieses Mal wendet sich das Schicksal gegen Drake, wie Anthony Wingfield, ein Teilnehmer der Expedition in seinem Bericht schreibt: Alle Vorhaben misslingen. Noch schlimmer: nur ein Teil der Schiffe und grade mal ein Drittel der Männer überlebt am Ende den waghalsigen Angriff und kehrt in die Heimat zurück.

Drakes Karriere hat einen empfindlichen Knick erhalten. Die Königin entzieht ihm ihr Vertrauen, weitere Reisen im Auftrag der britischen Krone sind vorerst kein Thema mehr. Am Neujahrstag 1593 darf er Elisabeth aber immerhin ein Manuskript zu seinen Expeditionen präsentieren. Dieses basiert auf den Aufzeichnungen von Crew-Mitgliedern und ist von Drake selbst überprüft. Unter dem Titel „Sir Francis Drake Revived" wird es aber erst 1626 erscheinen. Da ist Drake bereits 30 Jahre tot. Seine letzte Mission hat ihn 1595 zusammen mit seinem alten Freund John Hawkins noch einmal in die Karibik geführt. Im Hafen von San Juan in Puerto Rico liegt ein gesunkenes spanisches Schiff mit Schätzen im Wert von zwei Millionen Dukaten an Bord. Die wollen sich die Abenteurer sichern. Doch der Plan misslingt. Denn Drakes frühere Beutezüge in der Karibik haben die Spanier aufgerüttelt und vorsichtiger gemacht. Längst sind Siedlungen und Häfen wie San Juan viel besser befestigt und verteidigt als früher.

Später erkrankt Drake auf seinem Schiff „Defiance" an der Ruhr, einer von Bakterien ausgelösten Infektionskrankheit. Am 28. Januar stirbt der Seefahrer und Abenteurer schließlich vor der Küste des Ortes Portobelo im heutigen Panama. „Er wurde am nächsten Tag in einem Bleisarg in den Gewässern der Karibik begraben – dem Schauplatz der meisten seiner tollkühnen Heldentaten", beschreibt die Library of Congress, die bekannteste Forschungsbibliothek der USA, Drakes letzte Ruhestätte.

Held oder Hasardeur? Die Bilanz von Drakes Leben

Drake's Island in der Bucht von Plymouth, der Drakeplatz im Düsseldorfer Stadtteil Oberkassel und nicht zuletzt die Drakestraße, die Kap Hoorn von der Nordspitze der antarktischen Halbinsel trennt: Viele Orte und Sehenswürdigkeiten auf der ganzen Welt tragen heute den Namen von Sir Francis Drake. Sie sind Ausdruck dafür, wie populär und beliebt der britische Seefahrer auch heute noch ist: Der Mythos vom tapferen „Piraten der Königin" lebt – nicht nur in England. Dies zeigen auch die zahlreichen Filme und Dokumentationen, die immer wieder – mehr oder minder realitätsnah – von den Fahrten des „Sirs" berichten.

Doch hat Drake diesen Ruhm überhaupt verdient? Ja und nein, lautet die Antwort, wenn man Drakes Lebenswerk aus neutraler, nichtbritischer Sicht betrachtet. Seine wohl größte Leistung war die Weltumrundung in 1.018 Tagen auf dem Segelschiff „Golden Hinde", erst die zweite überhaupt nach der Premiere durch den Portugiesen Fernando Magellan in den Jahren 1519 bis 1522. Neben der reinen seefahrerischen Leistung gelangen Drake dabei Beobachtungen und Entdeckungen, die zu einem akkurateren geographischen Bild der Erde beitrugen. So stieß Drake beispielsweise auf der Erdkugel soweit nach Süden vor wie keiner vor ihm. Er entdeckte, dass südlich der Magellan-Straße kein neuer Kontinent lag, sondern nur eine Inselgruppe, die noch zu Südamerika gehört. Drake segelte aber auch entlang der Pazifikküste Nordamerikas nach Norden und erreichte Küsten, die noch nie ein Europäer gesehen hatte. Geographische Pionierarbeit leistete er zudem in Asien, wo er die bis dahin unerforschte Südküste Javas entlang fuhr. Drake fand heraus, dass Java eine Insel ist und nicht – wie viele bisher glaubten – Teil des legendären Südkontinents Terra Australis.

Drake hat nicht nur das Wissen über das Aussehen der Erde verbessert, er war auch entscheidend an einer Wende in der Weltpolitik beteiligt. Seine erfolgreichen Kaperfahrten zeigten, dass sogar die damals führende Seemacht Spanien keineswegs souverän, sondern verletzlich und angreifbar war. Der auch mit seiner Hilfe gewonnene Kampf gegen die spanische Armada leitete zudem den allmählichen Niedergang der iberischen Vorherrschaft auf dem Meer ein. England hatte sich als wichtige Seefahrernation etabliert.

Aber es gibt auch zahlreiche Schattenseiten im Lebenslauf des Sir Francis Drake: seine frühen Jahre als Sklavenhändler, seine spätere Karriere als skrupelloser Pirat auf eigene Rechnung und als Freibeuter im Auftrage Königin Elisabeths.

Eine widersprüchliche Persönlichkeit: Drake als Mensch

Nicht nur Francis Drakes Lebensleistungen sind schwer zu bewerten, auch als Mensch präsentierte er sich oftmals zerrissen und widersprüchlich. Skrupellos und gewalttätig soll er gegen jeden reagiert haben, der seinen Zielen im Wege stand oder ihm zu trotzen wagte. Hatte er jedoch Gefangene gemacht, krümmte er ihnen – wenn sie sich nicht widersetzten – in der Regel kein Haar. Meist durften sie sogar ihre Wertgegenstände behalten und viele der gekaperten Schiffe wurden wieder an ihre Besitzer zurückgegeben.

San Juan de Anton, Kapitän der von Drake erbeuteten Nuestra Señora de la Concepción, erklärte dazu: „Bevor der Engländer mein Schiff freigab, gab er jenen, die beraubt worden waren, bestimmte Dinge als Geschenke. An Geld gab er jedem 30–40 Pesos, und einige erhielten portugiesisches Tuch und Werkzeuge wie Gartenmesser und Hacken, sowie zwei seiner eigenen verzierten Mäntel." Drake ging es scheinbar nicht darum, jeden einzelnen Spanier zu schädigen, sondern vor allem König Philipp II. gegen den er einen persönlichen Groll hegte. Anders als viele Seefahrer und Entdecker seiner Zeit hatte Drake keine Vorurteile gegen Indios oder (ehemalige) Sklaven in den spanischen Überseegebieten. Einer der vielen geflohenen Slaven in Südamerika stand ihm sogar ganz besonders nahe. Dieser Diego begleitete ihn als Freund nach England und später auf vielen seiner Reisen.

Obwohl Drake den Aufzeichnungen von Mitreisenden zufolge ein Disziplinfanatiker war und drohende Meutereien schon im Keim erstickte, war er sich doch nicht zu schade, einfachste Aufgaben an Bord selbst zu übernehmen. Ein vergleichbares Verhalten forderte er zudem, soweit man heute weiß, auch von seinen Offizieren immer wieder ein. Dieses beinahe schon an Kameradschaftlichkeit erinnernde Benehmen gegenüber Untergebenen hatte aber auch Grenzen. Etwa, wenn es darum ging, eine Crew für eine neue Expedition zu rekrutieren. Denn dann schreckte Drake auch vor Verschleierungen oder sogar dreisten Lügen nicht zurück. So kündigte er potenziellen Matrosen beim Anheuern 1577 eine simple Handelsreise nach Ägypten an, obwohl es in Wirklichkeit auf einen waghalsigen Trip nach Übersee gehen sollte. Ohne Rücksicht auf Verluste zog Drake anschließend seine Missionen durch. Viele Menschen starben während der Fahrten an Hunger, Skorbut, Infektionen oder im Kampf mit Feinden. Auf seinen Reisen war es daher normal, dass von hunderten Matrosen, die mit ihm losgefahren waren, nur eine Handvoll die Heimat wiedersah.

Unerbittlich zeigte sich der bekennende und seinen Glauben auch an Bord lebende Protestant zudem gegenüber der verhassten katholischen Kirche. Schon in frühester Kindheit wurden er und seine Familie bei einem Katholikenaufstand aus ihrer Heimat vertrieben und mussten sich nach Kent retten. Das hat er Zeit seines Lebens wohl nie vergessen und vergeben. Denn die Symbole dieses Glaubens, wie Kirchen oder Kruzifixe, ließ er auf seinen Überfällen auf spanische Städte oder Schiffe regelmäßig zerstören.

All dies zeigt: Aus heutiger Sicht betrachtet war Drake sicher kein strahlender Held, auch kein Gentleman-Gauner für den man spontan Sympathien entwickeln würde. Er war ein Kind seiner Zeit, in der Gewalt zur Normalität gehörte. Als Pirat bei seinen blutigen Raubzügen und bei militärischen Konflikten mit den Spaniern machte er reichlich davon Gebrauch und schonte dabei weder Freund noch Feind. Bei näherem Hinschauen entpuppt sich Sir Francis Drake aber auch als ein Kapitän, der im Umgang mit Menschen viel fortschrittlicher dachte und handelte als viele seiner Entdecker- und Seefahrerkollegen im 16. und 17. Jahrhundert.

Dieter Lohmann

Zusammenfassung

Der Mythos vom sagenumwobenen Südland, der Terra Australis Incognita, reicht zurück bis in die Antike. Schon die alten Griechen vermuteten, dass ganz weit unten im Süden eine riesige Landmasse zu finden sein müsse, die als Gegengewicht zu den Kontinenten der Nordhalbkugel die Erde im Gleichgewicht hält. Mit Beginn des Zeitalters der Entdeckungen im 15. Jahrhundert machten sich dann die Europäer auf die Suche nach diesem Superkontinent, einem Land wo – wie man damals glaubte – „Milch und Honig fließen" sollten. Spanier, Holländer und Briten, alle wichtigen seefahrenden Nationen beteiligten sich an dieser jahrhundertelangen Hetzjagd. Was sie nach zahllosen Enttäuschungen letztlich fanden, waren zahllose Inseln im Pazifik, die Antarktis – und das Land „down under", Australien.

Terra Australis: Das Paradies auf Erden

Terra Australis Incognita, das sagenumwobene Südland. In den Vorstellungen der Menschen der Antike war es ein Land mit angenehmen Temperaturen, vielen Einwohnern und ungeheuren Reichtümern, eine Art Paradies auf Erden. Dort hoffte man die Minen König Salomons wiederzufinden, Gold, Silber und Gewürze müssten dort in Hülle und Fülle zu entdecken sein, so glaubte man damals. Nur wie groß dieser Kontinent

D. Lohmann, N. Podbregar, *Im Fokus: Entdecker*,
DOI 10.1007/978-3-642-24337-0_8, © Springer-Verlag Berlin Heidelberg 2012

sein sollte, darüber war die Wissenschaft uneins. Manche Forscher glaubten, dass fast die gesamte südliche Halbkugel von dieser gewaltigen Landmasse bedeckt sein müsse, andere schätzten seine Dimensionen dagegen viel geringer ein. Trotzdem wagten es bereits die frühen Geographen wie Claudius Ptolemäus um 150 v. Chr., diesen mystischen Kontinent auf ihren noch sehr einfachen Weltkarten einzutragen.

So richtig beschäftigte man sich in Europa jedoch noch nicht mit einer Erkundung dieses Südlandes. Wenn es denn den reichen Superkontinent wirklich gab, konnte man ihn mit den damaligen Mitteln doch sowieso nicht erreichen. Warum sich also deshalb Gedanken machen. Schließlich glaubte man noch im 15. Jahrhundert, dass die Seefahrer beim Versuch den Äquator zu überqueren in den tropischen Gewässern gekocht würden. Erst im Verlaufe des Zeitalters der Entdeckungen wurde der Traum vom Südland allmählich realistischer. Spanien und Portugal sprengten auf dem Seewege die engen Ketten Europas und setzten immer neue Meilensteine in der Geschichte der Seefahrt:

1474 überquerte Lopo Goncalves erstmalig den Äquator und verwies damit die Mär von den brodelnden Gewässern in der Äquatorregion ins Reich der Fabeln. 14 Jahre später im Jahr 1488 umrundete Bartolomeu Diaz bei einer seiner vielen Exkursionen erstmalig das Kap der Guten Hoffnung. Auch der Indische Ozean und später die Gewürzinseln waren damit zur Eroberung freigegeben. 1492 kam es schließlich zur legendären Reise von Christoph Kolumbus, der mit seinem Schiff „Santa Maria" Amerika wiederentdeckte, fast 500 Jahre nachdem Leif Eriksson als erster Europäer in Labrador amerikanischen Grund und Boden betreten hatte. Diese Reisen brachten nicht nur viele Eroberungen und Reichtümer, sie füllten auch den Mythos Terra Australis Incognita mit neuem Leben. Jetzt wo das Südland bald per Schiff entdeckt werden könnte, lohnte es sich, sich Gedanken um seine mögliche Lage zu machen. Bis die ersten Europäer in den Pazifik vorstießen, sollte es allerdings noch mehr als 20 Jahre dauern.

Geheimnisvolle Südsee ...

Am 25. September 1513 feiert Europa wieder einmal einen Spanier: Vasco Nunez des Balboa erreicht als erster Weißer das unbekannte große Meer, von dem die Eingeborenen Südamerikas den spanischen Entdeckern schwärmerisch berichtet hatten. Mit eigenen Augen kann er jetzt einen Blick auf den gewaltigen Ozean werfen, den er beinahe schwärmerisch „Südsee" nennt. Von Panama aus hat sich Balboa mit einer Schar von Männern auf die Suche nach dem Meer gemacht, in dem man auch Terra Australis Incognita vermutet. Die Gründe für diese Expedition sind aber weniger Forschungsdrang als ganz konkrete materielle Erwartungen. Gold und andere Reichtümer will Balboa an der sagenumwobenen Küste für sich und Spanien entdecken.

Weitere sieben Jahre sind vergangen, bevor der Portugiese Fernao des Magalhaes – Magellan – auf seiner ersten Weltumseglung als erster Europäer in den Pazifik eindringt und die pazifische Inselwelt streift. Auf der Suche nach dem westlichen Weg zu den Gewürzinseln erfährt er am eigenen Leib, wie groß dieses Meer wirklich ist. Monatelang quälen Hunger und Durst die Besatzung der fünf Schiffe. Nur mit Mühe erreichen die Entdecker schließlich ihr Ziel. Und auch der Traum vom Südland erhält durch Magellan neue Nahrung. Tierra del Fuego, Feuerland, das öde unwirtliche Gebiet südlich der Magellanstraße hält er für einen der Ausläufer des mystischen Südkontinents. In zeitgenössischen Karten geht seine Entdeckung als das „neu entdeckte aber noch unbekannte südliche Land" ein.

Bis sich die nächsten Entdecker in den Pazifik wagen, vergehen trotz der positiven Kunde Magellans noch einmal mehr als 50 Jahre. Auch diese Versuche die Terra Australis zu finden sind weniger von wissenschaftlichem Forschungsgeist beseelt, als von dem Bestreben Reichtümer zu erobern oder ganze Völker zum Christentum zu bekehren.

Von Kreuzrittern und Piraten

Alvaro de Mendana ist der nächste, der versucht sich den Traum vom Südland zu erfüllen. 1567 macht er sich auf Anweisung des spanischen Gouverneurs von Peru aus mit drei Schiffen auf die Suche nach Terra Australis Incognita. Auch nach 6.000 Kilometer wilder Irrfahrt hat er noch nicht die geringste Spur davon entdeckt. Dafür stößt er kurz vor der Küste Neuguineas auf eine Inselgruppe, die er Salomon-Inseln nennt. Frustriert kehrt er später in die Heimat zurück.

Einer der berühmtesten Piraten der Weltgeschichte ist der nächste Glücksritter, der Terra Australis finden soll. Im Jahr 1577 macht sich Francis Drake auf den Weg in den Pazifik. Auf Geheiß der Krone durchquert er zunächst die Magellanstraße, wird dann aber von einem gewaltigen Sturm bis an den südlichen Rand von Feuerland getrieben. Was er dort sieht ist wenig verheißungsvoll. Statt des erwarteten Ausläufers des Südkontinents begrüßt ihn eine neue große Wasserfläche. Magellans Theorie ist damit widerlegt. Drake beschließt nach Norden zu segeln und plündert große Teile der südamerikanischen Küste. Nachdem er vergeblich in Nordamerika nach einer Passage in den Atlantik gesucht hat, macht er sich von Kalifornien aus auf den Heimweg nach England. Im September 1580 kehrt Drake schließlich mit seinem Flaggschiff wohlbehalten in den Hafen von Plymouth zurück. Den Südkontinent hat er auf der zweiten Weltumseglung in der Geschichte der Menschheit zwar nicht entdeckt, aber die Finanziers sind trotzdem zufrieden. Beute im Wert von 70 Millionen Mark hat er von seiner Kaperfahrt mit nach Hause gebracht. Die Queen ist „amused" und macht ihn aufgrund seiner Verdienste prompt zum „Sir".

Aber auch Alvaro de Mendana hat seinen Traum noch nicht aufgegeben. 1595 begibt er sich auf seine zweite Reise in die Südsee. Behindert werden die Entdeckungsfahrten im pazifischen Raum zur damaligen Zeit durch die schlechte Navigationstechnik der Seefahrer. Große Schwierigkeiten gibt es, die Längengrade genau zu bestimmen. Meist bleibt dadurch die Position einer Insel so vage, dass man sie später nicht wieder anlaufen kann. Seine eigene Entdeckung aus dem Jahr 1567, die Salomon-Inseln, findet Mendana deshalb nicht wieder, dafür erreicht er aber glücklich die Marquesas. Die Freude ist allerdings nur von kurzer Dauer, muss er doch entdecken, dass die Einwohner sich nicht von ihm zum Christentum bekehren lassen wollen. Noch schlimmer: Sie stellen sich als tätowierte Kannibalen heraus, die die Europäer angreifen. Schnell verabschiedet er sich von den ungastlichen Inseln und reist weiter auf die Philippinen. Noch zeigt sich keine Spur vom Südland. Ein Ergebnis haben diese Reisen aber bereits jetzt gebracht: Das Meeresgebiet, in dem Terra Australis Incognita jetzt noch liegen könnte, ist erheblich kleiner geworden – wenn es denn überhaupt existiert.

Von Peru aus nach Terra Australis: Quiros

Dass es den mystischen Südkontinent gibt, glauben auch zu Beginn des 17. Jahrhunderts immer noch viele Forscher und Gelehrte, andere sind sogar felsenfest davon überzeugt. Zu ihnen gehört Pedro Fernandez de Quiros. Lange hat er unter Mendana als Lotse gearbeitet und ihn bei seinen beiden gefahrvollen Entdeckungsfahrten im Stillen Ozean begleitet. Während der langen Zeit auf See ist in ihm eine Erkenntnis gereift: Mendana hat an der falschen Stelle nach Terra Australis gesucht. Weiter südlich müsste seiner Meinung dieser Südkontinent liegen. Die von Mendana entdeckten Salomon-Inseln hält er für die Inselgrenze des Südkontinents.

Quiros plant, sobald er den Südkontinent erreicht hat, eine Art Kreuzzug durchzuführen und mögliche Bewohner zum Christentum zu bekehren. Der religiöse Eiferer tritt sehr überzeugend auf und gewinnt für sein Vorhaben die Sympathie des Papstes und schließlich auch die Unterstützung des Königs von Spanien. 1605 darf Quiros mit drei Schiffen von Callao in Peru aus in See stechen. Auf seiner Reise nach Südwesten entdeckt er eine Vielzahl von Inseln, darunter einige Eilande des Tuamotu-Archipels, ehe er am 3. Mai 1606 auf einer größeren Inselgruppe landet. Er ist überzeugt, seinen Traum verwirklicht zu haben, und nennt den Ort „la Australia del Espiritu Santo" – „Die Südinsel des Heiligen Geistes". Quiros gründet die Stadt Neu-Jerusalem und lässt eine Vielzahl an religiösen Festen feiern, um die Eingeborenen zu bekehren.

Gelandet ist er in Wirklichkeit aber auf der heutigen Insel Vanuatu auf den Neuen Hebriden. Quiros Berichte führen in der Heimat trotzdem zu einer neuen Begeisterung für die Entdeckung des Südkontinents. Quiros Begleiter Luiz Torres dagegen fährt von den Neuen Hebriden weiter nach Südwesten und lässt dann Kurs Nordwest setzen. Nach einiger Zeit durchquert er als erster Europäer die später nach ihm benannte Meeresstraße, die Neuguinea von Australien trennt. Ob er dabei Australien gesichtet und entdeckt hat, darüber sind sich die Geschichtsschreiber uneinig. Immerhin hat er mit seiner Fahrt bewiesen, dass Neuguinea eine Insel ist. Der Südkontinent aber, so viel ist ihm und seinen Zeitgenossen klar, muss, wenn es ihn wirklich gibt, erheblich kleiner sein und weiter südlich liegen als bisher angenommen.

Mit der „kleinen Taube" nach Neu-Holland

Wer aber hat Australien denn nun wirklich entdeckt? Diese Frage lässt sich nicht so einfach beantworten. Zumindest waren es keine Europäer, die als erste ihren Fuß auf das Land „down under" setzten. Viele tausende Jahre zuvor hatten bereits Einwanderer aus Südasien Australien und die pazifische Inselwelt erobert. Gerade in der Zeit von circa 40.000 bis 60.000 Jahren vor Christus konnte man noch problemlos, ohne sich nasse Füße zu holen, von Neuguinea bis nach Tasmanien reisen. Erst um 10.000 v. Chr. kam es durch das Ansteigen des Meeresspiegels nach der letzten Eiszeit zur Abtrennung der beiden Inseln vom australischen Festland. Der erste Europäer, der Anfang des 17. Jahrhunderts auf der Suche nach dem Südkontinent Australien erreicht, war vermutlich ein Holländer. Willem Janszoon oder Jansz, die Chronisten sind sich da nicht ganz einig, aus Batavia/Java, dem heutigen Djakarta, ist der Glückliche. Eigentlich ist der Kapitän der Vereinigten Ostindischen Kompanie der Niederlande mit seinem Schiff „Duyfken" – kleine Taube – ausgelaufen, um von Westen her die Südküste Neuguineas nach Gold und sonstigen Reichtümern abzusuchen. 1606 gelangt er dabei in den Golf von Carpentaria an der Nordküste Australiens. Ob er wirklich australischen Boden betreten hat, weiß man heute nicht mehr sicher. Gesehen und damit entdeckt hat er den neuen Kontinent aber auf jeden Fall. Die Holländer geben ihrem Fund als echte Patrioten den Namen Neu-Holland.

Alle niederländischen Entdecker, die in den nächsten Jahrzehnten an den Küsten Neu-Hollands landen, bringen keine guten Nachrichten mit. Die meisten Küstenregionen erweisen sich als unzugänglich oder wenig einladend. Auch Dirk Hartog ist es wohl so ergangen, als er im Jahre 1616 mit seinem Schiff „Eendracht" in Shark Bay an der Westküste den Boden Australiens betritt. Sollte diese gewaltige, aber öde Landmasse wirklich der reiche, sagenumwobene Südkontinent Terra Australis Incognita sein? So lange nur wenig über die Neuentdeckung bekannt war, konnte man diese Frage nicht beantworten. Die Niederländer rüsten deshalb einige Expeditionen aus, die das bruchstückartige Wissen über das neuentdeckte Land mit der Zeit erweitern. Peter Nuyts landet 1626 an der Südküste von Neu-Holland und erforscht große Teile der Küstenregionen. Bis zum 133. Längengrad, bis in den Bereich der Nullarbor-Ebene, ist er dabei vorgedrungen. Andere Seefahrer und Entdecker erkunden die Westküste und Teile der Nordküste. Die Ergebnisse sind ernüchternd: Von Gewürzen, Gold, Silber oder anderen Reichtümer gibt es nicht die geringste Spur ...

Von Mauritius nach Neuseeland: Abel Tasman

Erst Abel Tasman ist es schließlich, der im Jahr 1642 die Erforschung Australiens und die Suche nach dem reichen Südkontinent ein gutes Stück weiter bringt. Nachdem der erfahrene Seemann auf Befehl von Anthony van Diemen, dem Repräsentanten der niederländischen Ost-indienkompanie, von Batavia ausgelaufen ist, nimmt er zunächst Kurs auf Mauritius vor der afrikanischen Küste. Von dort steuert er Richtung Süden bis er den 49. Breitengrad erreicht. Kurs Nordost ist ab da die neue Vorgabe. Geschickt nutzt Tasman auf seiner Reise die in dieser Region vorherrschenden westlichen Winde aus.

Der gesteckte Kurs wird eingehalten, bis nach langer Zeit endlich Land in Sicht kommt. Tasman glaubt die Südküste Australiens erreicht zu haben, die er für die holländische Ostindiengesellschaft in Besitz nimmt und van Diemens Land nennt. Dass seine Neuentdeckung eine Insel ist, die später ihm zu Ehren Tasmanien benannt wird, erkennt er nicht. Weiter geht die Reise Tasmans Richtung Nordosten. In der Nähe des 160. Längengrades sichtet er mit seiner Mannschaft wieder Land. Er hält es für ein Vorgebirge der wahren Terra Australis, die sich seiner Meinung nach in Richtung Südosten nach Kap Hoorn hin ausdehnt. Tatsächlich ist er auf Neuseeland gelandet. Und die Eingeborenen, die seine Männer angreifen und vier davon töten, sind Maoris und nicht die ersten Eingeborenen von Terra Australis.

Welche Schlussfolgerungen müssen Tasman und die anderen Entde-cker aus dieser Reise ziehen? Eines ist klar: Das 1606 gefundene Neu-Holland, von dem man zunächst geglaubt hatte, es könnte das sagen-umwobene Terra Australis sein, ist selber nur eine Insel. Gibt es aber vielleicht noch einen anderen, einen wahren Südkontinent mit den gewaltigen Reichtümern? Und wenn ja, wo könnte er liegen? Im Gebiet östlich von Afrika entlang des 49. Breitengrades jedenfalls nicht, dort hat Tasman bei seiner Fahrt durch den Indischen Ozean nur Wasser gefunden. Lohnenswert scheint es dagegen, die Region südöstlich von Tasmans Neuentdeckung um den 160. Längengrad weiter zu untersuchen. Der Traum vom legendären reichen Südkontinent kann also erst einmal weitergehen. An Australien dagegen verlieren die Holländer mit der Zeit völlig das Interesse. Trotz größter Mühen haben sie nichts gefunden, was eine Kolonialisierung zu rechtfertigen scheint. Deshalb nehmen sie die Neuentdeckungen nicht einmal für ihr Land formell in Anspruch.

Mit neuer Dynamik: Dampier, Wallis & Co

Für mehr als 100 Jahre nach Tasmans Reise lässt das Interesse der Europäer am Südkontinent und an den pazifischen Regionen ein wenig nach. Zwar entdeckt der Niederländer Jacob Roggeveen 1721 noch die Osterinseln mit ihren mystischen Riesenstatuen sowie Samoa, eine neue Dynamik bei der Suche nach der sagenhaften Terra Australis Incognita entsteht aber erst, als die Briten sich stärker um die Südsee kümmern. Bei ihrem Versuch, die Weltmeere zu erobern, gelangen sie fast zwangsläufig auch in den Stillen Ozean, wie Magellan den Pazifik getauft hat.

Geweckt wird das britische Interesse für den Pazifik unter anderem durch Berichte des englischen Seefahrers und Piraten William Dampier, der zum Ende des 17. und zu Beginn des 18. Jahrhunderts mit seinen Gefährten die Weltmeere unsicher machte. Er ist nicht nur ein erfolgreicher Freibeuter, sondern auch ein bekannter Forscher und Entdecker. In seinen Erzählungen – beispielsweise im 1697 erschienenen Buch „A New Voyage Round the World" – berichtet er über viele Phänomene wie Passatwinde, Hurrikans oder Meeresströmungen. Seine Beschreibungen sind so präzise, dass sie sogar Eingang in die wissenschaftliche Literatur finden. Aber auch Schriftstellern wie Daniel Defoe oder Jonathan Swift dienen die Reiseberichte als Vorlage für Abenteuergeschichten wie „Gullivers Reisen" oder „Robinson Crusoe".

Während mehrerer Expeditionen macht sich auch Dampier auf die Suche nach dem Südkontinent und landet dabei häufiger in Australien oder Neu-Holland, wie es damals noch heißt. Die Reichtümer eines Südkontinents findet er auf seinen vier Südseereisen zwar nicht, seine Erzählungen wecken aber so viel Interesse in England, dass ab 1760 viele Expeditionen in die Südsee entsandt werden.

Zu ihnen gehören auch die Fahrten der britischen Admirale Samuel Wallis und Philip Carteret. Wallis macht sich immerhin dadurch unsterblich, dass er 1767 Tahiti mit seinen freundlichen und lebenslustigen Menschen entdeckt. Durch die schwärmerischen Berichte der Crew nach ihrer Rückkehr nach England wird Tahiti von da ab zum Synonym für das Südseeparadies schlechthin. Carteret dagegen landet unter anderem auf Pitcairn. Wenig später aber beginnt seine Mannschaft so heftig unter Skorbut zu leiden, dass er die Philippinen anlaufen muss, um seinen Männern eine Pause zu gönnen.

Auf Wallis und Carteret folgt der Franzose Louis Antoine de Bougainville. Diese Südsee-Expedition von 1766 bis 1769 wird erstmalig von Wissenschaftlern begleitet. Westlich der Neuen Hebriden wartet ein harter Prüfstein: Das bis dahin unbekannte Great Barrier Reef vor der Nordostküste Australiens. Aufgrund der vielfältigen Gefahren, die dort auf jedes Schiff lauern, und weil Bougainville Quiros Aufzeichnungen von der Lage des Südkontinents, denen er bisher gefolgt ist, keinen Glauben mehr schenkt, entschließt er sich nach Norden abzudrehen. Unter vielen Mühen und Gefahren mogelt er sich an der Ostküste Neuguineas vorbei und gelangt 1769 schließlich über Indonesien zurück nach Frankreich. Terra Australis bleibt weiterhin ein Traum, immerhin ist aber bei dieser Fahrt die erste französische Weltumseglung gelungen.

Mit der Endeavour bis zur Ostküste Australiens: Cooks erste Reise

Das europäische Pazifikbild ist weiterhin unvollständig und auch der Mythos des südlichen Schlaraffenlands Terra Australis geistert noch immer durch die Kreise der Wissenschaftler und Politiker. Zu verlockend ist für die seefahrenden Nationen der damalige Zeit der Reiz, einen neuen riesigen Kontinent zu entdecken, auf dem möglicherweise gewaltige Reichtümer und viel Macht zu erobern sind.

Erst durch die drei Reisen von James Cook rücken viele Puzzlesteine im Bereich des Stillen Ozeans an die richtige Stelle und der Traum vom reichen Südland muss endgültig begraben werden. Terra Australis Incognita, das haben alle Forschungsreisen vor Cook ergeben, konnte nur – wenn es keine Fiktion war – irgendwo südlich des 50. Breitengrades liegen, und zwar westlich von Kap Hoorn und östlich von Afrika. Alle anderen größeren Meeresgebiete sind von den vielen Entdeckern bereits vergeblich durchkämmt worden.

Als Cook im Jahr 1769 auf seine erste Reise in die Südsee geht, hat er zwei Aufgaben zu erfüllen. Einerseits soll er auf Tahiti mit seiner Mannschaft ein seltenes astronomisches Phänomen, die Passage der Venus vor der Sonne, verfolgen. Die Astronomen erhoffen sich von der gleichzeitigen Beobachtung dieses Transits an vielen weit auseinanderliegenden Punkten der Erde neue Erkenntnisse über die Entfernung unseres Planeten von der Sonne. In geheimer Mission hat Cook aber auch den Auftrag von der britischen Krone, sich doch noch einmal auf die Suche nach einem anderen südlichen Kontinent zu machen. Cook selbst weiß davon zu dem Zeitpunkt allerdings noch nichts Genaues. Er darf die versiegelten Instruktionen erst in der Südsee öffnen. 1768 läuft die „Endeavour" mit 80 Mann Besatzung und einem elfköpfigen Wissenschaftlerteam an Bord vom Heimathafen Plymouth aus. Nach anfänglichen Komplikationen – in Rio de Janeiro werden Cook und seine Männer für Piraten gehalten und verhaftet – führt ihn sein Weg zunächst um Kap Hoorn herum nach Tahiti, wo er den Venustransit beobachtet und die notwendigen astronomischen Informationen sammelt. Der erste Teil seines Auftrages ist erfüllt.

Endlich können jetzt die Siegel der Botschaft gebrochen werden und Cook erfährt, wohin er segeln soll, um Terra Australis Incognita zu entdecken. Die Reise geht zunächst zu den nordöstlich gelegenen Îles sous le Vent, die Cook und seine Gefährten sorgfältig kartieren. Dann nimmt er Kurs nach Süden und stößt bis zu 40. Breitengrad vor, ohne den sagenhaften Südkontinent gefunden zu haben. Weiter geht es danach Richtung Neuseeland. Nach einigen Scharmützeln mit den kriegerischen Maoris in der Poverty Bay umsegelt Cook innerhalb von sechs Monaten die Nord- und die Südinsel Neuseelands und kartiert die Küstenlinien.

Hier – wie von Tasman erhofft – beginnt der sagenumwobene Kontinent demnach auch nicht. Wieder hat sich eine Hoffnung auf das wahre Terra Australis Incognita in Luft aufgelöst. Cook verlässt schließlich am 1. April 1770 Neuseeland und wendet sich weiter Richtung Westen. Zu gerne möchte er zumindest als erster Europäer die Ostküste Australiens betreten. Am 29. April erreicht er schließlich wohlbehalten die Botany Bay. Er erklärt die Ostküste formell zu britischem Eigentum und nennt die Region New South Wales. 3.000 Kilometer Küstenlinie weit hinauf bis zum Cape York erforscht Cook im weiteren Verlauf der Expedition. Dabei entdeckt Cook einen der vielleicht besten natürlichen Häfen der Welt. Einige Jahre später wird in der Region von Port Jackson, wie Cook das Gebiet nennt, Sydney gegründet.

Auch das gefährliche Great Barrier Reef kann ihn von seinen Forschungen nicht abhalten. Zumindest einmal während der wochenlangen Fahrt durch das Riff wird es dabei richtig gefährlich. Unerwartet und unvermittelt sitzt die „Endeavour" auf einem Riff fest. Aber Cook bewahrt die Ruhe. Kanonen, Ballast, überflüssiger Proviant und vieles mehr gehen über Bord und bei einer der nächsten Fluten kommt das Schiff frei. In einer nahe gelegenen Flussmündung bringt Cook das Schiff in Sicherheit. Hier kann es auch notdürftig repariert werden. Mit dem immer noch nicht voll funktionstüchtigem Schiff macht sich Cook dann auf die Suche nach der Torresstraße, die er schließlich auch als zweiter Europäer erfolgreich durchfahren kann.

Mit zwei Kohlefrachtern gegen eine Legende: Cooks zweite Reise

Nach der glücklichen Heimkehr 1771 befürworten Cook und seine Gefährten vor der Admiralität eine spätere Besiedlung Australiens, ein Rat der nicht ungehört verhallen sollte. Cook ist jetzt der festen Überzeugung, dass es keinen großen reichen Südkontinent gibt. Er muss es nur noch beweisen. Es gelingt ihm die britische Admiralität von einer zweiten Reise zu überzeugen, die ihm Gewissheit verschaffen soll. Dieses Mal will er von Westen kommend in den Pazifik eindringen.

Von Plymouth aus geht es dieses Mal mit den beiden umgebauten Kohlefrachtern „Resolution" und „Adventure" zunächst Richtung Kapstadt und von da aus nach Süden. Mit an Bord sind zwei Wissenschaftler, die endlich eine sichere Methode entwickeln sollen, die Längengrade genau zu bestimmen. Ein altes Problem der Entdecker wäre damit endlich gelöst. Am 17. Januar 1773 erreichen die Forschungsreisenden schließlich den südlichen Polarkreis. Wenig später lässt das Eis eine Weiterfahrt nicht mehr zu. Nach einem Abstecher Richtung Norden segeln Cook und seine Männer entlang des 60. Breitenkreises weiter nach Osten. Schließlich nehmen sie Kurs auf Neuseeland und später nach Tahiti und Tonga. Von einem weiteren Südland keine Spur.

Während die „Adventure" dann nach England zurück segelt, will Cook mit der „Resolution" noch einmal nach Süden reisen. Als er wieder in den Bereich des südlichen Polarkreises vorstößt, wendet sich Cook nach Osten. Mehrere Male überquert er mit seiner Mannschaft während der Fahrt in den frostigen Gefilden den 70. Breitengrad. Er findet hier, was er zu finden hofft, nichts außer Wasser und Eis. Der sagenhafte, reiche Superkontinent erweist sich auch in diesen Regionen als Illusion.

Cook hat damit, so sagt er in seinem Tagebuch selbst, den Mythos, der mindestens 200 Jahre lang die Gedanken aller bedeutenden seefahrenden Nationen und vieler bedeutender Forscher der Erde bewegte, endgültig zerstört. Nur die Antarktis ist übrig geblieben und muss vermessen und kartiert werden. Aber das ist nicht „sein Ding".

Von Sträflingen, Wärtern und ersten Siedlungen

Nachdem der Traum vom legendären reichen Südland ausgeträumt ist, konzentrieren sich die Briten jetzt auf das, was sie entdeckt haben: Sie beginnen mit der wirtschaftlichen Nutzung der neuen Gebiete in und um Australien. Gerade das Land „down under" ist zwar in weiten Teilen sehr unwirtlich, es hat aber für die Engländer eine wichtige strategische Bedeutung, nachdem sie einige Jahre vorher im nordamerikanischen Unabhängigkeitskrieg ihre dortigen Kolonien verloren haben.

Außerdem gilt es in der Heimat ein großes Problem zu lösen: Die Kriminalitätsrate im eigenen Land ist viel hoch und demzufolge quellen die Gefängnisse über. Wohin mit so vielen Unerwünschten? Schnell kommen die Politiker deshalb auf die Idee, weit weg in Australien, vielleicht in der Nähe der Botany Bay in New South Wales, eine riesige neue Strafkolonie zu errichten. Schon 1788, keine zwei Jahre nach dem Beschluss der britischen Regierung, treffen die ersten unfreiwilligen Siedler mit ihren Wärtern an der Ostküste ein. Ihr Kommandant Arthur Philipp wählt am 26. Januar schließlich Port Jackson für die erste europäische Siedlung in Australien aus. Hier sind die Bedingungen für eine Besiedlung schon wegen des großen natürlichen Hafens viel günstiger als in der Botany Bay. Nach dem britischen Innenminister, der die Kolonialisierung Australiens maßgeblich mit voran getrieben hatte, tauft man den Ort auf den Namen Sydney.

Schnell wächst die neue Siedlung durch zahllose Sträflingstransporte auf eine beachtliche Größe heran. Im Jahre 1800 gibt es bereits mehr als 5.000 Einwohner im Großraum Sydney. Noch immer jedoch sind längst nicht alle Geheimnisse des neuen Kontinents gelöst. Viele Jahre vergehen bis die ersten Entdecker in das Herz Australiens vordringen oder den Kontinent durchqueren können.

Die letzten 200 Jahre – Erkundung Australiens in der jüngeren Vergangenheit

Nicht nur die Briten bemühen sich, Australien und Tasmanien weiter zu erforschen, auch die Franzosen zeigen plötzlich großes Interesse an den frisch entdeckten Gebieten. Zahlreiche Expeditionen werden von beiden Ländern ausgeschickt. Aber die Briten sind schneller. Nicht nur das australische Festland, auch Tasmanien und Neuseeland werden von ihnen in Besitz genommen. Hier die „Highlights" der Geschichte Australiens in den letzten 200 Jahren:

1798
Der englische Forscher Matthew Flinders umsegelt mit dem Arzt George Best Tasmanien und weist so dessen Inselform nach.

1801
Der Franzose Nicolas Baudin erforscht im Auftrag von Napoleon große Teile der Küste von New South Wales.

1801–1803

Wiederum Matthew Flinders umsegelt und kartiert erstmalig den ganzen Kontinent Neu-Holland und schlägt dafür in Anlehnung an Terra Australis den Namen Australien vor. Auf seinen Fahrten studiert er auch das gewaltige Riff vor der Küste Nordostaustraliens und nennt es „Great Barrier Reef". Flinders ist in Australien noch heute sehr populär. Zuletzt wurde das neue Tennisstadion in Melbourne, der Flinders Park, nach ihm benannt. Aber auch Flinders Island nahe Tasmanien oder der Flinders River in Queensland tragen seinen Namen.

1803

Als Reaktion auf die französische „Bedrohung" von 1801 gründen die Briten Hobart auf Tasmanien, die zweitälteste Stadt Australiens, und nehmen die ganze Insel für die Krone in Besitz. Dies ist der Startschuss für die intensive Besiedlung der Insel.

1813

Die ersten freien Siedler treffen aus England ein und lassen sich an der Ostküste nieder.

1824

Brisbane wird im späteren Bundesstaat Queensland an der Ostküste gegründet.

1828–1829

Charles Sturt versucht das Innere Australiens zu erforschen. Von Sydney aus wendet er sich Richtung Norden und entdeckt unter anderem den Darling River, dem er auch seinen Namen gibt. 1835 Gründung von Melbourne; ein Jahr später treffen auch in der Region Adelaide die ersten Siedler ein.

1840

Neuseeland ist im Zuge der Besiedlung Australiens nach und nach von den Briten kolonisiert worden. 1840 proklamiert die britische Regierung dann schließlich die Souveränität über Neuseeland.

1841

Der Schafzüchter und Viehtreiber Edward Eyre macht sich mit seinem Gefährten John Baxter und drei Aborigines von Adelaide aus auf den Weg nach Albany an der australischen Südwestküste. Dabei durchqueren sie unter anderem die Nullarbor-Ebene. Auf einer Strecke von mehr als 200 Kilometern finden sie keinerlei Wasser. Nachdem auch die Lebensmittel ausgehen, müssen sie ihre eigenen Pferde schlachten und essen. Baxter wird schließlich von zwei Aborigines getötet, die anschließend spurlos verschwinden. Nach vier Monaten erreichen Eyre und der Aborigine Wylie doch noch Albany. Von der Idee, auf diesem Weg Viehtransporte durchzuführen, hat Eyre allerdings genug.

1844

Der Forscher Charles Sturt macht sich auf die Reise ins Innere Australiens. Von Adelaide aus geht es zum Copper Creek und dem Diamantina River. Danach wird die Expedition von einer gnadenlosen Dürre überrascht, die ein weiteres Vordringen zum Zentrum des Landes unmöglich macht. Schließlich wird die Forschungsreise abgebrochen.

1844–1846

Der Deutsche Entdecker Ludwig Leichhardt unternimmt mit einigen Gefährten eine Reise ins Unbekannte. Fünf Monate soll die Reise dauern, nach 15 Monaten hat er endlich sein Ziel erreicht. Trotz Wasser- und Nahrungsmangel und zahlreichen Überfällen von Aborigines durchquert er Australien.

1850/51

In New South Wales und Victoria werden größere Goldvorkommen entdeckt. In der Folge kommt es zu einem starken Anstieg der Bevölkerung in Australien.

1860

Robert Burke und William Wills brechen von Melbourne aus zur ersten Süd-Nord-Durchquerung Australiens auf. Sie erreichen zwar nach unendlichen Qualen den Golf von Carpentaria, sterben aber auf dem Rückweg.

1862

Im dritten Anlauf hat es John McDouall Stuart endlich geschafft. Der gebürtige Schotte hat Australien von Süd nach Nord durchquert. Der Rückweg allerdings wird auch bei ihm zum Kampf ums Dasein. Von zwei Pferden auf einer Sänfte getragen erreicht er schließlich seinen Ausgangspunkt Adelaide wieder. 10.000 Pfund Belohnung bringt ihm seine historische Leistung ein. Viel hat er allerdings davon nicht mehr. Die Strapazen der Expedition waren so schwerwiegend, dass er nur wenige Jahre später im Alter von 50 Jahren stirbt. Die später gebaute Telegrafenlinie in Nord-Süd-Richtung folgt weitgehend dem Weg Stuarts.

1868

Die letzten Sträflinge werden nach Australien verschifft. Danach stellt die britische Regierung die Transporte endgültig ein. Mehr als 150.000 Menschen sind zu dem Zeitpunkt bereits nach New South Wales geschafft worden.

1869

Die Stadt Darwin wird in der Region von Arnhemland im Northern Territory gegründet.

1883

In der Region um Broken Hill in New South Wales werden größere Erzvorkommen entdeckt und im Laufe der Jahre ausgebeutet.

1901

Die sechs selbständigen britischen Kolonien schließen sich zum Commonwealth of Australia unter einer parlamentarischen Monarchie zusammen. Eine Verfassung wird beschlossen.

1923

Am Mount Isa entdecken Geowissenschaftler größere Rohstoffvorkommen. Unter anderem werden Kupfer, Blei und Zink gefunden.

1930

Die Zahl der Ureinwohner ist auf weniger als 40.000 zurückgegangen. Um 1800 lebten in Australien noch fast 300.000 Aborigines.

1956

Zum ersten Male finden die Olympischen Sommerspiele in Australien, genauer gesagt in Melbourne, statt.

1958

Ab 1958 kommt es zur Entdeckung und Ausbeutung reicher Bauxit-, Eisenerz- und Nickelvorkommen in West- und Nordaustralien.

1960

Die Bevölkerung Australiens überschreitet die 10 Millionen-Grenze.

1995

Die Zahl der Ureinwohner hat sich deutlich erholt. Mehr als 250.000 Aborigines leben jetzt wieder in Australien.

2000

Zum zweiten Mal nach 1956 finden in Australien die Olympischen Sommerspiele statt. Dieses Mal in Sydney. Sie könnten als die ersten „Grünen Spiele" in die Geschichte eingehen.

Aber auch heute ist die Erforschung und Entwicklung Australiens nicht vollständig abgeschlossen. Auch am Anfang des 21. Jahrhunderts gibt es dort immer noch Gebiete, die bisher nie ein Weißer betreten hat …

9

Alexander von Humboldt – Ein Alles-Könner auf der Suche nach Antworten

Daniel Goliasch

Zusammenfassung

Er bereiste die Anden und den Amazonas-Dschungel in Südamerika, er überquerte den Ural und erforschte Zentralasien, er kannte Europa vom Kraterrand des Vesuvs bis zum Grund der Themse: Alexander von Humboldt gilt als der berühmteste Universalgelehrte Deutschlands. Über tausend Städte, Berge, Flüsse und Meeresströme tragen seinen Namen und sogar ein Krater auf dem Mond ist nach ihm benannt. Was aber zeichnete Humboldt aus? Goethe, Schiller und die Gebrüder Grimm hielten ihn für einen Poeten, Charles Darwin bewunderte ihn als den größten Wissenschaftler aller Zeiten, König Friedrich Wilhelm IV. ernannte ihn zu seinem Gesandten und Südamerika feiert ihn als den wahren Entdecker.

Doch Alexander von Humboldt entdeckte nicht für fremde Könige und reiste auch nicht zum persönlichen Vergnügen: Er forschte. Er maß Luft- und Wassertemperatur, untersuchte Vulkane, skizzierte Tiere, beschrieb das Verhalten ganzer Völker, sammelte Pflanzen und bestieg die höchsten Berge im Anzug. Doch warum wird der Mann heute als der bekannteste Deutsche aller Zeiten gefeiert? Weshalb ist er für die meisten Deutschen noch immer ein Rätsel? Und was ist heute noch von seiner Arbeit übrig geblieben?

D. Lohmann, N. Podbregar, *Im Fokus: Entdecker*,
DOI 10.1007/978-3-642-24337-0_9, © Springer-Verlag Berlin Heidelberg 2012

Ein Studienabbrecher wird Universalgelehrter

Alexander von Humboldt wird am 14. September 1769 in Berlin geboren. Er wächst bei seinen wohlhabenden Eltern auf Schloss Tegel bei Berlin auf. Noch ist von seiner Begabung nicht viel zu spüren: Sein Hauslehrer Joachim Heinrich Campe muss Alexander erst für das Wissen begeistern. Campe fügt die spannenden Neuigkeiten von aktuellen Entdeckungsreisen geschickt in seinen Lehrplan ein, in der Hoffnung, den Jungen damit zum Lernen anzuregen. Über die Jahre erarbeitet der Hauslehrer für Alexander ein dreiteiliges Lesebuch über die Entdeckung Amerikas, ein geographisches Kartenspiel und mehrere Reisebeschreibungen für Jugendliche, die er alle später veröffentlicht.

Die Methode des Lehrers zeigt Erfolg: In Alexander erwacht die Sehnsucht nach fernen Welten, nach dem Unbekannten. Neugierig fragt sich der 18-Jährige, was in der Fremde auf ihn wartet. Auf der Suche nach Antworten wendet er sich den Wissenschaften zu. Auf Wunsch der Mutter – sein Vater stirbt als Alexander zehn ist – beginnt Humboldt aber zunächst 1787 ein Studium für staatliche Verwaltung, dass er aber nach einem Jahr abbricht.

Zurück in Berlin nimmt er Privatunterricht in Physik, Mathematik, Zeichnen, Botanik, Griechisch und Philosophie. Er entwickelt den Wissensdurst, der ihn später zum Universalgelehrten machen wird. Karl Ludwig Willdenow führt ihn auf Spaziergängen im Botanischen Garten in die Botanik ein. Die ersten Pflanzen aus fremden Ländern wecken sein Interesse und verbinden seine Sehnsucht nach der neuen Welt mit den Fragen an die Wissenschaft. 1789 vervollständigt er seine Studien der Naturwissenschaften und schreibt sich an der Universität Göttingen für Chemie und Physik ein.

Bei einem Ausflug lernt Humboldt in Mainz Georg Forster kennen, der James Cook auf seiner zweiten Weltreise begleitet hatte. Sofort lässt er sich vom Expeditionsgeist Forsters anstecken. Im März reisen sie zusammen über Köln, Brüssel und Amsterdam nach England. Dabei erhält er einen ersten Blick auf die Unendlichkeit des Meeres und die Weltstadt London. Die tiefsten Eindrücke sammeln jedoch beide auf dem Rückweg durch das revolutionäre Paris. Der Gleichheitsgedanke begleitet ihn für den Rest seines Lebens bei jeder Begegnung mit fremden Kulturen, ebenso wie der Drang nach Freiheit Humboldt immer tiefer ins Unbekannte treiben wird. In seinem Lebenswerk summiert er: „Die Natur aber ist das Reich der Freiheit".

Zurückgekehrt, lernt Humboldt seiner Mutter zuliebe Volkswirtschaft und Handelsrecht, diesmal in Hamburg. Nach einem Studium des Bergbaus in Freiberg, Sachsen, wird er 1792 erst Assessor und später Oberbergmeister im preußischen Bergdepartement. Zeitgleich veröffentlicht er immer wieder Untersuchungen zur Geologie, Botanik und Medizin. Obwohl Humboldt seiner Staatskarriere zunächst treu bleibt, ist er während dieser Zeit auch immer wieder auf Reisen. Dem böhmischen Mittelgebirge folgt eine Reise über Salzburg nach Wien und Dienstreisen nach Westfalen, Rheinhessen und in die Eifel. 1795 unternimmt er eine wissenschaftliche Exkursion nach Oberitalien und in die Schweizer und französischen Alpen. Doch es zieht ihn noch weiter hinaus.

Drang nach Freiheit

Im November 1796 stirbt Humboldts Mutter Elisabeth. Befreit von den mütterlichen Erwartungen kündigt der 27-Jährige seine Stellung als Oberbergmeister und widmet sich ganz der Planung einer eigenen wissenschaftlichen Exkursion. Das Erbe seiner Mutter investiert er, um seinen Traum zu erfüllen. Seine Südamerika-Reise wird die erste privat finanzierte und daher staatlich ungebundene Wissenschafts-Expedition überhaupt.

Sorgfältig bereitet er sich einige Jahre vor: Er wählt die Messinstrumente aus, die er auf der Reise mitführen will und macht sich mit ihnen vertraut. Der Sextant, schon seit 1730 bekannt, ist wohl sein wichtigstes Vermessungsinstrument. Anhand eines größeren Spiegelsextanten bestimmt er mit Hilfe der Sterne seine Standorte, während sein Taschensextant es ihm ermöglicht, die Biegungen eines Flusses genau auszumessen. Doch erst in Kombination mit dem 1778 erfundenen Chronometer kann er die genauen Längengrade seiner Reisestationen festhalten. Zusammmen mit seinem Freund, dem Biologen Karl Ludwig Willdenow studiert Humboldt das binäre System von Carl Linné zur

Klassifikation von Pflanzen. Mit diesem will er später die unbekannten Pflanzen und Tiere beschreiben und benennen. Für die Arbeit führt er auch in Südamerika immer ein Mikroskop mit, damit er organisches Material direkt vor Ort untersuchen kann.

Zunächst will Humboldt noch einige kürzere Reisen nach Italien und Ägypten unternehmen, um seine Instrumente und Messtechniken zu testen. Doch seine Reisepläne scheitern an Napoleons Feldzügen. Frustriert reist Humboldt von Wien über Salzburg nach Paris, wo er den Botaniker Aimé Bonpland kennen lernt. Mit ihm versucht er noch einmal eine Überfahrt nach Afrika in Marseille zu bekommen. Doch auch diese Anstrengung scheitert. Mit Bonpland auf dem Weg nach Spanien, untersucht er im tiefsten Winter die chemische Zusammensetzung von Luft und unterirdischen Gasen. Zur Messung verwendet er einen Eudiometer, der erst 1778 erfunden wurde.

Humboldt scheint, seitdem er sein altes Leben hinter sich gelassen hat, wie entfesselt. Er misst alles, was ihm in den Weg kommt. Während der Reise quer über die iberische Halbinsel bestimmt er immer wieder Höhenwerte. Sein Quecksilberbarometer zeigt ihm die Veränderung des Luftdrucks an und er schließt damit auf die Höhe über dem Meeresspiegel. Doch er traut den Messergebnissen des Reisebarometers noch nicht. Um sicherzugehen, kontrolliert er die Daten mit einem Hypsometer, der über den Siedepunkt des Wassers den Luftdruck und damit die Höhe ermittelt. Schließlich kann er die Werte exakt ermitteln und erstellt damit das erste Höhenprofil des westlichen Europas.

In Madrid versucht Humboldt eine kleine diplomatische Revolution. Er bittet den spanischen König Karl IV., ihm einen Freibrief auszustellen, der es ihm erlaubt, in allen spanischen Kolonien zu reisen und zu forschen. Bisher dienten alle Reisen in die neue Welt der Eroberung oder der Ausbeutung. Doch Humboldt bricht mit dieser Tradition. Er plant die erste rein wissenschaftliche Expedition ausschließlich zum „Fortschritt der Naturwissenschaften". Der König ist beeindruckt von den fließenden Spanischkenntnissen des Gelehrten und seinem Wissensdrang.

Humboldt hat Erfolg. Der König verspricht sich wohl wissenschaftliche Erkenntnisse über Bodenschätze und Anbaumöglichkeiten. Der Freibrief ermöglicht Humboldt nicht nur, sich frei in den Kolonien zu bewegen, sondern verpflichtet auch die Offiziellen der spanischen Kolonien, ihm Zugang zu ihren Sammlungen und Archiven zu gewähren.

Er ist begeistert über seine unbegrenzte Freiheit: „Nie, nie hat ein Naturalist mit solcher Freiheit verfahren können."

Mit Sextant, Fernrohr und Mikroskop in den Dschungel

Erstmals in der Geschichte bricht ein Forscher auf, die Neue Welt mit einer rein wissenschaftlichen Expedition bis tief in ihr Inneres zu erkunden. Alexander von Humboldt und Aimé Bonpland stechen am 5. Juni 1799 mit der „Pizarro" Richtung Südamerika in See. Humboldt reist wie ein Privatmann. Er mietet sich für die Überfahrt mit Bonpland und seiner Ausrüstung auf dem Schiff ein. Die Messinstrumente, Nachschlagewerke und persönlichen Vorstudien sind sicher in Kisten verpackt. Er führt so wenig Ausrüstung wie möglich mit sich, weil er sie quer durch den Dschungel mitnehmen will.

Von La Coruña segelt die „Pizarro" zunächst nach Teneriffa. Dort testet Humboldt das letzte Mal seine Vorbereitungen. 3.716 Meter: Fast auf den Meter genau bestimmt Humboldt dort 1799 die Höhe des Vulkans Teide. Während der 41 Tage der Überquerung des Atlantiks gibt Humboldt sich ganz den neuen Erlebnissen hin. Je näher sie dem Äquator kommen, desto mehr ist er fasziniert von den südlichen Sternenbildern. Am 16. Juli 1799 landet das Schiff in Venezuela. Humboldt ist völlig begeistert: „Welche Bäume! Kokospalmen, 50–60 Fuß hoch! Poinciana pulcherrima, mit Fuß hohem Strauße der prachtvollsten hochrothen Blüthen. Bonpland versichert, das er von Sinnen kommen werde, wenn die Wunder nicht bald aufhören", schreibt Alexander in einem Brief an seinen Bruder. Bis Februar richten sie sich in Caracas ein, um sich an das Klima zu gewöhnen, mit europäischen Siedlern zu sprechen und erste einfache Untersuchungen an Pflanzen und Tieren durchzuführen.

Im Frühjahr bricht Humboldt zu seiner ersten Flussexkursion ins Landesinnere auf. Die Expeditionsgruppe hält er klein und mobil. Außer Bonpland begleiten ihn nur Indianer als Dolmetscher, Bergführer oder Träger, die er in jeder Region neu anwirbt. Er verlädt seine Ausrüstung in Kanus und macht sich auf den Weg den Orinoko aufwärts. Jede Biegung des Flusses vermisst er und kartiert alles von der Mündung bis zur Quelle. An den Ufern beobachtet er verschiedene Indianerstämme, von denen er besonders die Chaimas studiert. Seine Beobachtungen über ihr Aussehen und ihre Sprache führen ihn später zu der Vermutung, dass sie verwandt mit dem Stamm der Tamanacu flussabwärts sein müssen. Die Worte beider Sprachen für Ich – „Ure" und Wasser – „Tuna" sind gleich, wogegen sich die Worte „Canopo" und „Canepo" für Regen nur unwesentlich unterscheiden.

Mit Hilfe der Indianer an der Mündung des Casiquare lüftet Humboldt als erster das Rätsel um das berüchtigte Pfeilgift Curare. Er klassifiziert die Pflanze, dokumentiert die Herstellung und lässt sich die Wirkung des Giftes von den Indianern erklären. Jedoch für die Behauptung der Indios, das Gift wirke nur in direktem Kontakt mit Blut, braucht er einen Beweis: Er schluckt einen Trank aus Curare – und überlebt.

Der weiße Fleck zwischen Orinoko und Amazonas

Immer wieder geht Humboldt an seine Grenzen, um Neues zu entdecken. Treibende Kraft ist dabei sein unerschöpflicher Drang nach Wissen und das innere Bedürfnis, die Natur durch ihre Einzelheiten als Ganzes zu verstehen. Mithilfe seiner Messinstrumente dokumentiert er methodisch jeden Schritt, den er tiefer ins Unbekannte vorstößt. Bei seinen Ausflügen in den Dschungel interessiert sich Humboldt vor allem für die größeren Tierarten. Besonders die Affen haben es ihm angetan. Er zeichnet die unterschiedlichen Arten naturgetreu ab und führt detaillierte Verhaltensstudien durch. „Kein Affe sieht im Gesicht einem Kinde so ähnlich wie der Titi; es ist derselbe Ausdruck von Unschuld, dasselbe schalkhafte Lächeln, derselbe rasche Übergang von Freude zu Trauer" schreibt er in sein Tagebuch.

Die Expedition soll beweisen, dass es eine natürliche Flussverbindung zwischen den beiden riesigen Flusssystemen des Orinoko und des Amazonas gibt. Wenn die Flüsse nicht mehr schiffbar sind, muss die Gruppe sich den Weg durch den Dschungel kämpfen. „Diese Gegend ist so menschenleer, dass wir in 130 Meilen nichts als Crocodile

(24 Fuß lang), Tiger, Manatí, Danta (Tapire) und Affen, aber keine Menschen sahen" berichtet er seinem Freund Willdenow. Am Amazonas treibt ihn seine Neugierde wieder über die Grenzen der etablierten wissenschaftlichen Methoden hinaus. Humboldt untersucht die biologische Elektrizität von Zitteraalen. Er versucht mit der Leydener Flasche, einem 1780 erfundenen Strom-Kondensator, die Spannung der Fische zu messen. Er ist so unzufrieden über die beschränkten Messmöglichkeiten, dass er selbst Hand anlegt. Die Stromstöße bringen ihn fast um.

Anfang Juli 1800 ist es geschafft. Nach fast sechs Monaten in der Wildnis hat Humboldt nicht nur zahlreiche unbekannte Pflanzen katalogisiert, Tiere skizziert und Indianer studiert, sondern auch die Flussverbindung über den Casiqiuare und den Rio Negro zum Amazonas aufs Genauste vermessen und kartographiert. Den Winter des Jahres 1800 verbringen Humboldt und Bonpland auf Kuba, wo sie die Gelegenheit nutzen und gesammeltes Material nach Europa schicken. Über 1.400 Abschriften von Pflanzenbeschreibungen völlig unbekannter Arten und zwei Kisten mit mehr als 1.600 gesammelten Exemplaren sind das Ergebnis der Orinoko-Expedition. Doch Humboldt ist von den Zuständen auf Kuba schockiert. Das Sklaventum zum Abbau von Zuckerrohr und Tabak widerspricht seinem Ideal: „Alle Menschen sind gleichmäßig zur Freiheit bestimmt. " Doch seine kritischen Aufzeichnungen hält er in diplomatischer Vorsicht bis zu seiner Rückkehr geheim. Im März verlassen Humboldt und Bonpland Kuba nach Kolumbien.

Während der Durchquerung Kolumbiens zur Pazifikküste Südamerikas treffen sie in Bogota José Celestino Mutis. Der 70-jährige Botaniker hat bereits Jahrzehnte die Pflanzenwelt Mittelamerikas untersucht, mit Carl Linné dessen Pflanzenklassifikation entwickelt, und besitzt eine umfangreiche Sammlung von Katalogen und Abbildungen. Humboldt ist hoch erfreut über den wissenschaftlichen Austausch und veröffentlicht in seinen Artikeln später viele von Mutis Zeichnungen.

Der höchste Mann der Welt

Im Januar 1802 beginnt für Humboldt eine seiner erfolgreichsten Reisen: Ecuador. Er schreibt seinem Bruder Wilhelm: „Die hohen schnee-

bedeckten Gipfel, die tätigen Vulkane und schrecklichen Erdbeben [...],
ihre Vegetation und die Sitten ihrer Bewohner machen die Gegend zu
der interessantesten der Welt." Die Vulkane sind es denn auch, die
Humboldt am intensivsten studiert. Er will die vorherrschende Vorstellung des Neptunismus überprüfen, nach dem Vulkanismus durch unterirdische Kohlebrände hervorgerufen wird und Vulkane nicht durch gemeinsame Magmakammern verbunden sind. In Quito findet er bereits
Hinweise, die die Theorie ins Wanken bringen. 1808 veröffentlicht er in
seinen „Ansichten der Natur": „Auch ist das Hochland von Quito ein
einziger vulkanischer Herd. Das unterirdische Feuer bricht bald aus der
einen, bald aus der anderen Öffnung aus, die man sich als abgesonderte
Vulkane zu betrachten gewöhnt hat. ... Selbst die Erdbeben liefern
merkwürdige Beweise von der Existenz unterirdischer Verbindungen".

Nahe Quito liegt majestätisch der erloschene Vulkan Chimborazo. Er
gilt damals mit 6.310 Metern als höchster Berg der Welt. Trotz drei
auslaugenden Jahren der Expedition will Alexander von Humboldt den
Vulkan unbedingt besteigen. Während des Aufstiegs macht er Beobachtungen zur Vegetation und misst unter schwerster körperlicher Belastung Klimadaten: „Wir trugen kurze Stiefel, einfache Kleidung, keine
Handschuhe, sie sind hier kaum bekannt [...] Wir litten rasend unter
Atemnot, und noch schlimmer quälte uns der Brechreiz. [...] Außerdem
bluteten wir aus dem Zahnfleisch, aus den Lippen, das Weiß unserer
Augäpfel war blutunterlaufen [...] Wir fühlten Kopfschwäche, einen
dauernden, in unserer Situation sehr gefährlichen Schwindel". Obwohl
der 33-Jährige die Besteigung etwa 400 Meter unter dem Gipfel abbrechen muss, ist dies zu diesem Zeitpunkt die höchste Stelle, die je ein
Mensch erreicht hatte.

Auf seiner ganzen Reise schließt Humboldt bei seiner Theorie der
Erde die Betrachtung des Menschen immer mit ein. Die Erde ist für ihn
eine Summe von Wechselspielen zwischen Mensch und Natur: Eine
Auffassung von Ökologie, die ihrer Zeit weit voraus ist. Besonders in
Südamerika ist er fasziniert von den Indianerstämmen und ihrer Kultur.
Er studiert ihre Sprachen und Gewohnheiten, skizziert ihre Aussehen
und ihre Häuser. In Ecuador erforscht er vor allem wie die Einwohner
mit der ständigen Bedrohung der Vulkane leben. Darüber hinaus vervollständigt er in Ecuador seine archäologischen Untersuchungen über
die Vorfahren der Indios, die Inkas.

An den Vulkanen Chimborazo und Cotopaxi, sowie an den Anden, vervollständigt Humboldt seine Beobachtungen zum Pflanzenbewuchs an den Hängen von Gebirgen. Die Kartierungen unterschiedlicher Pflanzenarten ergänzt er jeweils mit wissenschaftlichen Daten des Fundortes. Himmelsrichtung, Luftdruck und Höhe notiert er und sogar die Luftfeuchtigkeit misst er mit einem Haarhygrometer: Ein eingespanntes Menschenhaar dehnt sich bei feuchter Luft aus, und zieht sich bei trockener Luft zusammen. Seine Forschungsergebnisse führen zu der berühmten Abbildung „Naturgemälde der Anden", das die Vegetationsstufen, nach Höhe gegliedert, im Andengebirge zeigt. Die Pflanzenkartierungen während seiner Exkursionen und die Forschungsergebnisse anderer Botaniker stellt er zu einer Karte zusammen. Die resultierende Abbildung „Umrisse zur Pflanzengeographie" im Berghaus Atlas zeigt nicht nur die weltweite Verteilung von Pflanzenarten, sondern auch die Unterschiede der Vegetation in den jeweiligen Gebirgen der Kontinente.

Nur noch Richtung Norden

Im Oktober 1802 erreichen Humboldt und Bonpland in Peru den südlichsten Punkt ihrer Reise. Sie bleiben einige Wochen in der Hauptstadt Lima, wo Humboldt mit seinem Teleskop das einmalige Ereignis beobachtet, wie Merkur auf seiner Flugbahn die Sonne verdunkelt. Im Dezember 1802 besteigen sie ein Schiff, das sie entlang der Westküste Südamerikas zurück nach Mexiko bringen soll. Während der Fahrt misst Humboldt unentwegt Wassertemperatur und Geschwindigkeit der Meeresströmungen. Seine Messergebnisse helfen den bereits bekannten „Peruanischen Küstenstrom kalten Wassers" zu kartieren. 1840 wird der Strom ihm zu Ehren in „Humboldt-Strom" umbenannt – gegen seinen ausdrücklichen Willen.

Die letzte Station auf Humboldts langer Reise soll Mexiko sein. Fast nebenbei vermisst er während seinem Aufenthalt in der zentralen Gebirgsgruppe die Vulkane Popocatepetl (4.500 Meter), den Iztaccíhuatl (4.786 Meter) und den Chilaltépetl (5.295 Meter), und zeichnet das erste Höhenprofil eines außereuropäischen Landes. Doch sein Haupt-augenmerk in Mexiko gilt den Indianern und der Geschichte der Az-teken. Er zeichnet Tempelgebäude, Wandreliefs und Darstellungen ab, um bis zu den Wurzeln der fremden Kultur vorzudringen.

Seine Messinstrumente funktionieren immer noch fehlerfrei und die meisten Materialsammlungen hat er zwischendurch immer wieder nach Hause geschickt. Insgesamt haben Humboldt und Bonpland über 60.000 Pflanzen gesammelt, wovon über 6.300 noch unbekannt sind. Ihre „handliche" Ausrüstung passt immer noch auf 21 Maultiere, und körperlich ist er auf der Höhe. Nur das Heimweh nach seinen Freunden und den wissenschaftlichen Austausch über seine Forschungsergebnisse ziehen ihn nach Hause. Im Januar 1804 verlässt er Mexiko in Vorfreude auf die Heimat. Nach einem kurzen diplomatischen Besuch beim ame-rikanischen Präsidenten Jefferson reist er im Juli von Philadelphia nach Bordeaux. Am 27. August 1804 erreicht er sein Ziel, Paris.

Der neue Kontinent in der alten Welt

In Europa ist Alexander von Humboldt in der Zwischenzeit alles andere als vergessen worden. Bei seiner Ankunft 1804 wird er gefeiert wie ein Held. Bereits während der Reise hat er mehr als 20 Aufsätze über Südame-rika veröffentlicht. Europas wissenschaftliche Elite in Paris ist beein-druckt von seinen Abhandlungen über die Chaimas Indianer in Venezuela, seine geologischen Untersuchungen, die Entdeckungen in der Botanik und seine allgemeinen Reiseschilderungen.

Zwei Monate nach seiner Ankunft stellt er den ersten Teil seiner Sammlungen und Zeichnungen im Pariser „Jardin des Plantes" aus. Die führenden Wissenschaftler Europas stehen Schlange. Humboldt wird mit offenen Armen im wissenschaftlichen Zentrum Europas aufge-nommen und entscheidet sich in Paris zu bleiben. In der französischen Hauptstadt widmet sich Humboldt voll und ganz der Auswertung seiner Forschungsergebnisse aus Südamerika. Er hält Vorträge vor seinen wissenschaftlichen Kollegen, um seine Vermutungen mit ihnen bespre-chen zu können. Über eine seiner ersten Vorlesungen in Paris schreibt er seinem Bruder: „Der Ruhm ist größer denn je. Es ist eine Art von Enthusiasmus ... Das Nationalinstitut ist vollgepfropft sooft ich lese".

Humboldt freundet sich mit etlichen Naturwissenschaftlern an, und führt mit ihnen zusammen Versuche durch, die seine Messungen in Südamerika belegen sollen. Der Physiker und Chemiker Louis Joseph Gay-Lussac bestätigt mit einem Heißluftballon Humboldts Vermutung, dass die Intensität des Erdmagnetfeldes mit der Höhe nicht abnimmt. Gemeinsam mit Gay-Lussac stellt Humboldt fest, dass die Sauerstoffmessungen mit seinem Eudiometer in Südamerika zu ungenau waren. Sie messen den Sauerstoffgehalt der Atmosphäre erneut mit einem Knallgas-Eudiometer und ermitteln 1805 den noch heute gültigen Wert von 21 Prozent Sauerstoff. Zu seinen engsten Freunden gehören auch der Astronom Francois Arago und der Professor für Astronomie und Mathematik Jean-Baptiste Biot, mit dem er gemeinsam am Erdmagnetismus forscht.

Für die Auswertung der Daten von fünf Jahren Südamerika-Reise wird Humboldt nahezu 30 Jahre benötigen. Bereits 1805 erscheint der erste Band seines umfassenden Werkes „Voyage aux régions équinoxiales du Nouveau Continent", dem bis 1834 noch 35 Bände folgen werden. Währenddessen veröffentlicht er seine Ergebnisse zusätzlich thematisch gegliedert. 1807 erscheinen die „Ideen zu einer Geographie der Pflanzen nebst einem Naturgemälde der Tropenländer". Ein Jahr später gibt er die „Ansichten der Natur" heraus, in dem er die sinnliche Erfahrung der Natur anhand großer Abbildungen ermöglicht, und mit der wissenschaftlichen Erkenntnis im Text verbindet. Das Zusammenspiel von Betrachtung und Erklärung macht es zu seinem „Lieblingsbuch". Das ausführlichste Werk in deutscher Sprache verlegt er zwischen 1810 und 1813 in zwei Bänden über 450 Seiten: „Ansichten der Kordilleren und Monumente der eingeborenen Völker Amerikas".

Er ist noch kein halbes Jahr zurück in Europa, als er bereits im März 1805 von einer Reise nach Asien spricht. Er will als Gegenstück zu Südamerika eine Expedition nach Indien und in den Himalaja durchführen. Diesmal braucht er jedoch die finanzielle und organisatorische Unterstützung des Kolonialherren: England. Seine intensiven Bemühungen bleiben umsonst. Seine öffentlichen Stellungnahmen gegen den Kolonialismus und das Sklaventum versperren Humboldt den Weg nach Südasien.

Klein aber fein – die Sibirienreise

Alexander von Humboldts Zeit in Paris neigt sich 1827 dem Ende zu. Einerseits strebt er ohnehin nach einer neuen Aufgabe und andererseits geht langsam sein privates Vermögen zur Neige. Eigentlich will er nach Südasien reisen, aber er bekommt weder die Erlaubnis des britischen Königshauses, noch findet er Geldgeber für die Expedition. Im April kehrt er auf Drängen Friedrich Wilhelms III. nach Berlin zurück, der ihn zum Kammerherrn ernennt. Als solcher muss Humboldt den König auf Reisen nach London, Verona und Paris als Berater und Repräsentant der Wissenschaften begleiten.

Gerade als Humboldt sich mit dem Scheitern seiner Expedition abfinden will und bereits Vorträge an der Berliner Universität hält, ergibt sich eine Gelegenheit zumindest Zentralasien zu bereisen. Auf Empfehlung von Friedrich Wilhelm III. lädt ihn Zar Nikolaus ein, auf seine Kosten den Ural und den Altai zu erforschen. Humboldt zögert. Einerseits kann er seinen Traum von der Erkundung Asiens annähernd verwirklichen und wahrscheinlich sogar bis nach China vordringen. Andererseits stellt ihm der Zar hohe Auflagen: Humboldt darf sich zwar seine Begleiter frei aussuchen, aber seine Reise wird von Offiziellen überwacht und er hat nur begrenztes Mitspracherecht bei der Reiseroute. Schließlich geht er die Kompromisse ein, um seine wissenschaftlichen Untersuchungen vervollständigen zu können und dem Ziel eines ganzheitlichen Weltbildes näher zu kommen.

Im April 1829 bricht Alexander von Humboldt dann zu seiner zweiten großen Expedition auf. Den 60-Jährigen begleiten der Mineraloge Gustav Rose und der Mediziner und Zoologe Christian Gottfried Ehrenberg. Humboldt erhofft sich durch die Wissenschaftler unterschiedlicher Disziplinen fächerübergreifende Ergebnisse, die sie nach der Reise zusammenführen können. Nicht nur durch die Gesellschaft unterscheidet sich die Reise von der amerikanischen. Auch wenn die Pferdekutschen oft im Schlamm stecken bleiben, sind sie doch viel bequemer als vor einigen Jahren die Kanus auf dem Orinoko.

Im Juni 1829 erreichen die Forscher den Ural, wo Humboldt begeistert die Vielfalt der Mineralien untersucht. Er studiert den erfolgreichen Bergbau und die Verarbeitung von Metallen. Russland ist zu dieser Zeit führend in der Gold- und Silberproduktion. Auf Wunsch des Zaren sucht Humboldt vor allem nach Diamantenvorkommen im Ural. Seine landschaftlichen Beobachtungen und Gesteinsanalysen führen 1829 in der Goldmine Krestowosdwischenskoje im Gebiet Perm zu dem ersten Diamantenfund außerhalb der Tropen. Auf Basis der gemeinsamen Messungen mit Rose veröffentlicht Humboldt später die erste wissenschaftliche Beschreibung dieser Region „Das System der Berge des Ural", und Roses Werk über die Mineralogie des Ural wird in Russland zu einem einschlägigen Standardwerk seiner Zeit. Humboldts Untersuchungen zu den Vulkanen Zentralasiens und dem Erdmagnetismus erscheinen als Aufsätze bereits 1830.

„Die eigentliche Freude einer asiatischen Reise hat uns doch erst der Altai verschafft", gesteht er im Brief an seinen Bruder. Humboldt und seine Begleiter reisen durch das östliche Gebirge bis zur damaligen chinesischen Grenze. Sie besuchen eine durch Silberabbau aufblühende Region. Humboldt bewundert in der Stadt Barnaul die Promenaden und Boulevards mit Künstlern und Wissenschaftlern „so weit im Osten als Caracas im Westen von Berlin!".

Die räumlichen Dimensionen der Expedition sind unvorstellbar. In nur neun Monaten legt Humboldt fast 19.000 Kilometer mit Hilfe von mehr als 12.000 Pferden zurück. Zwar ist er beeindruckt von der organisatorischen Leistung und der Zivilisation bis weit hinter den Ural, aber fast wehmütig stellt er in seinem Tagebuch fest: „Mein Werk wird keinen der Reize darbieten können, welche zuweilen noch die Erzählungen des Reisenden besitzt, wiewohl in unserer Zeit selbst die fernsten Regionen leichter zugänglich geworden sind".

Ein Lebenswerk über das Erdenleben

Mit der Rückkehr im August 1830 endet Alexander von Humboldts Laufbahn als Weltreisender und Entdecker. Auch wenn seine diplomatischen Aufgaben ihn noch einige Male nach Paris und London führen, lässt Alexander von Humboldt sich endgültig in Berlin nieder. Die folgenden Jahre widmet er der wissenschaftlichen Aufarbeitung seiner

Forschungen und der Zusammenführung der Ergebnisse in seinem Lebenswerk.

Am Anfang von Humboldts Karriere als Forscher stand die Weltsicht von der Natur als harmonisches Ganzes. Er aber machte sich zunächst auf die wissenschaftliche Suche nach den Einzelteilen, die „in dem Besondersten des Organismus das Allgemeine widerspiegelt". Nun will er endlich sein Lebensziel verwirklichen, mit Hilfe der Wechselbeziehungen zwischen den einzelnen Phänomenen die Einheit der Natur darzustellen. Noch vor seiner Zentralasien-Reise hält Humboldt vom November 1827 bis April 1828 seine Vorträge über „Physikalische Geographie". Während die Lesungen in der Berliner Universität ausschließlich seinen Kollegen und Studenten vorbehalten sind, liest er für öffentliches Publikum an der Singakademie. Die 800 Plätze reichen bei weitem nicht aus, alle Zuhörer aufzunehmen. Zu seinen Gästen gehören nicht nur König Friedrich Wilhelm IV. sowie zahlreiche Künstler und Poeten, sondern auch Dienstboten und Maurer.

Die Themenliste von Humboldts Vorlesungen liest sich noch heute wie das Vorlesungsverzeichnis der physischen Geographie: „Vulkanismus, Gebirgsarten, Temperaturzonen der Erde, die Pflanzenformen in den Klimazonen, Winde und Luftdruck". Er versteht es selbst schwierige Sachverhalte, wie Untersuchungen zur Schallgeschwindigkeit, verständlich und spannend zu erklären: „Das berühmte Rennpferd ‚Eclipse' legte 58 Fuß in einer Sekunde zurück, was schon einem starken Sturme vergleichbar ist. Dagegen ergibt sich das Resultat der Versuche, welche ich … über die Geschwindigkeit des Schalls angestellt habe, dass derselbe 1.038 Fuß in der Sekunde durchläuft".

Als Humboldt sich 1834 entschließt, die Vorlesung zu einem Buch auszuarbeiten, will er nicht einfach eine Abschrift erstellen, sondern ein umfassendes Universalwerk schaffen. Er übernimmt zwar die Gliederung der Vorträge, fügt aber einige Themen hinzu und ergänzt neueste Forschungsergebnisse. Sein Lebenswerk erscheint unter dem Namen: „Kosmos. Entwurf einer physischen Weltbeschreibung". Dem fünfbändigen Werk stellt er in dem ersten Buch ein „Naturgemälde. Allgemeine Übersicht der Erscheinungen" voran, das vor allem die Verbindung zwischen den einzelnen Themen hervorhebt: „Hier wird nicht nach Vollständigkeit in Aufzählung von Einzelheiten, sondern nach der klaren Entwicklung von leitenden Ideen getrachtet". In den folgenden vier

Bänden vertiefen sich die Betrachtungen bis zum Detail des Polarlichtes als Erdlicht in Folge elektromagnetischer Tätigkeit des Planeten oder über das Granit Gestein am Kolywan-See im Altai.

Gemeinsam mit dem „Kosmos" sollte der „Physikalische Atlas" von Heinrich Berghaus erscheinen, der eine große Sammlung von Karten zu Humboldts Buch enthält. Schon aus Südamerika hatte Humboldt seine Daten an Berghaus gesandt, damit dieser daraus Abbildungen und Karten erstellt. Aufgrund von Streitereien der Verleger erscheint der Atlas unabhängig vom „Kosmos" in zwei Bänden 1845 und 1848. Humboldt erlebt nicht mehr, wie der letzte Band seines Lebenswerkes 1862 veröffentlicht wird. Bis zu seinem Tod hat der 90-Jährige noch die Forschungsergebnisse aktualisiert und an den Formulierungen gefeilt. Er stirbt am 6. Mai 1859 in seiner Wohnung in Berlin. Dem vom König angeordneten Staatsbegräbnis folgen tausende von Politikern, Wissenschaftlern, Studenten und Bürgern.

Damals Visionär – heute veraltet?

Der Meeresstrom vor Südamerika, der größte Gletscher Grönlands, Städte, Berge und Nationalparks, ein Pinguin und sogar ein Krater auf dem Mond tragen heute den Namen des Universalgelehrten Alexander von Humboldt. Die Person, sein Werk und seine Errungenschaften bleiben dagegen oft im Dunklen. Ist sein Name nur noch eine leere Hülle, oder haben auch seine Errungenschaften die Zeit überlebt?

Einige von Humboldts Forschungsergebnissen haben 200 Jahre überdauert und sind heute noch gültig. Allein in der Botanik bestimmte er 6.300 bisher unbekannte Pflanzen und die Zoologie verdankt ihm einige neue Arten wie die Klapperschlange Crotalus cumanensis. Als Entdecker tilgte er mehr als einen weißen Fleck auf der Weltkarte: Den Casiqiuare als Verbindung des Amazonas mit dem Orinoko kartiert er mühevoll vom Kanu aus. Humboldts Spuren sind aber auch in den Errungenschaften seiner Freunde und Kollegen zu finden. Sein wissenschaftlicher Rat, die gemeinsamen Untersuchungen oder seine finanzielle Unterstützung haben nicht nur Forschern wie Werner von Siemens und Justus Liebig auf die Beine geholfen. Gemeinsame Überlegungen legten auch die Grundsteine für das Koordinatensystem von Carl Friedrich Gauß und das Gesetz über die Volumenveränderung von Gasen von Louis Gay-Lussac.

So bauen auch viele wissenschaftliche Entwicklungen der Neuzeit auf Humboldts Ideen auf. Die moderne Vulkanismus-Forschung etwa, beruht auf der Theorie des Plutonismus: Humboldt bewies, dass Vulkane eine Verbindung zum Erdinneren haben müssen und damit den Aufbau der Erde entscheidend beeinflussen. Dadurch kippte er den bisher gültigen Neptunismus, der von Vulkanen als brennenden Kohleflözen ausging. Bei seinen Beobachtungen über das Wetter stellte er bereits früh Vermutungen über die globale Wind-Zirkulation an und wies damit der späteren Klimatologie den Weg. In ähnlicher Weise führten erste Untersuchungen Humboldts in vielen Wissenschaften zur Gründung neuer Disziplinen. Mit der Vegetationsgeographie, der späteren Geophysik, der Geologie und dem Erdmagnetismus erweitert er die eben erst von Carl Ritter begründete moderne Geographie. Seine Arbeitsmethoden in diesen Disziplinen überdauern bis heute in der wissenschaftlichen Welt. Er etablierte beispielsweise die Querschnitt-Darstellungen von Höhenprofilen, und führte die Darstellung von Linien gleicher Temperatur, Isothermen genannt, auf Karten ein.

Humboldts populäre Bücher „Kosmos", „Ansichten der Natur" und „Voyage aux régions équinoxiales du Nouveau Continent" sind zwar alle sehr umfangreich, aber nur ein geringer Anteil seiner Veröffentlichungen. Die eigentlichen wissenschaftlichen Abhandlungen trug er an der Akademie in Paris oder Berlin als Lesungen vor und veröffentlichte sie als Aufsätze in Fachzeitschriften. Über 450 wissenschaftliche Texte erschienen von ihm zwischen 1788 und 1859.

Ebenso wie Humboldt im „Kosmos" alle Naturwissenschaften interdisziplinär zu einem ganzheitlichen Ansatz verflicht, wollte er auch die Menschen untereinander verbinden. Mit seinen 50.000 Briefen schaffte er ein internationales Netzwerk – und dies in einer Welt, in der Briefe mit der Post mehrere Monate und nicht nur einen Mausklick lang brauchen und eine Reise nach Venezuela 41 Tage und keine neun Stunden dauert.

Doch seine Ideen überwanden nicht nur Kontinente und Meere, sondern auch Gesellschaftsschichten und Wissenschaftsgrenzen. Er vernetzte Forscher seiner Zeit über politische Barrieren hinweg und förderte die Kommunikation zwischen fremden Kulturen. Die Wissenschaft sah er immer im Zusammenspiel mit den Menschen und setzte sich für einen öffentlichen Zugang von Bildung für die Bürger aller Stände ein. Seine Ideale von Freiheit und Brüderlichkeit öffneten ihm damals die Tore zu fremden Kulturen und heute machen sie ihn nicht nur zu einem Vorbild als Wissenschaftler, sondern auch als Mensch.

10

Vorstoß in das Herz Afrikas – Die lange Suche nach den Quellen des Nil

Nadja Podbregar

Zusammenfassung

Mehr als tausend Kilometer schlängelt sich der Nil, die Lebensader Ägyptens, durch den afrikanischen Kontinent. An seinen Ufern entstanden die ersten Hochkulturen der Menschheit und sein Flussbett diente jahrhundertelang als Weg ins Innere Afrikas. Aber wo entspringt der „Vater der Flüsse"? Schon die Griechen und Römer sandten Expeditionen aus, um den Ursprung des längsten Flusses der Erde zu finden – vergeblich. Das Mysterium blieb. Erst im 19. Jahrhundert zog es Abenteurer, Missionare und Entdecker wieder in das heiße Herz Afrikas. Getrieben von der Gier nach Ruhm und Profit, aber auch von wissenschaftlichem Erkenntnisdrang, entstand ein Wettlauf um die Ehre, als erster die Quellen des Nils gefunden zu haben.

Lebensader Nil: Wiege der Kulturen und Weg ins Innere Afrikas

Der Nil ist nicht nur die Lebensader der Wüstenstaaten Ägypten und Sudan, er ist auch der längste Fluss der Erde. Mehr als 6.800 Kilometer lang schlängelt sich sein fruchtbares Band von seinen Quellen im Herzen Afrikas bis zu seiner Mündung im Mittelmeer. Dabei durchfließt er schneebedeckte Gebirgslandschaften ebenso wie ausgedehnte Seen- und Sumpfgebiete und – vor allem – karge Wüstenlandschaften.

Auf seiner Reise transportiert er große Mengen fruchtbaren Schlamms, die er vor dem Bau der Staudämme bei seinen jährlichen Überschwemmungen auf die Felder und Flächen entlang seines Flussbettes verteilte. Über die Jahrhunderte hinweg bildeten diese Ablagerungen die Grundlage für die Landwirtschaft im Niltal. Der vom Nil produzierte fruchtbare Boden reicht dabei bis zu 20 Kilometer weit ins Land hinein. Erst diese regelmäßige Bewässerung und Düngung gleichermaßen ermöglichten es, dass sich Menschen dort ansiedeln konnten und vor rund 4000 Jahren eine der frühen Hochkulturen der Menschheit ihren Anfang nahm. Für die Ägypter bestimmte der Fluss nicht nur den Jahresablauf von säen und ernten, die Nord-Südachse des großen Flusses beeinflusste auch geografisch ihre Weltsicht: Das Wort flussaufwärts stand gleichzeitig für Süden und flussabwärts war gleichbedeutend mit Norden. Der Fluss bildete ihren Hauptverkehrsweg, von der Mündung am Mittelmeer bis nach Khartum im Süden segelten ihre Handels- und Kriegsflotten.

Auch der heutige Begriff des Flussdeltas geht auf den Nil zurück: Die Form der Nilmündung erinnerte die Griechen der Antike an das große „D" ihres Alphabets, daher prägten sie den Begriff Delta für die Mündung. Das weite und fruchtbare Mündungsgebiet des Nils beginnt heute bei den Städten Kairo und Gizeh im Süden und reicht von Alexandria im Westen fast bis zum Suezkanal im Osten. Im Laufe der Zeit hat sich besonders in diesem Bereich der Flussverlauf stark verändert. Die ursprünglich rund ein halbes Dutzend Nebenarme des Nils setzten sich durch Sedimente zu, so dass heute nur noch zwei größere erhalten geblieben sind. Dadurch teilt sich der Nil nördlich von Kairo in den westlichen Rosetta-Arm und den östlichen Damietta-Arm.

Flussaufwärts folgten vor dem Bau des Assuan-Staudamms eine Reihe von Schluchten und sechs Stromschnellen. Die ersten beiden dieser im südlichen Ägypten und nördlichen Sudan gelegenen Katarakte sind heute allerdings teilweise von dem durch den Staudamm entstandenen Nasser-Stausee überdeckt. Die dritte bis sechste Stromschnelle blieben erhalten. Sie unterbrechen den Flusslauf in fast regelmäßigen Abständen bis kurz vor Khartum.

Dort mündet auch der letzte große Quellfluss des Nil, der Atbara. Er entspringt im Hochland Äthiopiens. Bei Khartum selbst vereinigen sich die beiden Hauptzuflüsse des Nils, der Blaue und der Weiße Nil. Während die Wasser des Blauen Nil in einem weiten Bogen aus dem östlich gelegenen äthiopischen Hochland stammt, setzt der Weiße Nil fast gerade die Nord-Südrichtung des Unterlaufs fort. Kurz nach der Passage des ausgedehnten Sumpfgebiets des Sudd im Südsudan teilt sich der Nil flussaufwärts erneut. Vom Osten kommt der aus dem Viktoriasee stammende Viktoria-Nil und vereinigt sich am Albertsee mit dem aus dem Gebiet des Tanganjikasees stammenden Quellfluss. Die Stromschnellen im Unterlauf und die verschiedenen Zu- und Quellflüsse waren es, die lange Zeit dafür sorgten, dass die eigentlichen Quellen des Nils im Verborgenen blieben.

Wie die „Stecknadel im Heuhaufen"

Die Frage, woher das Wasser des Nil stammt, ist so alt wie die Geschichte der Besiedelung seiner Ufer. Schon vor tausenden von Jahren war der Fluss die Lebensader für die alten Hochkulturen der Ägypter. Doch die Quelle des lebensspendenden Nasses war ihnen unbekannt. Ihre Segler folgten zwar dem Flussverlauf bis nach Khartum, der Stelle, an dem der Blaue und der Weiße Nil zusammenfließen, weiter kamen sie jedoch nicht.

Auch in der Antike beschäftigte der Ursprung des Nils die Fantasie und Neugierde der Griechen und Römer, die die Küsten Nordafrikas kolonialisierten: Woher kamen die Wassermassen, die alljährlich das Niltal überschwemmten? Der griechische Historiker Herodot besuchte 460 v. Chr. Ägypten und sammelte so viele Informationen wie möglich über das Land und seine Lebensader. Aber er konnte das Rätsel nicht lösen. Auch die griechischen Entdeckungsreisenden kamen nicht weiter als bis Khartum, zu groß waren die Entfernungen und zu schwierig die Bedingungen der Reise. Dementsprechend wurde in dieser Zeit der Ausdruck „den Kopf des Nils suchen" als Synonym für unlösbare Aufgaben geprägt, ähnlich dem heutigen „die Stecknadel im Hauhaufen suchen".

Den nächsten Versuch, das Mysterium zu enträtseln, startete 66 n. Chr. der römische Kaiser Nero. Er sandte zwei seiner Soldaten in einem Boot nilaufwärts, Richtung Quelle. Hinter Khartum folgten sie dem Weißen Nil bis zum ausgedehnten Sumpfgebiet des Sudd, im Süden des heutigen Sudan. Dort mussten auch sie aufgeben.

150 n. Chr. – knapp hundert Jahre später – erstellte Ptolemäus, ein griechischer Geograph, der in Alexandria lebte, eine Karte Afrikas. Auf ihr erstreckt sich der Kontinent bis zur Antarktis. Der Nil entspringt dabei weit unterhalb des Äquators aus zwei riesigen Binnenmeeren in der Nähe von schneebedeckten Bergen, den „Bergen des Mondes". Ptolemäus berief sich dabei auf die Berichte von Abenteurern und Seeleuten, die von „hohen Bergen im Süden" berichteten. Mit dieser Karte lag Ptolemäus schon sehr nahe an der Realität, denn seine „Berge des Mondes" beschreiben erstaunlich genau das Ruwenzori-Gebiet, eine große schneebedeckte Bergkette, die sich zwischen Albert- und Tanganjikasee erstreckt, und aus deren Bereich tatsächlich ein Großteil der Nilwässer stammen. Bis die ersten Entdecker die auf der Karte des Ptolemäus eingezeichneten „Berge des Mondes" und Seen tatsächlich zu Gesicht bekamen, sollten allerdings noch mehr als 1.500 Jahre vergehen.

Profit, Ruhm und „Gottes Auftrag"

Nach der Antike geriet das Mysterium der Nilquellen jahrhundertelang fast in Vergessenheit. Nur vereinzelt versuchten weiße Abenteurer, ins Innere des „dunklen Kontinents" vorzudringen. Das Herz Afrikas blieb ein leerer Fleck auf den Landkarten der europäischen Kartographen. Selbst als die Blütezeit des Sklavenhandels anbrach, gaben sich Spanier, Engländer, Franzosen und andere Europäer zunächst damit zufrieden, ihre „Fracht" bequem an den Küsten des Kontinents abzuholen, statt selbst in die unwirtlichen Gefilde des Inneren vorzustoßen. Die meist arabischen Sklavenhändler dagegen drangen auf ihrer Suche nach Beute zwar weit ins Inland vor, hielten ihre Reisewege aus Angst vor Konkurrenz aber streng geheim.

Erst Ende des 18. Jahrhunderts änderte sich die Zurückhaltung der Europäer, nun wollten auch sie vom lukrativen Geschäft mit Sklaven,

Gold und Elfenbein profitieren. Die 1788 in London gegründete „Afrika Gesellschaft" setzte sich als erste die Erforschung des dunklen Kontinents zum ausdrücklichen Ziel. Sie berief sich vor allem auf den menschlichen Drang nach Wissen und der Erweiterung des Horizonts: „Solange so große Teile des Globus der Menschheit unbekannt sind, bildet dieses Unwissen einen Vorwurf an die gegenwärtige Zeit." Damit befand sie sich zwar in Übereinstimmung mit den Idealen des damaligen Zeitalters der Aufklärung, aber ganz so lupenrein akademisch war auch ihr Interesse nicht. Für eine weitaus größere Anziehungskraft dürfte der Bericht eines der Gründungsmitglieder gesorgt haben, der aus Timbuktu schrieb: „Das Gold ist hier so reichlich vorhanden, dass es selbst Sklaven tragen. Wenn wir unsere Arbeiter hier einsetzen würden, hätten auch wir bald Gold im Überfluss ..."

Zum wissenschaftlichen Entdeckerdrang und dem Streben nach Ruhm und Profit kam noch eine dritte Strömung: Die christlichen Kirchen entdeckten den afrikanischen Kontinent als weiteres Wirkungsfeld für missionarischen Eifer. Nach den Vorstellungen der damaligen Zeit warteten die Menschen Afrikas geradezu darauf, aus ihrer „hoffnungslosen Barbarei und Gottlosigkeit" gerettet zu werden und an den Segen der Zivilisation teilzuhaben. Die Kombination dieser verschiedenen Motivationen und Ziele löste Mitte des 19. Jahrhunderts einen regelrechten „Run" auf den afrikanischen Kontinent aus. Innerhalb kürzester Zeit brachen zahlreiche Abenteurer, Entdecker und Missionare vor allem aus England, Frankreich und Deutschland nach Süden auf – ins dunkle Herz Afrikas.

Zum blauen Auge Äthiopiens: James Bruce

Noch vor dem großen Boom der Afrikaexpeditionen brach 1768 der schottische Entdecker und Abenteurer James Bruce auf. Sein Ziel: die Quellen des Blauen Nils. Bruce segelte zunächst auf dem Roten Meer bis zur Meerenge von Bab el Mandeb auf der Höhe des heutigen Djibouti, und wandte sich von dort landeinwärts. Zwei Jahre später erreichte er den im Hochland Äthiopiens gelegenen Tanasee, das „blaue Auge Äthiopiens", und fand in ihm, wie erhofft, tatsächlich den Ursprung des

Blauen Nils. Obwohl er später in seinem Reisebericht in Anspruch nahm, der erste Entdecker dieser Nilquelle gewesen zu sein, handelte es sich eigentlich eher um eine Wiederentdeckung. Denn rund 150 Jahre früher hatte der portugiesische Jesuitenpater und Missionar Pedro Paez bereits den Tanasee besucht.

Mit 3.500 Quadratkilometern ist der im Norden Äthiopiens gelegene See siebenmal so groß wie der Bodensee. Er ist das größte Gewässer des ostafrikanischen Staates und liegt in einer vulkanischen Senke. Der Blaue Nil verlässt den See an seinem Südende. Nach dreißig Kilometern stürzt er als ein 45 Meter hoher Katarakt, die Tisissat-Fälle, in die Tiefe und beginnt in einem weiten Bogen seinen Weg nach Nordwesten Richtung Mittelmeer. Unter großen Schwierigkeiten und widrigsten Bedingungen folgte James Bruce 1771 dem Verlauf des Flusses, bis er nahe Khartum seinen Zusammenfluss mit dem Weißen Nil erreichte. Damit war er zwar nicht der Erstentdecker der Quelle des Blauen Nils, wohl aber der erste, der diesem von der Quelle bis zur Mündung gefolgt war. Seine Reiseberichte regten viele spätere Afrikareisende zur Teilnahme am Wettlauf zu den Quellen des Weißen Nil an.

Streit um den Kilimandscharo

Die ersten weißen Reisenden, die in die Nähe des Quellgebiets des Weißen Nils kamen, waren keineswegs Entdecker auf der Suche nach Abenteuern, sondern verfolgten „höhere Ziele": 1846 erreichten die beiden deutschen Missionare Johann Krapf und Johannes Rebmann die ostafrikanische Küste und versuchten dort, die Einheimischen vom Stamm der Wanika zum Christentum zu bekehren. Von Fieber geplagt und durch die „Unbelehrbarkeit" der Wanika frustriert, entschlossen sich die beiden ein Jahr später, tiefer ins Landesinnere einzudringen und dort nach lohnenderen Missionsfeldern zu suchen. Mit Sonnenschirm und Bibel bewaffnet durchquerte Rebmann 1847 die tierreichen Steppen Ostafrikas, bis er einen hohen Berg „mit einer schimmernden weißen Wolke bedeckt" sah – er hatte den Fuß des Kilimandscharo erreicht.

Die Nachricht von dieser Entdeckung sorgte in Europa noch Jahre später für Aufsehen und erbitterten Streit unter den Geographen. Während vor allem die Deutschen davon überzeugt waren, dass im fruchtbaren Land am Fuße des Berges auch der Nil entspringen müsse, hielten andere, allen voran der britische Geograph Desborough Cooley die Idee für absurd. Die Debatte um die Bedeutung des Kilimandscharo schürte nicht nur die ohnehin bestehenden deutsch-britischen Rivalitäten, sie zog auch weitere Expeditionen nach sich. 1861 wurde die Entdeckung von Rebmann durch Baron Karl Klaus von der Decken, einen weiteren deutschen Entdeckungsreisenden, bestätigt, ihm folgte ein britischer Missionar, Charles New, der 1871 bis zur Schneegrenze des Berges aufstieg.

Der Rummel um die neuen Entdeckungen veranlasste schließlich auch die britische Royal Geographical Society (RGS), im Jahr 1856 eine Expedition in das Gebiet des äquatorialen Afrika auszurüsten. Ziel der Mission war vor allem die Suche nach den sagenumwobenen großen Seen, die Abenteurer dort gesehen haben wollten, und natürlich die endgültige Klärung der Frage nach der Quelle des weißen Nils …

Zu den großen Seen des Inneren: Die Expedition von Burton und Speke

Die Expedition der britischen Royal Geographical Society von 1856 sollte in die Geschichte eingehen. Dies allerdings nicht nur wegen ihrer Ergebnisse, sondern vor allem auch wegen der erbitterten Rivalität der beiden Expeditionsleiter. Diese wurde während und nach der Expedition unter reger Beteiligung der Öffentlichkeit ausgetragen. Auf der einen Seite stand der charismatische und extrem ehrgeizige Forscher, Sprachwissenschaftler und Abenteurer Sir Richard Burton. Er hatte bereits vorher Schlagzeilen gemacht, als er als Derwisch verkleidet Mekka und Medina, die heiligsten Stätten des Islam, besuchte. Als Begleiter wählte die RGS den jungen britischen Offizier John Henning Speke, der zwar während seiner Militärzeit den Himalaya erkundet hatte, dessen sonstige Qualifikationen für die Leitung einer Afrikaexpedition alles andere als beeindruckend waren. Seine Bereitschaft, einen Teil der Expedition aus eigenen Mitteln zu finanzieren, dürfte daher wohl eher den Ausschlag für seine Wahl gegeben haben.

1856 landeten die beiden Briten an der Küste Sansibars, wo sie mit dem deutschen Entdecker und Missionar Johannes Rebmann zusammentrafen und sich letzte Informationen für ihre Reise in das Innere des Kontinents holten. Knapp ein halbes Jahr später war es soweit: Mit 130 Begleitern, Trägern und 30 Packtieren bewegte sich die Expeditionskarawane langsam nach Südwesten – auf Drängen Burtons in einem weiten Bogen um das Land der kriegerischen Massai herum. Von Malaria geplagt und ständig im Streit untereinander und mit den angeheuerten Trägern, zog sich der Treck zum arabischen Handelsposten Tabora im heutigen Tansania mehr als fünf Monate hin. Nach einer Erholungspause ging es unter großen Schwierigkeiten weiter Richtung Westen. Im Februar 1858 erreichten die beiden Entdecker und ihre Begleiter als erste Weiße das Ufer des Tanganjikasees. Burton und Speke hegten die Hoffnung, hier endlich auf die Quelle des Weißen Nils gestoßen zu sein. Doch als sie am Nordende des Sees tatsächlich einen Fluss entdeckten, mussten sie enttäuscht feststellen, dass der Ruzizi-Fluss nicht aus dem See hinaus, sondern im Gegenteil in ihn hinein floss, damit also keinesfalls die lange gesuchte Nilquelle sein konnte.

Zutiefst enttäuscht beschloss Burton, die Expedition abzubrechen und unverzüglich zur Küste zurückzukehren, Speke dagegen reiste allein weiter nach Norden, um nach einem anderen, bisher nur aus Erzählungen bekannten großen See zu suchen. Vielleicht, so seine Hoffnung, verberge sich ja dort die Quelle des „Vaters der Flüsse". Nur 25 Tage nach seinem Aufbruch stand Speke tatsächlich am Ufer eines riesigen Sees, den er Viktoriasee taufte. Er war überzeugt, damit „das Problem gelöst zu haben, das alle führenden Staaten enträtseln wollen – den Ursprung des Nil."

Zurück an der Küste berichtete Speke Burton von seiner Entdeckung, stieß aber nur auf Unglauben und Zynismus. Beide reisten daraufhin getrennt nach London zurück, nicht ohne sich gegenseitig versprochen zu haben, dass keiner der Royal Geographical Society ihre Neuigkeiten ohne den jeweils anderen überbringen würde. Ein Versprechen, dass exakt so lange hielt, wie der vorausfahrende Speke für seine Reise brauchte: Kaum angekommen, berichtete er über seine Entdeckung des Viktoriasees und seine Theorie, dass dort auch der Nil entspringen müsse. Burton erhielt zwar eine Auszeichnung als Entdecker des Tanganjika-Sees, mit der nächsten Expedition nach Afrika wurde aber Speke beauftragt.

Das Rätsel ist gelöst? Spekes zweite Reise zum Viktoria-See

Nach Spekes Bericht von einem weiteren großen See im Inneren Afrikas war die Reaktion der Royal Geographical Society eindeutig: „Speke, wir müssen Sie wieder dorthin zurückschicken." Und 1860, knapp ein Jahr nach der Rückkehr der ersten RGS-Expedition, machte sich Speke erneut auf den Weg nach Ostafrika, diesmal gemeinsam mit Captain James Grant, einem Freund aus seiner Zeit bei der britischen Armee in Indien. Laut Weisung der RGS sollten die beiden den Viktoria-See umrunden, die Quelle des Weißen Nils finden und dann dem Lauf des Flusses bis zur Missionsstation Gondokoro nahe dem heutigen Juba im Südsudan folgen.

Zur gleichen Zeit veröffentlichte Richard Burton seinen Bericht über die letzte Expedition und sparte darin nicht an Kritik an seinem Rivalen. Er warf ihm Fehler in seinen Berechnungen vor und war nach wie vor der Meinung, der Nil müsse aus dem Tanganjikasee entspringen. Eine Ansicht, die nicht wenige Geographen mit ihm teilten. Unbeeindruckt von der harschen Kritik erreichten Speke und Grant nach einer beschwerlichen Reise das Königreich Karagwe an der Südwestseite des Viktoriasees. Grant blieb dort wegen Krankheit zurück, und Speke machte sich allein weiter nach Norden auf, in Richtung des erhofften Nil-Ausflusses aus dem See.

Am 21. Juli 1862 war es dann tatsächlich soweit: Speke hatte den Viktoria-Nil erreicht. Er folgte ihm eine Woche stromabwärts, bis er zu Wasserfällen kam, die er nach dem Präsidenten der RGS „Ripon-Fälle" nannte (heute Owens-Fälle). Jetzt gab es für ihn keinen Zweifel mehr: „Aus dem Viktoria-See entspringt jener heilige Fluss, der den Urvater unserer Religion in seinen Armen wiegte", beschreibt er später in seinem Reisetagebuch seine Entdeckung. Wie geplant gelang es Speke, dem Verlauf des Flusses bis nach Khartum zu folgen, wo er bei seiner Ankunft dort sofort ein Telegramm nach London schickte: „Das Rätsel des Nils ist gelöst!" 1863 kehren Grant und Speke wieder nach London zurück und werden wie Nationalhelden gefeiert.

Doch der Triumph sollte nicht lange anhalten. Spekes noch im gleichen Jahr veröffentlichter Reisebericht stieß auf beträchtliche Kritik und viel Unglauben: Speke hätte, so die Kritiker, zwar den nördlichen und südlichen Teil des Viktoriasees erkundet, aber könne nicht beweisen, dass es sich um einen einzigen See handle. Daher könne es sehr wohl eine Querverbindung zum Tanganjikasee geben. Im Streit um die wahre Quelle des Nil galt dieser nach wie vor als der Favorit. Trotz seiner ausführlichen Berichte und Karten konnte sich Speke nicht gegen seine Kritiker, darunter auch seinen Erzrivalen Burton, durchsetzen. Für mehr als zehn weitere Jahre blieb der Ursprung des Nils Gegenstand heftiger Debatten und behielt sein Mysterium bei.

Dr. Livingstone, I presume?

1866, drei Jahre nach Spekes Rückkehr aus Ostafrika und der folgenden Demontage seiner Ergebnisse und seines Rufs, entschloss sich die Royal Geographical Society, einen dritten Versuch zu starten. Sie engagierte dafür den erfahrensten und bekanntesten Afrikaforscher seiner Zeit, David Livingstone. Der gerade erst von seiner Erforschung des Sambesi zurückgekehrte Arzt und Entdecker machte sich noch im gleichen Jahr auf, das Gebiet zwischen dem Tanganjikasee und dem südlicher gelegenen Lake Nyaza (Malawisee) zu erkunden. Nach seinem Aufbruch ins Innere des Kontinents umrundete er das Südende des Nyazasees und arbeitete sich unter großen Schwierigkeiten nach Norden vor. Einige seiner vorher angeheuerten Begleiter desertierten auf diesem Marsch und verbreiteten in Sansibar das Gerücht, Livingstone sei tot.

Tatsächlich blieb er mehrere Jahre verschollen, so dass 1871 der amerikanische Journalist Henry Morton Stanley eine Suchexpedition startete. Ihr Ende fand diese in Ujiji am Tanganjikasee, wo Stanley den berühmten Satz äußerte: „Dr. Livingstone, I presume?" Livingstone war zu diesem Zeitpunkt zwar schwerkrank und litt unter Nahrungsmangel, erholte sich dank Stanleys Vorräten jedoch schnell wieder. Gemeinsam erkundeten sie erneut das Nordende des Tanganjikasees und bestätigten die Feststellung Burton und Spekes, dass dort nur ein Fluss hinein, aber keiner herausfloss.

Im März 1872 trennte sich Stanley wieder von Livingstone. Angeregt durch seine Erfahrungen mit dem Afrikaforscher entschied er sich, nun selbst eine Expedition durchzuführen. Zwei Jahre später war Stanley, mit drei weiteren Weißen, 300 Trägern und einem zerlegbaren Schiff ausgerüstet, zurück in Ostafrika. Auf dem Wasserweg wollte er nun nach einer Verbindung zwischen Nil und Tanganjikasee oder Viktoriasee suchen.

Mithilfe des Schiffes gelang ihm, was seine Vorgänger so lange vergeblich versucht hatten: Er bewies eindeutig, dass es zwischen Tanganjikasee und Nil keinerlei Verbindung gab, wohl aber zwischen Viktoriasee und Nil. Damit war, zehn Jahre nach der öffentlichen Demontage des Entdeckers John Hanning Speke, der Streit um den Ursprung des Nils endgültig entschieden und Speke rehabilitiert. Für diesen kam die Bestätigung allerdings zu spät: Er war kurz nach Veröffentlichung seines umstrittenen Berichts gestorben – durch Selbstmord, wie einige Zeitgenossen vermuteten.

Dieter Lohmann

Zusammenfassung

„Robert Peary erobert den Nordpol" – als diese Meldung im September 1909 über die Zeitungsticker lief, war der lange Wettlauf zum nördlichsten Punkt der Erde endlich entschieden. Jahrzehntelang hatten berühmte Forscher aus aller Welt erfolglos versucht, eine der gefährlichsten Regionen der Erde zu bezwingen und durch das ewige Eis des Nordpolarmeeres bis auf 90 Grad nördlicher Breite vorzustoßen. Im Kampf gegen alle Unbilden der Natur gelang es ihnen auf den zahlreichen Expeditionen aber immerhin, der Arktis nach und nach viele ihrer Geheimnisse zu entlocken. Mosaiksteinchen für Mosaiksteinchen konnten so die letzten weißen Flecken auf den Landkarten der Nordhalbkugel getilgt werden …

Von der Antike bis zur kleinen Eiszeit: die frühen Entdecker

Polarlichter, Mitternachtssonne, Meer, ewiges Eis: Schon seit ewigen Zeiten sind die Menschen von der arktischen Region fasziniert. Dabei sind die Bedingungen im „Land unter dem Sternbild des Großen Bären" eher lebensfeindlich. Stürme, bittere Kälte, nur wenig frei verfügbares Trinkwasser und die Gefahren einer ständig driftenden Eisdecke lassen

D. Lohmann, N. Podbregar, *Im Fokus: Entdecker*,
DOI 10.1007/978-3-642-24337-0_11, © Springer-Verlag Berlin Heidelberg 2012

nur gut angepassten oder perfekt ausgerüsteten Menschen eine Chance, dauerhaft in der Arktis zu überleben. Trotz der unwirtlichen Lebensbedingungen versuchen Polarforscher seit Jahrhunderten, immer tiefer in die arktischen Gefilde vorzudringen und ihr Wissen über Klimabedingungen, Eisströmungen oder Natur im hohen Norden zu erweitern. Zahllose Entdecker und Abenteurer haben aber auch ihr Leben bei dem Versuch aufs Spiel gesetzt – und häufig genug auch verloren – als erster eine arktische Nordost- oder Nordwestpassage vom Atlantik in den Pazifik zu finden oder gar bis zum Nordpol vorzustoßen.

„… ein Land, in dem um Mitternacht die Sonne scheint, umgeben von Meeren, die im Winter erstarrt sind." Die ersten Berichte über die Arktis stammen bereits aus der Antike. Einer der Ersten, der sich auf den Weg in den hohen Norden macht, ist dabei der griechische Geograf Pytheas von Massilia. Um 320 v. Chr. bereist er zu Handelszwecken Nordeuropa und die Britischen Inseln. Die Sagen und Überlieferungen der Einheimischen bringen ihn dort eher zufällig auf die Spur der Arktis. Neugierig geworden, macht er sich auf den abenteuerlichen Weg polwärts in die bis dahin noch unerforschten Gebiete. Mit seinem Segelschiff gelangt er schließlich bis zum Polarkreis und macht erste Beobachtungen zur Mitternachtssonne und dem Packeis. Der nächste, der in unbekannte arktische Gefilde vorstößt, ist der norwegische Häuptling und Seefahrer Ottar aus Malangen im Bezirk Troms. Um 870 n. Chr. segelt er von Skandinavien aus in östlicher Richtung die Küste entlang bis er nördlich des heutigen Archangelsk auf das Weiße Meer trifft.

Doch nicht nur nach Osten machen sich Entdecker auf, auch nach Nordwesten richtet sich ihr Blick. Irische Mönche lassen sich angeblich als erste auf Island nieder, schon bald folgen Ende des 9. Jahrhunderts die Wikinger unter Ingolf Arnesson, die die Insel schließlich innerhalb von 60 Jahren komplett besiedeln. Langsam, aber sicher geht es immer weiter polwärts. Erik Raude, einer der frühen norwegischen Pioniere auf Island, entdeckt und erforscht Grönland, wo das Klima um 1000 n. Chr. viel freundlicher und wärmer ist als heute. Innerhalb kürzester Zeit entstehen vor allem im fruchtbaren Südwesten der Insel größere Kolonien, die regelmäßig per Schiff von Norwegen aus angelaufen werden, um Handel zu treiben. Die Wikinger treffen dort auch auf die Ureinwohner Grönlands, die Inuit, deren Vorfahren bereits

3.000 Jahre früher die Arktis erobert haben und perfekt an das Leben dort angepasst sind.

Und noch eine wichtige geografische Eroberung machen die Nordmänner, dieses Mal jedoch unmittelbar nördlich von Skandinavien. „Svalbardi entdeckt" melden die Isländischen Annalen 1194 kurz und trocken. Das „Land mit der Kalten Küste", die Inselgruppe Spitzbergen, ist erreicht. Weiter ist bis dahin noch kein Europäer Richtung Norden vorgedrungen. Obwohl auch in den nächsten Jahrhunderten immer wieder Entdecker und Seefahrer in nördliche Gefilde vorstoßen, geht das Wissen über viele dieser frühen geografischen Entdeckungen mit der Zeit wieder verloren. Ein Grund für den weniger stark ausgeprägten Forschungsdrang Richtung Norden ist sicher die Klimaverschlechterung, die ab 1400 n. Chr. einsetzt. Die kleine Eiszeit, die bis 1880 herrscht, ist auch dafür verantwortlich, dass die Wikinger ihre grönländischen Kolonien aufgeben müssen.

Über den Nordpol zum Pazifik? Die Erkundungsfahrten der Briten und Niederländer

Neue Dynamik bekommt die Erforschung der arktischen Regionen im 16. und 17. Jahrhundert. Zu dieser Zeit blüht der Handel mit Gewürzen, liegt aber fest in spanischer und portugiesischer Hand. Sie dominieren die südlichen Seerouten nach Indien und zu den asiatischen Gewürzinseln. Es sind deshalb vor allem englische und niederländische Entdecker, die versuchen, auf alternativen Wegen ins Handels-„Eldorado" im Fernen Osten zu gelangen. Was liegt daher näher, als einen nördlichen Seeweg entlang der russischen und nordamerikanischen Küsten zu suchen. Vielleicht – so die Hoffnung der Entdecker und ihrer „Mäzene" – gibt es ja sogar einen Weg direkt über den Nordpol.

Die ersten Expeditionen sind noch von wenig Erfolg gekrönt. Zu sehr mangelt es den ausgesandten Flotten und ihren Kapitänen, die meist von Handelsgesellschaften ausgerüstet werden, an Erfahrung und Kenntnissen. Doch allmählich gibt es erste Fortschritte. So machen sich die Briten Sir Hugh Willoughby und Richard Chancellor 1553 mit drei

Schiffen auf die Suche nach der Nordostpassage. Die finden sie zwar nicht, immerhin erreicht aber Chancellor mit seinem Schiff das Weiße Meer und stößt von da aus bis nach Moskau vor, wo er intensive Handelsbeziehungen knüpft. Willoughby dagegen muss das Streben nach Ruhm und Reichtum in arktischen Gewässern mit dem Leben bezahlen.

Ende des 16. Jahrhunderts ist es dann der niederländische Kapitän Willem Barentsz, der neue Maßstäbe bei der Erforschung der Arktis setzt. Ebenfalls auf der Suche nach der Nordostpassage erreicht er 1596 die Bäreninsel, entdeckt Spitzbergen wieder und umrundet anschließend die Nordspitze von Nowaja Semlja, bis schließlich gewaltige Eismassen die Weiterfahrt verhindern. Da ihnen auch der Rückweg versperrt ist, werden Barentsz und seine Männer zu Pionieren: Als erste Europäer verbringen sie einen ganzen Winter im Nordpolarmeer. Dabei lernen sie Eisberge, Polarbären und die samojedischen Ureinwohner kennen. Sogar für eine Partie Golf sollen sie im Laufe der Monate im Eis Zeit gefunden haben.

Doch nicht nur die Nordostpassage ist das Ziel der Seefahrer, auch der westliche Weg in den Pazifik wird immer interessanter. Der erste, der die Nordwestpassage in Angriff nimmt, ist der Brite Martin Frobisher, der 1576 immerhin bis zur Baffininsel vor der Nordostküste des heutigen Kanada gelangt, bevor er und seine Schiffe nach kriegerischen Auseinandersetzungen mit einigen Inuit zur Umkehr gezwungen werden. Weiter nach Westen kommt gut 30 Jahre später Henry Hudson, der die später nach ihm benannte Hudsonstraße und die Hudson Bay entdeckt. William Baffin dringt wenige Jahre später mit seinem Schiff „Discovery" entlang der Westküste Grönlands sogar bis zum 78. Breitengrad vor und kartiert dabei große Teile der grönländischen Küste und der Baffininsel. Eine Einfahrt in die Nordwestpassage finden jedoch auch Hudson und Baffin nicht. Dafür beginnt schon bald der Handel mit den Trappern in Nordamerika zu blühen. Pelzhandelsgesellschaften wie die berühmte Hudson Bay Company schießen in Nordamerika wie Pilze aus dem Boden. Nach dem Motto „lieber den Spatz in der Hand als die Taube auf dem Dach" rückt dadurch die Suche nach einem nördlichen Seeweg in den Pazifik erst einmal in den Hintergrund.

Erst Mitte des 18. Jahrhunderts geht die Erforschung der arktischen Gefilde weiter. Der Brite Charles Middleton untersucht 1741 mit mehreren Schiffen die Hudson Bay, 1728 und 1741 versucht Vitus Bering von der amerikanischen Westküste aus eine mögliche Durchfahrt nach Osten zu finden. Immerhin entdeckt und erforscht er dabei eine Schlüsselstelle für die Nordwestpassage: die Beringstraße.

Magnetischer Pol erreicht!

Gegen Ende des 18. Jahrhunderts rückt dann die Erforschung des Nordpols immer mehr in den Mittelpunkt des Interesses. Nicht nur die britische Royal Society hält es für möglich, diesen „interessanten geografischen Punkt" zu erreichen, auch andere Nationen beteiligen sich am Wettlauf zum Nordpol. Das Ganze erscheint zunächst gar nicht mal so schwierig. In Forscherkreisen glaubt man, dass der Nordpol in einem warmen Meer liegt, das allerdings von einem Eisgürtel umgeben ist. Diesen müsse man nur überwinden, um zum Pol vorstoßen zu können. Der britische Entdecker Constantine Phibbs gelangt mit seinen Schiffen an Spitzbergen vorbei immerhin bis auf 80° 48' Nord. Sein Landsmann William Scoresby erreicht 1806 mit dem Walfangschiff „Resolution" sogar 81° 31' Nord. Auf späteren Reisen kartiert er dabei mehr als 1.000 Meilen der grönländischen Ostküste, untersucht und zeichnet die Form von Schneeflocken und mikroskopiert Plankton.

Doch die zahlreichen Entdeckungen und wissenschaftlichen Aufzeichnungen wie Kartierungen und Strömungsmessungen bringen nicht nur den Forschern Ruhm und finanzielle Anerkennung, an ihre Fersen heften sich auch zahlreiche Geschäftemacher. Walfänger folgen den Routen der bekannten Seefahrer und finden fast überall frische, reiche Fanggründe und der Pelztierhandel erlebt eine Blütezeit.

1829 brechen der britische Arktisforscher John Ross und sein Neffe James Clark Ross mit der „Victory" auf, sie wollen eigentlich die Nordwestpassage finden. Bis nahe Felix Harbour an der Boothia-Halbinsel dringen sie mit ihrem Raddampfer vor, bevor technische Defekte am Schiff und vor allem mächtige Eismassen sie stoppen. Eine Möglichkeit, die begehrte Durchfahrt zu entdecken, haben sie nun nicht mehr, dafür eröffnet sich in ihnen eine andere ungeahnte Chance: Bei ihren Streifzügen zur Erkundung des Festlandes stellen sie fest, dass es bis zum magnetischen Pol nicht mehr weit sein kann. Mit Schlitten und einigen Inuit als Begleitung nähert sich James Clark Ross diesem Ziel. Am 1. Juni 1831 schließlich ist der ersehnte Punkt erreicht. James Clark Ross steht als erster Europäer auf dem magnetischen Pol der Nordhalbkugel am Cape Adelaide auf der Boothia-Halbinsel. Der geografische Nordpol, die Nordwest- und die Nordostpassage zum Pazifik sind jedoch Mitte des 19. Jahrhunderts noch immer nicht bezwungen.

Die Nordwestpassage: Franklin und die Folgen

Ausgerechnet eine missglückte und tragisch endende Expedition sorgt schließlich dafür, dass die Arktiserforschung immer schneller voranschreitet: Im Mai 1845 ist der 59-jährige John Franklin mit seinen Schiffen „Erebus" und „Terror" von England aus aufgebrochen, um nach der Nordwestpassage zu suchen. Letztmalig gesichtet werden die Schiffe wenige Monate später in der Baffin Bay von einem Walfänger. Danach verliert sich ihre Spur.

Nachdem Franklin auch 1848 noch immer nicht wieder aufgetaucht ist, werden von seiner Frau Jane, der britischen Regierung und anderen Freunden und Bekannten insgesamt 40 Suchexpeditionen ausgerüstet, die den Verschollenen finden sollen. Zu Lande und zu Wasser, von der Beringstraße aus und auf dem westlichen Weg entlang der kanadischen Küsten – überall fahnden die Retter nach Überleben der Franklin-Expedition. Zunächst ohne Erfolg. Erst der Schotte John Rae stößt schließlich bei den Inuit auf der Boothia-Halbinsel auf Gegenstände, die zum Eigentum von Franklins-Männern gehören. Die Einheimischen berichten ihm zudem von einer Gruppe völlig erschöpfter Engländer, denen sie vor Jahren zufällig begegnet waren.

Als Rae mit diesen Hinweisen 1854 nach England zu Franklins Frau Jane kommt, gibt sie sofort Francis McClintock den Auftrag, von Boothia Island aus die Spuren der Franklin-Expedition weiter zu verfolgen. McClintock findet während seiner Reise von 1857 bis 1859 ganz in der Nähe, auf King William Island, schließlich Gräber und schriftliche Aufzeichnungen, die Franklins Tod am 11. Juni 1847 belegen. Die Leiche John Franklins findet jedoch auch diese Expedition nicht. Dafür bringt sie Erkenntnisse und Aufzeichnungen von ihren

Reisen in die arktischen Gefilde mit, die späteren Polarforschern zugute-kommen. So setzt McClintock bereits Hundeschlitten als Transport-vehikel ein und richtet sich als Vorbereitung für lange Strecken Zwi-schenlager mit Proviant ein.

1850 starten die Briten einen weiteren Versuch, den Verbleib von Franklin aufzuklären. Während zwei Schiffe, die „Resolute" und die „Enterprise" vom Atlantik aus in die Nordwestpassage vordringen, fährt Robert McClure mit seinem Expeditionsschiff „Investigator" vom Pazi-fik aus über die Beringstraße und die Beaufort-See Richtung Osten. Auf Höhe der Banksinsel hindert ihn dichtes Treibeis an der Weiterfahrt durch die Kanäle und Inselchen. Einige seiner Männer können auf einer Erkundungstour per Schlitten das freie Wasser des Melville Sunds be-reits in der Ferne erkennen. Doch die Durchfahrt bleibt versperrt. Mc-Clure und seine Männer verbringen einen Winter im Eis, ehe sie im Sommer 1851 ein wenig weiter nach Osten vordringen. Wieder wird ihr Schiff vom Eis eingeschlossen und diesmal gibt es die „Investigator" auch im nächsten Sommer nicht frei. Allmählich werden die Vorräte knapp, die Männer müssen rationieren.

Im Frühjahr 1853, noch während McClure Vorbereitungen dafür trifft, einen Teil der Mannschaft per Schlitten loszuschicken, um Hilfe zu holen, geschieht das Unerwartete: Die Männer erblicken einen von Osten her auf sie zukommenden Menschen. Dieser entpuppt sich als ein Seemann von der „Resolute", die 28 Tagesreisen per Schlitten entfernt vor Anker liegt. McClure und seine Männer kehren mit ihm zu dessen Schiff zurück. Nach einer weiteren Überwinterung und einer weiteren Schlittenreise, diesmal nach Beechey Island zum dort in frei-em Wasser liegenden Schoner North Star, können McClure und die meisten seiner Männer schließlich im Frühjahr 1854 endlich zurück nach England segeln. Als erster Europäer hat McClure damit die Nordwestpassage komplett durchquert.

Nach seiner Ankunft in England muss er sich zunächst vor einem Gericht für den Verlust seines Schiffs, der „Investigator" verantworten, wird aber begnadigt und erhält eine Anteil an der Belohnung von 10.000 Pfund, die für die erste erfolgreiche Durchfahrung der Passage ausgeschrieben war. Ein kleiner Makel wird an seiner Tour vom Atlan-tik in den Pazifik jedoch bleiben: Er hat die Passage von West nach Ost und damit in der „falschen" Richtung und vor allem nicht der ganzen Länge nach auf einem einzigen Schiff absolviert.

Petermanns Visionen: Der Nordpol in einem schiffbaren Meer

82,7 Grad Nord – weiter als der Brite W.E. Parry ist Mitte des 19. Jahrhunderts noch immer niemand Richtung Pol vorgedrungen. Ideen und Vorstellungen darüber, wie es weiter nördlich aussehen könnte, gibt es trotzdem viele, doch sind sie noch wenig konkret und häufig ausgesprochen widersprüchlich. Während manche Forscher der Meinung sind, dass ein arktischer Kontinent existieren könnte, gehen andere davon aus, dass der Nordpol inmitten eines gigantischen Ozeans liegt, der schiffbar ist. Um an dieses Meer zu gelangen, müsste „nur" der ausgedehnte Eisgürtel überwunden werden, der das Polarmeer überall umgibt.

Zu den Anhängern dieser letzten Theorie gehört auch der deutsche Kartograph August Petermann im Jahr 1865. Zwar hat er keine großartige Arktiserfahrung, dafür aber umso genauere Visionen, wie man zum Nordpol gelangen könnte: „Schiffe, welche diesen Eisgürtel durchbrechen, werden ein schiffbares Meer in den höchsten Breiten und bis zum Pol selbst finden. Ein geeigneter Schraubendampfer könnte in der rechten Jahreszeit eine Reise nach dem Nordpol und zurück in zwei bis drei Monaten zurücklegen." Ganz so leicht, wie er sich die Sache vorstellt, wird der Vorstoß nach Norden aber nicht. Immerhin gelingt es Petermann aber mit seinen euphorischen Versprechungen und Ausführungen, in Deutschland das Interesse für eine Nordpolreise zu wecken.

Trotz bereits fertig ausgearbeiteter Routenvorschläge und einem Appell an die nationale Ehre findet er zunächst aber keine Geldgeber für seine Expedition, die neben Ruhm auch wissenschaftliche Erkenntnisse bringen soll. Schließlich – nach dreijähriger vergeblicher Suche nach Sponsoren – startet dann aber 1868 doch noch die erste deutsche Expedition von Bergen aus zum Nordpol. Nur ein einziges Schiff – der umgebaute norwegische Robbenfänger „Grönland" – soll sich unter Leitung des erfahrenen Kapitäns Carl Koldewey bis 75 Grad Nord und weiter polwärts vorkämpfen. Entlang der Ostküste Grönlands wird die Fahrt gehen, alternativ ist an eine Erkundung des Seegebiets östlich von Spitzbergen gedacht.

Doch so sehr sich die Männer um Koldewey auch bemühen, überall stoßen sie auf undurchdringliches Packeis. Beim letzten Versuch erreicht die „Grönland" immerhin eine nördliche Breite von 81° 1'. Doch dann ist auch in der Spitzbergen-Region an eine Weiterfahrt nicht mehr zu denken. Trotz Strömungs-, Wind- und Temperaturmessungen und wichtigen Eisbeobachtungen geht selbst Koldewey davon aus, dass die Mission gescheitert ist. Frustriert, aber nicht entmutigt, treten die Arktisforscher ihre Heimreise an und treffen am 10. Oktober 1868 wieder in Bremerhaven ein.

Kurs Ostgrönland: Die zweite deutsche Nordpolarexpedition

Kaum dass die „Grönland" einige Tage vor Anker liegt, gibt es bereits neue Ideen für eine zweite Nordpolexpedition. Wieder ist es Petermann, der seine abenteuerlichen und wenig realistischen Ideen als erster vorträgt. Er fährt dabei eine doppelte Strategie: Während sich ein Dampfer zum Nordpol vorkämpfen soll, wird zur gleichen Zeit ein zweites Schiff auf den Weg geschickt, um eine Landexpedition auf Grönland abzusetzen. Nicht nur bei Koldewey stößt dieser Plan auf Widerstand, auch viele andere Eisforscher halten ihn für schlichtweg utopisch.

Koldewey, der deutsche Arktispionier, brütet derweil über eigenen Ideen zur Eroberung des Nordpols. Aufgrund seiner Erfahrungen im ewigen Eis hat er sich zudem Gedanken über das Aussehen eines eistauglichen Schiffes gemacht, die er in einer Skizze konkretisiert. Schließlich einigen sich Koldewey, Petermann und das Bremer „Komitee zur Unterstützung einer deutschen Nordfahrt" doch auf das Ziel Ostgrönland. Die Organisation und Leitung der Forschungstour liegt wieder in den Händen des erfahrenen Carl Koldewey. Das Verhältnis zwischen Petermann und Koldewey jedoch bleibt gespannt. Als am 15. Juni 1869 die Schiffe „Germania" und „Hansa" zur zweiten Deutschen Nordpolarexpedition auslaufen, stehen zwar der preußische König Wilhelm und Präsident Bismarck bereit, um die Abenteurer feierlich zu verabschieden, Petermann jedoch bleibt der Zeremonie fern. Die beiden Schiffe verlieren sich aufgrund eines Signalfehlers kurz nach dem Beginn der Expedition aus den Augen und operieren von da ab getrennt …

Kapitulation vor dem Eis

Die „Germania" mit Koldewey stößt im Sommer 1869 entlang der grönländischen Ostküste bis auf 75° 5' Nord vor, ehe sie vom Eis gestoppt wird. Man beschließt deshalb, in der Nähe von Sabine Island zu überwintern. Nachdem das Schiff winterfest gemacht ist, bestimmen magnetische und astronomische Messungen und Beobachtungen den Tagesablauf der Männer. Sie unternehmen aber auch zahlreiche Boots- und Schlittenexpeditionen entlang der Küste. Dabei machen sie Bekanntschaft mit Tieren wie Moschusochsen, angriffslustigen Walrossen und Bären, erleben aber auch Naturwunder wie Halos und Nebensonnen und lernen eine schroffe, unberührte Natur kennen.

Am 24. März 1870 brechen Koldewey und sieben Mitglieder der Besatzung zu einer großen Schlittenreise nach Norden auf. Bärenangriffe, Stürme, Hunger, Durst und Schneeblindheit hindern sie nicht daran, innerhalb von drei Wochen bis auf 77° Nord vorzudringen. Das Ergebnis jedoch ist enttäuschend: Vom offenen Polarmeer haben sie nicht die geringste Spur entdeckt. Missmutig und erschöpft kehren sie um und erreichen am 27. April endlich wieder die „Germania". Es folgen Monate mit allerlei geologischen, topographischen und astronomischen Beobachtungen und Messungen, bis schließlich Mitte Juli 1870 das Eis aufbricht. Mit Volldampf voraus stoßen die deutschen Arktisforscher nach Norden vor, in freudiger Erwartung nun endlich das offene Polarmeer zu finden. Doch schon nach einigen Tagen kehrt Ernüchterung ein. Eine kompakte Eismasse auf 75° 5' Nord setzt ihrer Suche wieder ein abruptes Ende.

Koldewey beschließt umzukehren und erkundet stattdessen die grönländische Küste nach Süden hin. Um den 10. August fahren er und seine Männer schließlich in „einen ungeheuren, mit zahllosen schimmernden Eisbergen bedeckten Fjord" ein. Sie folgen dem Fjordverlauf und entdecken immer neue Naturwunder. Während einer Erkundung unternehmen sie auch eine alpine Bergsteigertour, bei der sie bis auf die sogenannte Payer-Spitze in 2.098 Meter Höhe vordringen. Der höchste Berg in der Region – 2.939 Meter – wird zu Ehren des deutschen Arktisvisionärs schließlich die Petermann-Spitze getauft. Schließlich machen sie sich dann aber doch auf den Heimweg und erreichen am 11. September 1870 wohlbehalten Bremerhaven.

Das Schicksal des Schwesterschiffs der „Germania", der „Hansa", ist weniger glücklich. Zwar gelangt auch ihre Besatzung am 3. September 1870 wieder vollzählig nach Deutschland zurück. Doch das Schiff selber wird beim Versuch möglichst weit polwärts vorzudringen vom Eis eingeschlossen. Nachdem ein Überwinterungscamp in Form eines Kohlenhauses auf einer Eisscholle angelegt ist, wird die „Hansa" kurz vor der grönländischen Küste von den Eismassen zerdrückt und sinkt. In letzter Sekunde gelingt es der Besatzung, große Teile der Vorräte in Sicherheit zu bringen. Mehr als 200 Tage verbringen die Männer anschließend auf der Scholle und treiben mit dem Eisstrom immer weiter Richtung Süden bis sie in freies Wasser gelangen. Nach vielen Entbehrungen erreichen sie schließlich mit Booten die Missionsstation Friedrichsthal an der Südspitze Grönlands und reisen von dort aus nach Deutschland zurück.

Obwohl der Vorstoß zum Pol bei dieser zweiten deutschen Nordpolarexpedition wieder fehlgeschlagen ist und auch nirgendwo das von Petermann erwartete freie Wasser jenseits des Eisgürtels gefunden werden konnte, bringen die Arktisforscher eine Menge an Forschungsergebnissen mit. Die Expeditionsschrift quillt über von Karten, Verhaltensstudien, Tier- und Landschaftszeichnungen oder Messreihen. Ihre Auswertung dauert Monate, erweitert aber das Wissen über die Arktis erheblich.

Kein offenes Polmeer: Die österreichische Arktis-Expedition

Bei der folgenden österreichischen Nordpolar-Expedition von 1872 bis 1874 unter Julius Payer und Karl Weyprecht, die die gänzlich unbekannten Regionen nördlich von Nowaja Semlja erforschen und vielleicht sogar die Nordostpassage finden soll, wird der Traum August Petermanns vom offenen Nordpolarmeer endgültig zu Grabe getragen.

Auf 79° 7' Nord und 59° 5' Ost finden die Arktisforscher auf dem Schiff „Admiral Tegetthoff" nach einer Überwinterung im Eis am 31. August 1873 immerhin Franz-Josef-Land. Auf der großen Schlittenreise zur Erkundung des Geländes im nächsten Jahr dringen sie dann

unter Aufbietung der letzten Kräfte zu Fuß weit nach Norden bis auf 82°
vor – einen großen Ozean mit gemäßigtem Wasser können sie allerdings
nirgends entdecken. Der Kommentar Payers in Richtung Petermann nach
der Rückkehr nach Bremerhaven am 3. September 1874 spricht Bände:
„Seids froh, dass jemand ein offenes Polarmeer zu erreichen strebt, denn
täte es niemand, dann gäbe es gar keine Nordpolexpeditionen."

Obwohl der Nordpol 1875 noch immer nicht erreicht ist, erkennen
Wissenschaftler wie Georg Neumayer schon bald, dass die Erforschung
der Arktis mit Expeditionen allein nicht zu machen ist. Ein Netz von
ständigen Messstationen sei nötig – so auch die Forderung von Karl
Weyprecht –, um „systematische wissenschaftliche Untersuchungen auf
dem Gebiet der Meteorologie und anderen Gebieten der Geophysik
durchzuführen." Schon im Internationalen Polarjahr 1882/83 berücksichtigt die neu gegründete Polarkommission diese Erkenntnis. Allein
in der Arktis werden unter Beteiligung von Ländern wie Deutschland,
Russland oder Norwegen 13 feste Langzeitmessstationen eingerichtet,
die kontinuierlich Daten erfassen und wertvolle Erkenntnisse liefern.

Trotz dieser Neuorientierung im Rahmen der Polarforschung verliert
man auf der ganzen Welt nicht das Ziel aus den Augen, die letzten wei-
ßen Flecken auf den Landkarten der Nordhalbkugel zu tilgen. Immer
wieder werden Expeditionen mit dem Ziel gestartet tiefer ins ewige Eis
vorzustoßen. Einen vielversprechenden Versuch hat die Expedition von
George Nares 1875/76 unternommen. Mit seinen Schiffen „Alert" und
„Discovery" erreicht Nares die Nordspitze von Ellesmere Island nahe
Grönland. Einigen seiner Männer gelingt es schließlich sogar, sich mit
Schlitten bis auf 83° 20' Nord vorzukämpfen – der fast 50 Jahre alte
Rekord von Parry ist damit endlich ausgelöscht.

Und noch ein historischer Erfolg wird in den 1870er Jahren gefeiert:
Die erste Durchquerung der Nordostpassage. Zwar sind die Russen
bereits seit dem 18. Jahrhundert damit beschäftigt, diese wichtige Route
in den Pazifik zu erforschen, dem Norweger Adolf Erik Nordenskjöld
ist es aber 1879 vorbehalten, die Strecke vom Nordkap bis in das Be-
ringmeer als erster Mensch vollständig zu befahren. Er kann dabei allerdings auf Kartierungen weiter Küstenstriche im Norden Europas und
Sibiriens zurückgreifen, die 1733 bis 1842 während der Großen Nordi-
schen Expedition im Auftrag des Zaren und unter der Leitung von Vitus
Bering entstanden sind.

Auf Skiern durch Grönland: Fridtjof Nansens erste Mission

„Der Himmel wird langsam heller; aber es dämmert erst, und große Teile der Eiswüste am Nordpol liegen noch im Dunkeln." – besser als Fridtjof Nansen kann man das Wissen über die Arktis zum Ende des 19. Jahrhunderts kaum beschreiben. Nansen aber setzt Zeit seines Lebens alles daran, immer mehr Licht in dieses Dunkel zu bringen. Der 1861 nahe der norwegischen Hauptstadt Oslo – damals Christiania – geborene Nansen studiert zunächst Zoologie und wird schon bald zum Kurator des Naturkundlichen Museums in Bergen ernannt. Erste Polarerfahrungen macht er im Alter von gut 20 Jahren auf einem Robbenfänger vor der wilden und fast unberührten Ostküste Grönlands. Von da ab ist er mit dem Arktisvirus infiziert.

Schon mit 26 Jahren geht Nansen daran, eine Expedition zu organisieren, bei der er als erster Europäer das Inlandeis Grönlands betreten und dann die Insel von Ost nach West durchqueren will. Doch es gibt Schwierigkeiten, die Gelder für eine solche Reise zu besorgen. Weder die norwegische Regierung noch Privatpersonen zeigen größeres Interesse an der Erforschung der unwirtlichen Insel, die zudem unter dänischer Kontrolle steht. Kein Wunder, dass es schließlich mit Augustine Gamel auch ein Däne ist, der Nansen finanziell unter die Arme greift und mit den notwendigen finanziellen Mitteln ausstattet.

Im Mai 1888 geht die Reise los. Der Robbenfänger „Jason" bringt Nansen zusammen mit Otto Sverdrup und seinen anderen Reisegefährten von Island aus weit nach Norden und setzt sie an der Ostküste Grönlands auf einer Eisscholle ab. Die Gruppe führt zwei Boote und eine halbe Tonne an Ausrüstung mit sich. Gleich zu Beginn droht ein Scheitern der Expedition, denn die Männer haben große Schwierigkeiten, die 16 Kilometer Treibeis bis zur Küste zu überwinden. Fast 500 Kilometer weit werden sie im Laufe der Zeit nach Süden abgetrieben, ehe sie nach zehn Tagen das Festland dann doch noch erreichen.

Die eigentliche Durchquerung Grönlands startet am 10. August. Gletscherspalten, die Kälte und der eisige Wind machen den Polarforschern schwer zu schaffen, aber sie verlieren ihre gute Laune nicht. Als sie am 12. September den höchsten Punkt ihrer Reise überschritten haben, ist das Schlimmste überstanden. Auf Skiern kommen sie anschließend schnell voran und sichten schon am 19. September – nach nur neun Tagen – die Westküste Grönlands. Die Mission ist erfüllt. Nach einer Überwinterung in Godthab kehrt Nansen über Kopenhagen nach Norwegen zurück und wird dort als Volksheld gefeiert. Doch Nansen ist längst noch nicht am Ziel seiner Wünsche.

Huckepack zum Nordpol? Nansens Expedition mit der Fram

Beim Studium von Arktisberichten über Eisströmungen und aus eigenen Beobachtungen am Treibeis vor Grönland ist Fridtjof Nansen zu der Überzeugung gelangt, dass das Eis im Polarbecken in ständiger Bewegung ist. Er vermutet deshalb, dass es einen starken Meeresstrom geben müsse, der von Sibirien über den Nordpol bis nach Grönland reicht. Dies belegen Funde von Schiffsteilen, die aus sibirischen Gewässern stammen und in Grönland angelandet worden sind. Diese Theorie gilt es nun zu bestätigen. Nansen plant deshalb, mit einem geeigneten Schiff bis zu den Neusibirischen Inseln auf 140° östlicher Länge zu reisen und sich dort im Packeis einfrieren zu lassen. Mit allen Besatzungsmitgliedern an Bord – so seine Hoffnung – sollte das Schiff dann huckepack auf dem driftenden Eis über den Nordpol bis nach Spitzbergen und Grönland wandern.

Gegen alle Widerstände und ungeachtet der Skepsis anderer Polarforscher und auch der Royal Geographical Society in London zieht Nansen die Vorbereitungen für diese historische Expedition durch. Nach seinen Vorstellungen wird die „Fram" gebaut, ein Schoner, der aufgrund seines abgerundeten, mit einem besonderen Hartholz geschützten Rumpfes dem Eis möglichst wenig Angriffsfläche bietet. Nansen geht davon aus, dass das Schiff so bei starkem Eisdruck nicht zerquetscht, sondern nach oben gedrückt wird – und dadurch quasi auf dem Eis schwimmt.

Das Ziel aller Wünsche ist bei diesem Projekt aber keineswegs der Nordpol, wie man vermuten könnte: „... denn diesen Punkt zu erreichen, ist an sich von geringer Bedeutung. Unser Ziel ist, das große unbekannte Gebiet um den Nordpol zu erforschen. Der wissenschaftliche

Wert dieser Untersuchung ist völlig unabhängig davon, ob die Expedition schließlich genau über den Pol führt oder in einiger Entfernung daran vorbei", so Nansen vor dem Aufbruch in die Arktis. Im Juni 1893 ist schließlich der große Moment gekommen. Die „Fram" verlässt Norwegen und geht auf ihre abenteuerliche Reise ins ewige Eis. Am 20. September ist das Packeis nordwestlich der Neusibirischen Inseln erreicht. Von nun an gilt es dem Schicksal zu vertrauen und zu hoffen, dass sich Nansens Überlegungen als richtig erweisen.

Fast zwei Jahre lang driftet die „Fram" anschließend mit ihrer Besatzung im Zickzackkurs langsam, aber unaufhörlich durch das vereiste Nordpolarmeer. Die grundsätzliche Richtung „Nordwest" stimmt, trotzdem wird irgendwann klar, dass das Schiff den Nordpol deutlich verfehlen wird. Zusammen mit Hjalmar Johansen macht sich Nansen deshalb auf Skiern auf zum Pol. Die restlichen Männer unter Führung von Otto Sverdrup bleiben an Bord zurück. Doch Nansens Vorstoß zum Nordpol misslingt. Bis auf 86° 14' nördlicher Breite können sich die beiden Männer vorkämpfen. Dann müssen sie Wind, Kälte und ihrer Erschöpfung Tribut zollen. Zwar sind sie soweit nach Norden gekommen wie noch niemand vor ihnen, eines der Ziele ihrer Expedition haben sie aber trotzdem verfehlt. Nach einem 500 Kilometer langen Marsch zurück in Richtung Süden verbringen Nansen und Johansen dann einen Winter in einer spartanischen Hütte auf Franz-Josef-Land. Später werden sie von einem Expeditionsschiff aufgelesen und gelangen im August 1897 zurück nach Norwegen. Auch der „Fram" und ihrer Besatzung ist das Schicksal günstig gesonnen. In der Nähe von Spitzbergen angekommen, können sie sich aus dem Packeis befreien und kommen ebenfalls noch im August 1897 wohlbehalten in der Heimat an.

Trotz des missglückten Angriffs auf den Pol hat die Reise eine Menge wichtiger wissenschaftlicher Erkenntnisse gebracht: Die von Nansen postulierte ostwestliche Meeresströmung und die damit verbundene Eisdrift gibt es tatsächlich. Land in Polnähe ist zumindest im europäisch-asiatischen Teil des Polarbeckens nicht zu finden. Die Unmenge an Daten über Meeresströmungen, Wassertiefen, Windverhältnisse und arktische Temperaturen, die Nansen und seine Männer von der mehrjährigen Reise mitbringen, erweitern das Wissen über die Arktis erheblich. Noch 1897 erscheint dann auch der Reisebericht von Nansen „Fram over polhavet", der den Polarforscher in der ganzen Welt berühmt macht.

Mit Amundsen durch die Nordwestpassage

Obwohl McClure 1854 die Prämie für die Entdeckung der Nordwestpassage von der britischen Regierung eingestrichen hat, bleibt für viele
jedoch bis heute Roald Amundsen der eigentliche Erstbezwinger der
Nordwestpassage. Knapp 50 Jahre nach McClure gelingt es ihm, mit
seinem Schiff „Gjöa" die Durchfahrt vom Atlantik in den Pazifik nördlich des nordamerikanischen Festlandes als Erster in ganzer Länge zu
befahren. 1872 in Oslo – damals Christiania – geboren, war er seit seiner Jugend der Meinung, dass Polarforschung eine Sache für Profis sei.
Da er unbedingt seinen Vorbildern John Franklin und Fridtjof Nansen
nacheifern wollte, musste er sich das seiner Meinung nach dafür not-
wendige Rüstzeug erst einmal zulegen. Er fuhr deshalb früh zur See und
machte sein Kapitänspatent. Im Laufe vieler Reisen auf Robbenfängern
und Forschungsschiffen erwarb er die nötige Polarerfahrung. Zudem
war er Naturwissenschaftler und ein perfekter Skilangläufer: Konnte es
einen Kandidaten geben, der die Herausforderung, an der sich Seeleute
aus aller Herren Länder Jahrhunderte lang die Zähne ausgebissen hatten – die Durchquerung der Nordwestpassage –, eher bestehen konnte?

Akribisch hat Amundsen sich auf diese Tour – wie auf alle seine Expeditionen – vorbereitet. Im Sommer 1903 verlässt er mit dem kleinen,
motorisierten 45-Tonnen Walfangschiff „Gjöa", in das er sein ganzes
Vermögen und noch mehr gesteckt hat, schließlich den Oslofjord. Still
und heimlich geschieht dies im Schutze der Nacht – aus Angst vor den
Gläubigern. Auf den Spuren von John Franklin erreicht er problemlos
mit seinen sechs Gefährten den Lancastersund nördlich von Baffin
Island. Von da aus geht es über die James Ross Strait nach Süden, wo
sie ihr Winterlager aufschlagen.

Die Amundsen-Expedition errichtet ein Observatorium für geomag-
netische Studien und freundet sich mit einer Gruppe Inuit an, die in der
Nähe der „Gjöa" ihr Winterquartier beziehen. Der kalte folgende Sommer 1904 und die Faszination für die Inuit lassen Amundsen schließlich
sogar einen weiteren Winter in Gjöahavn bleiben, bevor das Schiff im
August 1905 die Reise nach Westen fortsetzt. Südlich von Victoria-
Island stoßen sie auf den Walfänger „Charles Hanson", der über die Beringstraße in den Hohen Norden vorgedrungen ist. Das Ende der Reise

durch die Nordwestpassage scheint zum Greifen nahe. Aber zu früh gefreut: Gewaltige Eisschollen versperren den Weg in die Beringstraße. Noch eine Überwinterung ist notwendig. Zusammen mit Walfängern campiert Amundsen in der Nähe von Herschel Island. In Begleitung von Inuit und einem befreundeten Kapitän macht er sich von dort aus auf den 800 Kilometer langen Weg zum nächsten Telegraphenbüro in Fort Egbert/Alaska, um der Welt seinen Triumph von der kurz bevorstehenden Durchquerung der Nordwestpassage zu verkünden. Nach seiner Rückkehr zum Schiff geht es mit der „Gjöa" im Frühsommer 1906 zunächst weiter durch Beringstraße, bevor Amundsen schließlich im Oktober 1906 – frenetisch gefeiert – im Hafen von San Francisco einläuft.

Der legendäre Polarforscher hat von der Durchquerung der Nordwestpassage aber mehr mitgebracht als nur das historische Ereignis der Ersttat. Die wenigen Crewmitglieder haben während der Fahrt eine Unmenge an wissenschaftlichen Daten und Fakten gesammelt. Messungen und Aufzeichnungen zum Erdmagnetismus, die genaue Lage des magnetischen Nordpols und die völkerkundlichen Studien zu Sprache, Kultur und Jagd- und Überlebensstrategien der Inuit machen ihn und seine Begleiter zu Polarforschern ersten Ranges.

Doch Amundsens Tatendurst in der Arktis ist noch lange nicht gestillt. Nachdem die Nordwestpassage passiert ist, konzentriert sich sein Interesse auf den Nordpol. Mit einem fetten Kredit in der Tasche und Nansens „Fram" als perfektem Forschungsschiff geht er wie immer akribisch daran, seinen Vorstoß zum Nordpol vorzubereiten. Wie sein Vorbild Nansen will er sich vom Eis einschließen lassen und dann mit der Eisströmung durch das Nordpolarmeer bis auf 90 Grad Nord driften. Mitten in seine Planungen platzt jedoch die Bombe. Im September 1909 erhält Amundsen die Nachricht, dass angeblich sowohl Frederick Cook als auch Robert Peary den Nordpol bereits erreicht haben.

90° Nord im Visier: Peary und sein Weg zum Pol

Sein ganzes Leben hat Robert Peary dem Ziel gewidmet, zum Nordpol zu kommen. Doch immer wieder – zuletzt 1906 von Cape Sheridan an der Nordküste von Ellesmere Island aus – ist er kurz vor dem Ziel gescheitert. Immerhin 87.06° nördlicher Breite hat er dabei nach eigenen Angaben erreicht. Die neue, vielleicht letzte Mission zum Pol hat er 1908/09 von Cape Columbia auf Ellesmere Island aus wochenlang perfekt vorbereitet. Zahlreiche Versorgungslager, die entlang der vorgesehenen Route von seinen Helfern angelegt werden, sollen die Versorgung der Expeditionsteilnehmer sicher stellen und einen schnellen Marsch ermöglichen.

Am 1. März 1909 brechen Peary und Matthew Henson, der ihn auf allen seinen vorherigen Arktisexpeditionen und Polvorstößen unterstützt hat, in Begleitung einiger Inuit mit Hundeschlitten zu der mühevollen Tour auf. Trotz der Gefahren, die überall lauern, geht der Angriff auf den Pol relativ gut voran. Immer weiter stoßen die Männer nach Norden vor. Schließlich ist auch das letzte Vorratsdepot in etwa 260 Kilometer Entfernung vom Nordpol erreicht. Aber wird auch der letzte Ansturm gelingen?

Peary und seine Gefährten setzen unbeirrt ihren Weg fort. Sie legen dabei ein enormes Marschtempo vor und am 6. April 1909 ist dann soweit: Der amerikanische Marineoffizier pflanzt das Sternenbanner der Vereinigten Staaten von Amerika in das ewige Eis der Arktis und beendet damit den Wettlauf zum Pol ein für alle Mal. Viel Zeit den Triumph zu feiern bleibt nicht. Im Rekordtempo kehren die Männer zu ihrem Basislager in Cape Columbia zurück. Die letzten 1.000 Kilometer ihrer abenteuerlichen Reise haben sie nach eigenen Angaben in nur 16 Tagen zurückgelegt – eine fast unglaubliche Leistung.

Kein Wunder, dass sich fast überall auf der Welt nach dem ersten Jubel schon bald die ersten Kritiker zu Wort melden. Nicht nur die Marschleistung der Expedition wird angezweifelt, manche Peary-Gegner vermuten auch, dass seine Ortsbestimmungen vielleicht unpräzise gewesen sein könnten. Wie weit Peary wirklich nach Norden vorgedrungen ist und ob er tatsächlich den Nordpol erreicht hat, bleibt letztlich unklar. Zudem meldet sich auch sein ehemaliger Weggefährte Frederick Cook zu Wort, mit dem Peary sich wegen der Veröffentlichung von Forschungsergebnissen nach einer seiner vielen Grönlandexpeditionen zerstritten hat. Cook behauptet, er habe bereits etwa ein Jahr zuvor auf seiner Arktisreise am 21. April 1908 mit einigen Inuit auf dem Nordpol gestanden. Doch die Wissenschaftler weltweit schenken seinen angeblichen Beweisen keinen Glauben.

Peary dagegen wird in den nächsten Jahren überall, wo er auftaucht mit Ruhm und Ehre überschüttet. Und in fast allen Geschichtsbüchern der Arktisforschung wird der Amerikaner seitdem als der erste Mensch geführt, der seinen Fuß auf 90° nördliche Breite gesetzt und damit die vielleicht gefährlichste Region der Erde bezwungen hat.

Mit Alfred Wegener in Grönland

Auch nachdem Peary 1909 zum ersten Mal den Nordpol erobert hat, ist die Geschichte der Arktis-Expeditionen noch lange nicht zu Ende. Noch immer gilt es, letzte weiße Flecken auf den Karten der Nordpolarregion zu beseitigen und Klima und Natur der Arktis näher zu erforschen. Gerade bei der Untersuchung beispielsweise von meteorologischen und klimatischen Bedingungen in arktischen Regionen machen sich deutsche Wissenschaftler einen Namen.

Vor allem der „schweigsame Mann mit dem liebenswürdigen Lächeln", wie Alfred Wegener gerne beschrieben wird, tritt dabei immer wieder in wichtiger Funktion in Erscheinung. Auch wenn sein Ruhm vor allem auf der Theorie der Kontinentalverschiebung beruht, die er 1912 veröffentlicht, erwirbt er sich auch als Polarforscher große Anerkennung. Viermal bricht er in das grönländische Inlandeis auf, um wie bei der „Danmark-Expedition" in Nordostgrönland unerforschte Regionen zu kartieren oder mit Drachen und Fesselballon den meteorologischen Besonderheiten des Polarklimas auf die Spur zu kommen. 1913 überquert er dann mit dem dänischen Glaziologen Johann Peter Koch und einigen weiteren Begleitern mit Pferdeschlitten den nördlichen Teil Grönlands von Ost nach West. Die Polarforscher kommen dabei nur knapp mit dem Leben davon.

Bei seinen letzten beiden Expeditionen 1929 und 1930, die Alfred Wegener selbst plant und leitet, geht es schließlich darum, mithilfe von neuen Methoden zur Eisdicken- und Schweremessung über ein ganzes Jahr hinweg das grönländische Inlandeis besser kennenzulernen. Aus diesem Wissen – so hoffen Wegener und seine Kollegen – lassen sich dann Rückschlüsse über den Einfluss des grönländischen Inlandeises auf das Klima in Mitteleuropa ziehen. Um die notwendigen Daten zu sammeln, werden während des Projektes von Wegener und seinen Männern drei dauerhaft bemannte Stationen auf dem grönländischen Inlandeis aufgebaut.

Doch Wegener selbst ist es nicht mehr vergönnt, den Ruhm für „das letzte große Pionierunternehmen in Grönland" zu ernten. Beim Versuch, die Station Eismitte im Herzen Grönlands mit Proviant zu versorgen, kehren Wegener und sein Begleiter Rasmus Villumsen nicht mehr aus dem ewigen Eis ins Basislager zurück. Suchtrupps finden später weitab der Küste seine Leiche. Wegener ist nicht erfroren, sondern vermutlich aus Überanstrengung einem Herzschlag erlegen. Von seinem Begleiter Villumsen und Wegeners letztem Tagebuch fehlt bis heute jede Spur. Doch trotz Wegeners Tod geht das Projekt weiter. Die Expedition wird schließlich von seinem Bruder Kurt erfolgreich zu Ende geführt.

Von Luftschiffen, U-Booten und einem Marathon am Pol

Aber nicht nur die Erforschung, auch die Rekordjagden in der Arktis finden nach der Eroberung des Nordpols durch Peary ihre Fortsetzung. Die lebende Legende Amundsen beispielsweise hat nach Erreichen des Südpols im Jahr 1911 immer noch ehrgeizige Ziele in der Arktis: Er will das Nordpolarmeer und die Region um den Pol als Erster aus der Vogelperspektive erforschen. Die erste Expedition 1925 mit zwei Luftschiffen schlägt jedoch kurz vor dem Pol fehl. Mit knapper Not können sich Amundsen und seine Begleiter zurück nach Spitzbergen retten. 1926 kommt dann der Amerikaner Richard Evelyn Byrd Amundsen zuvor. Von Spitzbergen aus überfliegt er den Nordpol mit einem Flugzeug. Das Luftschiff „Norge" mit Amundsen und seinen Begleitern, dem Italiener Umberto Nobile und dem Amerikaner Lincoln Ellsworth, schafft es noch im selben Jahr von Spitzbergen aus über den Nordpol bis nach Alaska. Damit ist auch die erste Arktisüberquerung geschafft.

30 Jahre später gibt es wieder eine Premiere zu feiern. 1958 ist es die „Nautilus", das berühmte amerikanische Atom-U-Boot, dem es erstmals gelingt, die Arktis zu unterqueren und dabei auch den geografischen

Nordpol anzusteuern. „Nautilus auf 90 Grad nördlicher Breite!", ist die knappe Botschaft des Kapitäns William Anderson, als am 3. August der Nordpol erreicht ist.

Die erste Arktisdurchquerung zu Lande gelingt gut 20 Jahre später dem Briten Wally Herbert. Mit Hundeschlitten geht es 1969 vom Startpunkt Point Barrow in Alaska zum Nordpol und von dort aus weiter bis kurz vor Spitzbergen. Ranulph Fiennes und Charles Burton umrundeten im Rahmen ihrer Transglobe Expedition zwischen 1979 und 1982 die Erde als erste auf einer über beide Pole führenden Route. 1980 erreichten sie dabei den Südpol, 1982 den Nordpol. 1994 ist es schließlich der Norweger Borge Ousland, der als erster Mensch allein und ohne jegliche äußere Hilfe die 973 Kilometer von der sibirischen Severnaja-Insel über die arktische Eisschicht zum Nordpol in 52 Tagesmärschen zurücklegt. Seinen 125 Kilo schweren Schlitten mit Proviant zieht er selbst, auf Funk und Satellitennavigation möchte er denn aber doch nicht verzichten. Und den ganzen Weg zurück muss er sich auch nicht quälen. Ein Flugzeug aus Kanada bringt ihn vom Nordpol zurück in die Zivilisation.

Mittlerweile geht es im hohen Norden beinahe zu wie in einem Taubenschlag. Um den Nordpol zu erreichen, braucht man heute längst kein Forscher oder Abenteurer mehr sein. Eine dicke Brieftasche und die Teilnahme an einer Kreuzfahrt auf einem der nuklear angetriebenen russischen Supereisbrecher reichen aus, um an das Ziel aller Arktisträume zu gelangen. Knapp 20.000 Euro kostet der Spaß, wenn man den Nordpol mit einigem Luxus und vielleicht sogar im Schlaf in einer der vergleichsweise behaglich ausgestatteten Mehrbettkabinen ansteuern will. Wem dies nicht abenteuerlich genug ist, sei eine Tour mit einem der Tiefseetauchboote an Bord der Eisbrecher ans Herz gelegt. Für zusätzliche 30.000 Euro bringen diese modernen Hightech-Geräte den Adventure-Freak sogar bis in mehr als 4.000 Meter Tiefe direkt auf den Meeresboden am Nordpol.

Nadja Podbregar

Zusammenfassung

Obwohl sie erst 1820 entdeckt wurde, hat die Antarktis, die Terra Incognita des Südens, die Fantasie der Menschen schon lange Zeit vorher beschäftigt. Die Vorstellungen von einem üppigen südlichen Paradies mussten allerdings spätestens nach den ersten Expeditionen der eisigen Realität weichen. Eisspalten, tobenden Schneestürmen, Temperaturen bis minus 70 Grad – all diesem trotzten die Forscher und Entdecker auf ihrem Weg zum Pol und zur Erkundung des siebten Kontinents. Heute sind in der Polarforschung längst Schneemobile, Flugzeuge und behagliche Wohn- und Arbeitsstationen an die Stelle von Hundeschlitten und Zelten getreten, aber die Faszination dieser Welt aus Eis und Schnee bleibt.

Der südliche Zwilling: Frühe Vorstellungen vom Südkontinent

Obwohl die Antarktis erst viele hundert Jahre später entdeckt werden sollte, postulierten schon die alten Griechen die Existenz eines Südkontinents. Ihr Empfinden für Symmetrie forderte es einfach, dass eine große nördliche Landmasse einen ebenso großen südlichen Zwilling haben musste. Der Geograf und Astronom Claudius Ptolemäus ordnete

D. Lohmann, N. Podbregar, *Im Fokus: Entdecker*,
DOI 10.1007/978-3-642-24337-0_12, © Springer-Verlag Berlin Heidelberg 2012

150 n. Chr. daher in seinem Längen- und Breitengradsystem einen Nord- und einen Südkontinent entsprechend an. Sie erhielten die Namen „Arktis" – nach dem nördlichen Sternbild des Arkturos, des großen Bären – und Antarktis – „gegenüber dem großen Bären". In den Vorstellungen der Griechen war die Antarktis allerdings kein eisiger öder Kontinent, sondern ein eher tropisch üppiges Land des Südens, eine Art Schlaraffenland.

1482, mehr als 1.300 Jahre später, verließen sich die Kartografen der Renaissance noch immer auf die Schriften des Ptolemäus und zeichneten im unteren Bereich ihrer Karten eine Antarktis ein. Neue Nahrung erhielten die Spekulationen über einen großen Südkontinent durch den Entdecker Ferdinand Magellan. 1519 passierte er auf der Suche nach einem westlichen Weg nach Indien Feuerland und vermutete in dem öden Landstrich den nördlichen Ausläufer des Südkontinents. In zeitgenössische Karten ging seine Entdeckung als das „neu entdeckte aber noch unbekannte südliche Land" ein. Magellans Interpretation von Feuerland als Teil einer Antarktis wurde allerdings gut 50 Jahre später durch Francis Drake widerlegt. Ein Sturm trieb den Seefahrer 1578 an den südlichen Rand der „Tierra del Fuego", wo ihm nur allzu deutlich klarwurde, dass sich dort statt des erhofften Südkontinents ein weites Meer erstreckte. Von einem Land im Süden keinen Spur.

Trotz dieses Rückschlags setzte sich die Vision einer „Terra australis incognita" weiter durch. Im Laufe der Zeit wurde dieses Südland in der Fantasie der Menschen und auch der Kartografen immer stärker ausgeschmückt. Noch Anfang des 18. Jahrhunderts herrschte die Vorstellung einer blühenden Zivilisation mit mehr als 50 Millionen Menschen vor. Der Drang danach, endlich dieses Fabelland zu finden, wuchs und immer häufiger machten sich Abenteurer, Seefahrer und Wissenschaftler auf den Weg nach Süden – auf die Suche nach der Terra incognita.

James Cook und die ersten Entdecker

Angetrieben von den fantasievollen Vorstellungen seiner Zeit, macht sich 1772 auch der englische Seefahrer James Cook Richtung Süden auf. Offiziell zum Zwecke astronomischer Beobachtungen ausgesandt, soll seine Expedition gleichzeitig Ausschau nach dem geheimnisvollen Südkontinent halten. Obwohl Cook selbst der Ansicht ist, die polaren Gewässer würden absolut gar nichts oder bestenfalls unfruchtbares Ödland enthalten, segelt er drei Jahre lang kreuz und quer über die Meere der Südhalbkugel. Seine Reisen sollten das Gesicht der bekannten Welt mehr verändern als alle anderen historischen Entdeckungsfahrten.

Als erster Europäer kreuzt er den Südpolarkreis und entdeckt die South Georgia und South Sandwich Inseln – aber das Südland findet er nicht. Cook ist zwar inzwischen überzeugt, es gäbe „einen Landstrich am Pol, die Quelle allen Eises, das über den großen Südozean verteilt ist." Die von ihm gefundenen „Landstückchen" tragen allerdings nicht gerade dazu bei, seinen Enthusiasmus für diese Suche zu steigern: „Meine Enttäuschung hält sich in Grenzen. Nach dem Gefundenen zu urteilen, ist das Ganze ohnehin keiner Entdeckung wert."

In dieser Einschätzung sollte sich Cook allerdings gründlich getäuscht haben: Als seine Reiseberichte veröffentlicht werden, lösen die Schilderungen von reichen Seehund und Walvorkommen im Südmeer eine Art Goldrausch unter britischen und amerikanischen Pelztierjägern und Walfängern aus. In Scharen strömen sie nach Süden mit dem Ziel, die Schätze der südlichen Meere auszubeuten. Obwohl die Jäger zum größten Teil kein besonderes Interesse an neuen Entdeckungen oder gar wissenschaftlichen Erkenntnissen haben, lösen ihre Berichte wiederum eine neue Welle von wissenschaftlichen Expeditionen aus.

1820 schließlich ist die lange Suche nach dem Südland endlich zu Ende: Gleich drei Menschen erblicken unabhängig voneinander die Küste der Antarktis. Der erste, der russische Admiral Thaddeus von Bellinghausen, sieht das Festland im Januar von Bord eines Walfangschiffes aus. Einen Monat später entdeckt der britische Offizier Edward Bransfield die Küste der antarktischen Halbinsel. Im November folgt der Amerikaner Nathaniel Palmer.

Vulkane, Schelfeis und zwei Schiffe: Die Expeditionen des James Ross

In der Folge dieser Entdeckungen wandten sich immer mehr Forscher nach Süden, um das neu entdeckte Land zu erkunden. Einer der bedeutendsten dieser frühen Entdecker ist der Engländer James Clark Ross. Mit mehrjähriger Erfahrung in polaren Gewässern bricht er im Oktober 1839 mit zwei Schiffen, der „Erebus" und der „Terror", Richtung Antarktis auf. Sein Ziel: Er will den magnetischen Südpol finden. Acht Jahre zuvor hatte Ross bereits den magnetischen Nordpol lokalisiert und er hat nun keinesfalls die Absicht, die Entdeckung des Gegenpols einem anderen zu überlassen.

Am Neujahrstag 1841 überquert Ross den südlichen Polarkreis und stößt kurz darauf auf Packeis. Es gelingt den beiden Schiffen jedoch, diese Eisbarriere zu passieren, und sie erreichen ein nur dünn mit Eis bedecktes Meeresgebiet. Dieses wird heute ihm zu Ehren als Rossmeer bezeichnet. Schon wenige Tage später sehen sie in der Ferne vor sich eine riesige weiße Bergkette in den Himmel ragen – die Küste der Antarktis. Während sie weiter darauf zu segeln, beginnt die Kompassnadel sich seltsam zu verhalten. Ross schließt daraus, dass er sich dem magnetischen Südpol, seinem ersehnten Ziel, bis auf 500 Kilometer genähert haben muss.

Am 28. Januar 1841 bietet sich der Expedition eine weitere Überraschung: Auf einer vorgelagerten Insel speit ein gigantischer Vulkan Rauch und Feuer. Der Schiffsarzt notiert in seinem Tagebuch: „Die ganze Küste ist eine einzige Masse schneeglänzender Gipfel. Davor jedoch erhebt sich eine dunkle Rauchwolke, von Flammen umgeben. Sie steigt in einer fast ungebrochenen geraden Säule vom Vulkankegel auf. [...] Dieser Anblick übertrifft alles bisher gesehene, es ruft ein Gefühl der Ehrfurcht hervor..." Nach seinen beiden Expeditionsschiffen tauft Ross den aktiven Vulkan „Erebus" und seinen kleineren, inaktiven Nachbarn „Terror".

Während die Schiffe stetig nach Süden steuern, bemerkt Ross einige Tage später eine niedrige weiße Linie, die sich, soweit das Auge sehen kann, ostwärts erstreckt. „Als wir näher kamen, entpuppte sie sich als eine senkrechte Eiswand, zwischen 45 und 60 Meter hoch, völlig flach und eben an der Oberseite und ohne Spalten oder größere Vorsprünge auf der Seeseite", so Ross in seinem Tagebuch. Mehr als 300 Kilometer segeln Ross und seine Mannschaft an dieser Schelfeisgrenze entlang, immer in der Hoffnung, doch noch eine Einfahrt zu finden. Mitte Februar muss Ross allerdings einsehen, dass es diese Barriere für ihn und seine Schiffe unüberwindbar ist: „Wir haben in etwa die gleiche Erfolgschance wie bei einem Versuch, durch die weißen Klippen von Dover zu segeln." Er tauft das später nach ihm benannte Schelfeis „Viktoriabarriere" und beschließt, es erst im nächsten Südpolarsommer erneut zu versuchen.

Dieser zweite Versuch ist allerdings vom Pech verfolgt. Im Packeis werden beide Schiffe durch die Wucht der umhertreibenden Eisschollen beschädigt. Endlich am Eisschelf angekommen, ist es dann so kalt, das sogar ein Fisch an der gefrorenen Bordwand der „Erebus" kleben bleibt. Eine Durchfahrt ist auch diesmal nicht in Sicht. Auf dem Rückweg kollidiert die „Erebus" beinahe mit einem Eisberg. Sie kann zwar ausweichen, rammt dabei aber die „Terror". Nur ein gewagtes Manöver durch Ross verhindert in letzter Minute, dass die Schiffe Totalschaden erleiden. Schwer beschädigt, aber gerade noch seetüchtig, erreicht die Expedition Ende März 1842 die Falklandinseln.

Nach einem dritten erfolglosen Versuch, weiter nach Süden vorzudringen, verlässt James Ross 1843 endgültig das südliche Polarmeer und kehrt heim nach England. Nach dem Ende der letzten Ross-Expedition sind die Antarktis und das Südpolarmeer fast 50 Jahre lang wieder die fast ausschließliche Domäne der Pelztierjäger und Walfänger. Erst 1895 sollte der sechste internationale Geographische Kongress eine neue Ära der Polarforschung einläuten.

Hungern und Frieren für Ruhm und Ehre: Auf dem Weg zum Südpol

Mit dem Beginn des 20. Jahrhunderts konzentrieren sich die Bemühungen der Forscher und Entdecker mehr und mehr auf die Pole. Angetrieben von der Begeisterung der Öffentlichkeit will jeder der erste an einem der beiden Pole sein. Den ersten Versuch startet 1901 Robert Falcon Scott mit einer britischen Marine-Expedition und dem Schiff „Discovery". Nach einer Überwinterung am „Hut Point" auf der Rossinsel gelingt es ihm und seinen Begleitern, dem Pol bis auf 720 Kilometer nahezukommen. Dann müssen sie, von Wetter und Hunger besiegt, umkehren. Ernest Shackleton, einer der Begleiter Scotts, erkrankt schon auf der Hälfte des Hinwegs an Skorbut und muss zu seiner Beschämung die Rückreise im Schiff antreten.

Sechs Jahre später erhält Shackleton die Chance, diese Blamage wieder wettzumachen. Er wird zum Leiter der Britischen Antarktis Expedition ernannt. Nachdem er, wie auch Scott vor ihm, auf der Ross Insel überwintert, entschließt sich Shackleton zwei Fliegen mit einer Klappe zu schlagen: Während er und drei weitere Männer sich mit Ponys und Schlittenhunden auf den mehr als 2.700 Kilometer langen Marsch zum geografischen Südpol aufmachen, soll ein anderes Team, geführt von dem bereits 50 Jahre alten Edgeworth David, den magnetischen Südpol ansteuern. Dieses Team muss dabei allerdings auf die Hilfe von Zugtieren verzichten.

Zu Fuß ziehen David und seine Teamgefährten Mawson und Mackay die schweren Schlitten durch die eisige Wildnis. Auf dem letzten Stück der knapp 2.030 Kilometer lassen sie alle schweren Lasten in einem Depot zurück. Nach einem Gewaltmarsch erreichen sie schließlich am 15. Januar 1908 den magnetischen Südpol. Erschöpft, aber glücklich pflanzen sie die britische Flagge in den Schnee und kehren zum Depot zurück. Ihr Ziel haben sie erreicht, jetzt müssen sie nur noch am Leben bleiben und heil wieder zum Schiff „Nimrod" gelangen.

Nach einem vorher vereinbarten Zeitplan bleiben ihnen nur noch wenige Tage, um das Basislager zu erreichen und dem wartenden Schiff zu signalisieren. Am 5. Februar 1909, nur noch gut einen Kilometer vom Depot entfernt, ist von der „Nimrod" noch immer nichts zu sehen. Während David, Mackay und Mawson bereits über ihre Notlösung nachdenken, einen weiteren langen Marsch zur Ross Insel, ertönen allerdings zwei laute Explosionen ganz in der Nähe – die Bordkanonen der „Nimrod". Wenig später taucht sie aus dem Dunst auf und sammelt das Team ein.

Auch das Südpolteam mit Shackleton und seinen Begleitern scheint zunächst Glück zu haben: Sie starten bei wolkenlosem Himmel und Rückenwind und kommen gut voran. Doch bald zeigen sich die ersten Schwierigkeiten: Die Ponys brechen immer wieder in dem weichen Schnee ein und kommen nur mühsam wieder auf die Beine. Das diffuse Licht schluckt alle Schatten und lässt Spalten im Eis nur schwer erkennen. Männer und Ponys stürzen mehrfach hinein und können nur knapp gerettet werden. Nach 29 Tagen passieren sie die Markierung von Robert Scott und quälen sich weiter. Als sie am 27. Dezember das Polarplateau erreichen, sind alle Ponys tot und die Rationen werden langsam knapp. Shackleton muss sich entscheiden, ob er sein Leben für den Pol riskiert, oder lieber versucht, sich und seine Begleiter lebend wieder zurückzubringen – für beides reichen Kräfte und Nahrung nicht mehr. Ein Blizzard, der das Team Anfang Januar 1910 mehrere Tage lang in ihrem Zelt gefangen hält, lässt ihnen schließlich keine Wahl: Nur rund 150 Kilometer vom Südpol entfernt kehren sie um.

Der Wettlauf zum Pol: Die erste Etappe

Während Shackleton noch in der Eiswüste der Antarktis ums Überleben kämpft, erreicht der Amerikaner Robert Peary am 6. April 1909 als erster den Nordpol. Da nun im Norden keine Lorbeeren mehr zu gewinnen sind, richtet sich die Aufmerksamkeit der Weltöffentlichkeit auf den Süden. Beinahe gleichzeitig beginnen nun mehrere Nationen, Expeditionen zum Südpol auszurichten: Der Amerikaner Peary, gerade erst aus der Arktis zurückgekehrt, kündigt an, er wolle den Südpol vom Wedellmeer aus erobern, eine ähnliche Route plant auch der deutsche Polarforscher Wilhelm Filchner. Der Franzose Jean-Baptiste Charcot erkundet Gebiete im Grahamland und die Japaner, angeführt von Leutnant Nobu Chirase, planen ebenfalls eine Expedition.

Auch der Brite Robert Scott, der bei seinem ersten Versuch 1901 gescheitert war, kündigt 1909 einen weiteren Anlauf an: „Das Hauptziel der Expedition ist es, den Südpol zu erreichen und dem britischen Empire die Ehre dieser Eroberung zu sichern." Auf diese Verlautbarung hin melden sich 8.000 Freiwillige, die an der Expedition teilnehmen wollen. Ein Jahr lang bereitet sich Scott auf sein großes Ziel vor, testet neu entwickelte Motorschlitten, wählt Ponys aus und sammelt Geld für ein Schiff und die Ausrüstung der Expedition. Er verzichtet dabei fast völlig auf Schlittenhunde und verlässt sich stattdessen auf bisher noch nie eingesetzte Motorschlitten und Pferde. Scott begründet seine Entscheidung damit, dass „keine Reise mit Hunden der Herausforderung und Ehre gleich kommt, die Männer erringen, die aus eigener Kraft allen Widrigkeiten trotzen." Diese noble, aber wenig praktische Ansicht sollte sich später als erhebliches Handicap für Scotts Team erweisen. Am ersten Juni 1910 verlässt die „Terra Nova" mit Scott an Bord unter lautem Jubel der Menschenmenge die Londoner Südwest-Indien Docks.

Nur zwei Monate später verlässt der polarerfahrene Norweger Roald Amundsen den Hafen von Christiania, angeblich Richtung Norden. „Ruhig und unbeobachtet", so schreibt er in seinem Tagebuch, „verließen wir den Fjord". Dass das eigentliche Ziel der Reise Antarktis lautet, wissen außer ihm nur sein Bruder Leon und der Kommandant des Schiffes. An Bord der „Fram", einem von Fridjof Nansen geliehenen Schiff, hat Amundsen 97 Grönlandhuskys, eine zerlegte Überwinterungshütte und Proviant für zwei Jahre.

Als Scott am 12. Oktober 1910 Melbourne erreicht, wird ihm ein Telegramm übergeben: „Erlaube mir, Sie von unserer Weiterfahrt in die Antarktis zu unterrichten. Amundsen, Madeira, 9. September". Scott ist zwar von dieser Herausforderung beunruhigt, beschließt aber, seine ursprünglichen Pläne nicht zu ändern. Am 4. Januar 1911 erreicht er die Ross Insel im McMurdo Sund und richtet bei Cape Evans sein Überwinterungs- und Basislager ein. Nur zehn Tage später betritt auch Amundsen antarktischen Boden – in der 650 Kilometer weiter westlich gelegenen Walbucht. Außer Amundsen hätte vermutlich kein Forscher daran gedacht, ausgerechnet hier sein Basislager zu errichten, da von der Kante des Ross-Schelfeises regelmäßig Eisberge abbrechen und die Region allgemein als instabil und zu riskant eingestuft wird. Doch Amundsen hat Shackletons Berichte genau studiert und festgestellt, dass die Eisfront in der Walbucht über längere Zeiträume fast unverändert geblieben ist. Für ihn zählt vor allem, dass die Walbucht nicht nur 100 Kilometer näher am Südpol liegt als die Ross Insel, sondern auch, dass der Weg dorthin lange über die relativ ebene Oberfläche des Schelfeises führt.

Amundsen und sein Team legen bis zum Einbruch des Winters an jedem Breitengrad bis zum 82. Grad ein Depot mit Nahrungsmitteln für Menschen und Hunde an. Dadurch müssen sie nur die letzten 370 Kilometer bis zum Pol ohne Versorgung von außen auskommen. In Gegensatz dazu kann Scott bis zum Winter nur ein einziges Vorratslager 56 Kilometer nördlich der geplanten Position am 80. Breitengrad errichten. Schuld daran sind die Ponys, die ständig im tiefen Schnee versinken und als Tragtiere praktisch unbrauchbar sind. Nach diesen Vorbereitungen auf die eigentliche Polexpedition ziehen sich beide Teams erst mal zur Überwinterung in ihre Basislager zurück.

90° Süd: Kampf ums Überleben

Nach der Überwinterung brechen beide Teams im Frühjahr 1911 zu ihrem Wettlauf zum Pol auf, Amundsen am 19. Oktober 1911, Scott am 1. November. Amundsens Team legt die Strecke bis zum 85. Breitengrad in Windeseile zurück, die Männer auf Skiern und die Hunde vor die Vorratsschlitten gespannt. Schon am 16. November erreichen sie den Fuß der Bergkette, über die sie auf das 3.000 Meter hohe Polarplateau vordringen müssen. Bis zum Pol sind es von hier aus noch rund 500 Kilometer. Aber dieser Abschnitt hat es in sich. Der Aufstieg über den steilen und zerklüfteten Axel-Heiberg-Gletscher kostet Menschen und Hunde enorme Kräfte. Am 20. November erreichen sie zwar das Plateau, müssen aber die 24 schwächsten ihrer 46 Hunde töten. Zudem werden sie von einem tagelang wütenden Schneesturm aufgehalten.

Zur gleichen Zeit ist Scott noch immer auf dem Weg zum Beardsmore-Gletscher, dem von ihm gewählten Zugang zum Polarplateau. Durch die einsinkenden Ponys gehandicapt und von Schneestürmen aufgehalten, erreichen er und seine Begleiter am 9. Dezember den Fuß des gewaltigen Eisstroms. Dieser ist zu dieser Zeit der größte aller bekannten Gletscher der Antarktis. Obwohl die geschwächten Pferde geschlachtet werden müssen und die wenigen mitgenommenen Huskys im Gegensatz zu Männern und Pferden die einzigen sind, die bisher kaum gelitten haben, entschließt sich Scott, die Hundegespanne zurückzuschicken. Damit besteht Scotts Team nur noch aus zwölf Männern, die ihre Schlitten jeden Zentimeter des langen Wegs zum Pol selber ziehen müssen.

Während sich Scotts Gruppe noch mühsam den Weg den langen Gletscher hinauf bahnt, hat Amundsen bereits Shackletons südlichsten Punkt von 1907 überschritten. Das Hundeschlittenteam kommt trotz Schneesturm gut voran und nähert sich unaufhaltsam seinem Ziel: 90 Grad Süd. Am 14. Dezember 1911 ist es soweit: Amundsen und seine vier Begleiter hissen die norwegische Flagge am Südpol. Ironie des Schicksals: Eigentlich hatte Amundsen immer nur zum Nordpol gewollt, er schreibt abends in sein Tagebuch: „Ich kann nicht sagen, dass damit das Ziel meines Lebens erreicht war. [...] Die Gegend um den Nordpol hat mich seit meiner Kindheit angezogen, und nun war ich hier am Südpol. Kann man sich etwas Verdrehteres vorstellen?"

Für Scott ist das Rennen damit verloren, ohne dass er es ahnt. Während Amundsen und sein Team bereits glücklich mit zwei Schlitten und 16 gesunden Hunden den Heimweg antreten, erreichen Scott und seine Begleiter am Silvestertag den 87. Breitengrad. Sie sind noch 320 Kilometer vom Pol entfernt und bereits jetzt fast am Ende ihrer Kräfte. Jeder der Männer hat einen 90 Kilogramm schweren Schlitten zu ziehen und die Nahrung reicht gerade eben, um nicht zu verhungern. Eine Stärkung bedeutet sie nicht.

Am 15. Januar 1912, einen Tagesmarsch vom Pol entfernt, notiert Scott in seinem Tagebuch: „Jetzt müssten wir es geschafft haben." Dies sollte die letzte hoffnungsvolle Eintragung Scotts bleiben. Schon am Nachmittag des nächsten Tages sind alle ihre Hoffnungen zerstört. Von weitem sehen sie bereits Schlittenspuren und das verlassene Camp der Norweger. „Das sagte uns alles. Es ist eine furchtbare Enttäuschung. [...] Jetzt liegt der Heimweg vor uns und es wird ein verzweifelter Kampf. Ich frage mich, ob wir es schaffen werden."

Sie sollten es nicht schaffen. Am 17. Februar 1912 erreichen sie den Fuß des Beardmoregletschers, doch Evans, der scheinbar kräftigste der fünf, bricht zusammen und stirbt. Einen Monat später sucht Oates in einem Schneesturm den sicheren Tod. Die restlichen drei Männer versuchen zermürbt von Hunger, Kälte und Anstrengung ihr „Ein-Tonnen-Depot" auf dem Schelfeis zu erreichen – vergeblich. Ein Schneesturm zwingt sie zu lagern, und nach einer Woche sind die Vorräte aufgezehrt. Alle drei sehen dem Hunger- und Kältetod entgegen. Am 29. März 1912 macht Scott seinen letzten Tagebucheintrag: „Wir können jetzt nicht mehr auf Besserung hoffen. [...] Wir werden immer schwächer und das Ende kann nicht mehr fern sein. Es ist schade, aber ich kann nicht mehr weiterschreiben. R. Scott."

Das Zelt mit den drei Leichen findet ein Suchtrupp erst im darauffolgenden Frühling – Scott und seine beiden Begleiter waren nur 18 Kilometer vom rettenden Nahrungsdepot entfernt gestorben.

Eine neue Ära der Polarforschung

Nach der Eroberung des Pols und einem im gleichen Jahr gescheiterten Versuch Ernest Shackletons, die Antarktis zu durchqueren, unterbricht der erste Weltkrieg erst einmal alle weiteren Expeditionen. Nach dem Krieg sind es vor allem die Briten, die die wissenschaftliche Erforschung des Kontinents vorantreiben. Ausgestattet mit den neuesten Errungenschaften der Technik – Flugzeugen, Traktoren und Schneemobilen – läuten sie eine neue Ära der Polarforschung ein. Statt der Jagd nach Ruhm und Ehre für den Einzelnen oder die Nation tritt nun wieder mehr die wissenschaftliche Erkundung in den Vordergrund. Zwar stehen auch hinter den Forschungsexpeditionen noch immer auch politische Motive, doch der Drang nach neuen Erkenntnissen überwiegt.

Nach dem zweiten Weltkrieg starten die Amerikaner eine großangelegte Kartierungs- und Erkundungsoperation. 13 Schiffe, 23 Flugzeuge und 4.700 Menschen arbeiten zwischen 1946 und 1947 in der Station „Little America" im McMurdo-Sund an der Erfassung von großen Gebieten an der Küste und im Inneren des Kontinents. Mit Hilfe von Luftbildaufnahmen und Forschungsflügen füllen sich so immer mehr weiße Flecken auf der Landkarte Antarktikas.

Um die Erforschung der Antarktis weiter voranzutreiben wird 1957 das Internationale Geophysikalische Jahr ausgerufen (IGY). Während einer 18-monatigen Periode soll bis Ende 1958 neben der Weltraumforschung vor allem die Antarktis im Mittelpunkt der internationalen wissenschaftlichen Aktivitäten stehen. Als Folge entstehen 40 wissenschaftliche Stationen in der Antarktis und 67 Länder beteiligen sich an Forschungsprojekten auf dem eisigen Kontinent. Dank des technischen Fortschritts ist nun auch die Durchquerung der Antarktis kein Problem mehr. 1958 traversiert die „Commonwealth-Trans-Antarctic-Expedition" unter der Leitung von Vivian Fuchs und dem Mount Everest Bezwinger Sir Edmund Hillary die Antarktis vom Wedellmeer über den Pol zum Ross-Eisschelf. Statt Hundeschlitten oder Skiern nutzen sie umgebaute Traktoren.

Edda Schlager

Zusammenfassung

Kennen Sie die Brüder Schlagintweit? Oder Willy Merkl? Und was hat Rickmer Rickmers mit Hochgebirgen zu tun? Nach Alexander von Humboldt gab es viele deutsche Naturforscher, die nicht weniger riskierten als er. Heute sind sie oft vergessen – zu Unrecht. Alexander von Humboldt gilt als der Urvater der deutschen Naturforscher. Auf seinen Reisen nach Amerika und Asien riskierte er mehr als einmal sein Leben, etwa bei der Erkundung der Anden oder des Altai in Russland. Doch auch über Humboldt hinaus hatten gerade deutsche Wissenschaftler und Bergsteiger großen Anteil an der Erforschung von Hochgebirgen weltweit. Eng verbunden mit der zunehmenden Popularität des Alpinismus in Europa erschlossen sie Ende des 19. und Anfang des 20. Jahrhunderts die letzten weißen Flecken in den höchsten und unzugänglichsten Bergregionen der Erde. Viele dieser Pioniere und Abenteurer sind mittlerweile in Vergessenheit geraten und nur noch Experten bekannt. Ihre Leistungen jedoch waren die Grundlage für Wissenschaftler, die nach ihnen kamen.

D. Lohmann, N. Podbregar, *Im Fokus: Entdecker*,
DOI 10.1007/978-3-642-24337-0_13, © Springer-Verlag Berlin Heidelberg 2012

Drei Brüder in Indien: Auf den Spuren Alexander von Humboldts

Es ist das Jahr 1854. Schon zu dieser Zeit sind auch Deutsche im Himalaya unterwegs. Hermann, Adolph und Robert Schlagintweit, drei Brüder und allesamt begeisterte Alpinisten, Gletscherforscher und Botaniker, haben sich auf Empfehlung des bereits 80-jährigen Alexander von Humboldt nach Indien aufgemacht, um vor allem auf dem Dach der Welt noch unbekannte Gegenden zu kartieren und den Erdmagnetismus zu erforschen.

Auftraggeber für die Indien-Reise, die ihnen von Humboldt organisiert hat, ist die „East Indian Company". Die Brüder sollen einen bereits begonnenen Magnetismus-Auftrag der Gesellschaft fertig stellen. Die Schlagintweits hoffen, neben den magnetischen Untersuchungen auch weitere Erkenntnisse in der Gletscherforschung sammeln zu können. Das ist zu Lebzeiten der Brüder nicht ganz ohne Brisanz, wird doch von der Mehrzahl der Zeitgenossen – so auch von Alexander von Humboldt – die These vertreten, dass der Himalaya keine Vergletscherungen aufweist. Als die Brüder Indien endlich erreichen, melden sie Humboldt sogleich per Brief ihre Ankunft: „Nach einer sehr glücklichen Seereise kamen wir am 26. October hier in Bombay an, alle drei von der Seekrankheit fast völlig unberührt, so dass wir uns ungestört unseren Beobachtungen widmen konnten."

In Indien trennen sich dann die Wege der Brüder. Hermann, der Älteste, 1826 geboren, reist am Brahmaputra entlang nach Darjeeling. Dann zieht es ihn nach Bhutan, wo er einige Zeit in einem Mönchkloster lebt. Im März 1856 kehrt er schließlich nach Kalkutta zurück. Adolph und Robert dagegen wollen nach Nepal. Da sie dorthin zunächst nicht einreisen dürfen, aber weiter auf eine Genehmigung hoffen, verbringen sie mehrere Wochen in Almora und in Nainital im äußersten Nordosten Indiens. Als alles Warten nichts nutzt, kehren sie um. Robert wählt den Weg durch die Täler. Adolph zieht über die bis zu 5.416 Meter hoch gelegenen Pässe.

Von Nordindien aus wagen Adolph und Robert im Sommer 1855 dann gemeinsam den Vorstoß ins verbotene Tibet, müssen aber umkehren. Doch auf dem Rückweg gelingt den Brüdern Sensationelles. Im

August 1855 dringen sie bei dem Versuch, den Gipfel des Kamet zu besteigen, bis in eine Höhe von 6.785 Meter Höhe vor – Weltrekord! Den Gipfel können sie allerdings wegen schlechten Wetters nicht erobern. Adolph schreibt später: „Es war die anstrengendste Bergbesteigung, die ich je gemacht habe."

Später, im April 1856, treffen Adolph und Robert ihren Bruder Hermann wieder, der allein bis Nordindien vorgedrungen ist. Jetzt tun sich Hermann, der Älteste und Robert, der Jüngste, zusammen. Gemeinsam ziehen sie in Richtung Norden über den Himalaya hinaus. Sie erkennen die nördlichen Ausläufer des Himalayas als eigenständige Gebirgszüge und geben ihnen die Namen Karakorum und Kunlun. Ebenso stellen sie fest, dass das Karakorum-Gebirge eine bedeutende Wasserscheide zwischen Nord und Süd darstellt. Im Oktober 1856 treffen sich die drei Brüder einen letztes Mal in Srinagar, der Hauptstadt des nördlichsten Bundesstaats Indiens. Robert zieht mit einem Großteil der Sammlung in einer großen Karawane über Karatschi nach Bombay. Von dort will er sich in Richtung Alexandria einschiffen und dort begegnet er auch Hermann wieder, dem es tatsächlich noch gelungen ist, Nepal zu besuchen.

Zu viel für drei Leben: Das Vermächtnis der Brüder Schlagintweit

Adolph Schlagintweit, der mittlere Bruder, hat noch Großes vor. Von Indien aus will er, abenteuerlustig wie sein Vorbild Alexander von Humboldt, auf dem Landweg nach Deutschland – quer durch Russland und Zentralasien. Als er jedoch von Aufständen in Turkestan hört, schickt er all sein Gepäck nach Indien zurück und behält nur das Nötigste zum Reisen. Denn trotz aller Warnungen zieht er weiter in die unsichere Region. Das Abenteuer endet jedoch tragisch. Im Sommer 1857 greifen ihn in Turkestan Reiter des Kasachen-Herrschers Vali Khan auf. Am 26. August schließlich wird der deutsche Alpinist und Gletscherforscher am Hofe des Khans im Alter von 28 Jahren enthauptet – als möglicher chinesischer Spion und ohne Verhandlung.

Für seine beiden nach Deutschland heimgekehrten Brüder Hermann und Robert Schlagintweit ist dies nicht nur menschlich ein Schicksalsschlag. Adolph fehlt auch bei der Auswertung des Forschungsmaterials, das sie auf ihrer Expedition nach Indien gemeinsam gesammelt haben. Viele Fundstücke, Bilder und Aufzeichnungen können ohne Adolphs Hilfe nicht mehr zugeordnet werden und bleiben unausgewertet. Dennoch ist die dreijährige Reise der Brüder ein voller Erfolg. Sie haben neueste Informationen zur Geologie, Meteorologie und der Entwicklung der Gebirgsketten im Himalaya gewonnen. Darüber hinaus haben sie wichtiges ethnografisches und kulturgeschichtliches Material mitgebracht. Dazu gehören 751 Grafiken und Gemälde sowie zahlreiche Fotografien, die einen einmaligen Eindruck der bereisten Regionen wiedergeben. Auch ohne Adolphs Hilfe bringen Hermann und Robert bereits kurz nach ihrer Reise zwei mehrbändige Bücher mit ersten Ergebnissen der Expedition heraus.

Und noch eines ist den Schlagintweits gelungen: Sie sind auf beispielgebende Art in die Fußstapfen ihres Vorbilds Alexander von Humboldt getreten und haben seine universelle Forschungsmethodik fortgeführt. Ebenso wie von Humboldt sind sie auf ihren Reisen von einem Zusammenwirken der verschiedenen wissenschaftlichen Bereiche ausgegangen und haben ihr Material als Zoologen, Botaniker, Geologen, Ethnologen, Kartografen in Personalunion zusammengetragen. Robert und Hermann Schlagintweit bleiben der Wissenschaft auch in der Folge treu. Robert wird Professor in Gießen, während Hermann sich mit der wissenschaftlichen Auswertung und Verwaltung der riesigen Sammlung befasst. In den ihnen verbleibenden Jahren gelingt es ihnen allerdings nicht, das Material ihrer einmaligen Forschungsreise endgültig auszuwerten.

Die Jagd nach dem Zauberberg: Gottfried Merzbacher im Tien Shan

Im Sommer 1903 ist Gottfried Merzbacher, ein deutscher Geograf und Forschungsreisender, schon das zweite Jahr in Folge im Tien Shan in Zentralasien unterwegs. Gemeinsam mit dem Ingenieur Hans Pfann, dem Bergführer Franz Costner und Hans Keidel, einem Geologen, hat er sich vorgenommen, das „Himmelsgebirge", wie der Tien Shan von den Chinesen genannt wird, genauer zu erkunden. In seinem späteren Reisebericht bezeichnet Merzbacher die Expedition als „Jagd nach einem verzauberten Berg, den man von überall her erblickt, aber nicht erreichen kann". Dieser Zauberberg ist der Khan Tengri, der nördlichste Siebentausender der Erde. Ihn schätzt Merzbacher noch auf eine Höhe von 7200 Meter, bis zu seinen Erkundungen gilt dieser Berg als zentraler Punkt des Tien Shan. Beides erweist sich später als falsch.

Das Ziel von Merzbachers Reise ist es, die genaue Lage des Khan Tengri zu ermitteln. Denn in den verschiedenen russischen Karten – den einzigen, die es zur Jahrhundertwende von dem Gebiet gibt – ist der Berg überall an einer anderen Stelle eingezeichnet. Aber der Zugang zum Khan Tengri erweist sich als schwierig. Mehrfach scheint der Forscher dem Berg ganz nahe zu sein. Doch immer wieder tun sich neue Täler oder Bergrücken vor ihm auf, die den Weg versperren. „Von allen Hochgebirgen der Erde sind wohl die zentralasiatischen, also auch der Tien Shan, die am schwersten zugänglichen", schreibt Merzbacher in seinem Reisebericht. Mit den Alpen, selbst mit dem Kaukasus sei dies nicht zu vergleichen. Er erforsche hier Gletscher, „die zu den größten kontinentalen Eisströmen gerechnet werden müssen".

Merzbacher geht den Tien Shan aus westlicher Richtung an und durchquert ihn, bis er in China landet. Riesige Blockgletscher – mit Felsblöcken und Schutt überlagertes Eis – versperren der Expedition häufig den Weg. Sie zu überqueren, verlangt der gesamten Mannschaft das Äußerste ab. Die Kirgisen, die er als Träger engagiert hat, erweisen sich trotz der von Merzbacher gesponserten Ausrüstung – genagelte Schuhe, Steigeisen, Schneereifen, Eispickel – als unerfahren bei der Überquerung der Gletscher. Als Nomaden seien sie zum einen gewohnt, stets zu reiten anstatt zu Fuß zu gehen, andererseits hätten sie nie den Grund, sich im schwierigen Hochgebirge zu bewegen, urteilt Merzbacher. Mehrmals stürzen Träger und Pferde auf Geröllhalden oder bei Flussdurchquerungen, kostbare Ausrüstungsgegenstände gehen verloren. Im ersten Jahr der Expedition verliert Merzbacher 60 belichtete Fotoplatten, weil sich die Blechkisten bei einem Sturz ins Wasser als undicht erweisen.

Dennoch behält Merzbacher sein Ziel, den Khan Tengri, im Auge. Und im Sommer 1903 scheint er ihm nahe wie nie zuvor. Er ist den insgesamt 75 Kilometer langen Inyltschek-Gletscher hinaufgestiegen, an dessen Ende er den Fuß des Khan Tengri vermutet. Etwa drei Kilometer vom Ende der Gletscherzunge aufwärts teilt sich der Inyltschek in zwei Eistäler, die durch einen riesigen Felsgrat voneinander getrennt sind. Merzbacher entscheidet sich für den linken, nördlichen Strang und steigt hier weiter hinauf. „Dort standen wir plötzlich vor einer weiteren Senkung, ausgefüllt von einem riesigen Eissee, aus dessen tiefblauen Fluten tausende kleiner, mannigfaltig geformter Eisberge und Schollen herausragten. Ein prachtvoller Anblick!", schreibt Merzbacher. Doch die Freude währt nicht lange. Der See versperrt das Tal, ein Vorbeikommen ist nicht möglich. „So lag denn das lang ersehnte und schwer umkämpfte Ziel nunmehr verheißungsvoll nahe und konnte dennoch nicht erreicht werden."

Unbeirrt kämpft sich Merzbacher jedoch auch den zweiten Gletscherstrang hinauf und gelangt schließlich tatsächlich an den Fuß des Khan Tengri. „Nicht die geringste Vorlagerung verdeckte mehr etwas von dem so lange geheimnisvoll versteckten Fuße des Bergs. Unmittelbar an seinem Südfuße befand ich mich und betrachtete staunend, bewundernd, forschend die ungeheure Gestalt. Die Spannung der letzten Wochen, die in den letzten Tagen bis zur Unerträglichkeit gesteigert war, löste sich nun mit einem Male. Das mit aller Kraft des Denkens und Wollens erstrebte Ziel war erreicht."

Als Jude verdrängt: Wie Merzbacher in Vergessenheit geriet

Mit seiner Expedition zum Khan Tengri etablierte sich Merzbacher endgültig als ernstzunehmender Forscher. Ohne akademische Laufbahn, als gelernter Kürschner und Pelzhändler, war der Alpinismus für den 1843 geborenen Hobbygeografen lange Zeit lediglich Erbauung in seiner Freizeit gewesen. Im Jahre 1888, nach 20 Jahren als Kaufmann, hatte er jedoch sein Pelzwarengeschäft in München verkauft und sein Vermögen von da an in seine eigentliche Leidenschaft gesteckt. Er selbst betrachtete den Alpinismus als einen „unentbehrlichen Faktor menschlicher Lebensbetätigung und Geisteskultur, da er einen Ausgleich zwischen überfeinerter Kultur und Hinneigung zur Natur herbeiführt." Damit stand Merzbacher in der Tradition vieler Forscher des ausgehenden 19. Jahrhunderts: Sie verbanden das bürgerliche Vergnügen der Bergbesteigungen mit wissenschaftlichem Erkenntnisdrang.

Der Erkundung des Tien Shan vorausgegangen war eine Reise in den Kaukasus in den Jahren 1891 und 1892. Von dort hatte Merzbacher präzise Vermessungsergebnisse mitgebracht. Er veröffentlichte daraufhin die nach ihm benannte „Merzbacher-Karte", eine erstmalige Kartierung der von ihm bereisten Regionen im Kaukasus. Die Karte und sein Reisebericht korrigierten zahlreiche Irrtümer und Fehler früherer Forschungsreisen, woraufhin ihm von der Philosophischen Fakultät der Universität München die Ehrendoktorwürde verliehen wurde. Nach der Reise in den Tien Shan wurde er sogar zum Königlichen Professor h.c. berufen. In den Jahren 1907 und 1908 machte er sich, mit bereits 64 Jahren, erneut auf nach Zentralasien und erkundete diesmal den chinesischen Teil des Tien Shan. Schon zu Lebzeiten galt er als einer der besten Zentralasien-Kenner. Bis kurz vor seinem Tode im Jahr 1926 arbeitete er an einer Karte des zentralen Tien Shan im Maßstab 1:100.000, die später sowjetischen Kartografen als Grundlage diente.

Trotz seiner Verdienste geriet Merzbacher jedoch bald in Vergessenheit. Seine umfangreiche Asien-Bibliothek ging in den Besitz der Bayerischen Staatsbibliothek über. Zoologische Fundstücke wie Felle, Gehörne oder Schädel von Steinböcken oder Wildschafen übernahm die Zoologische Staatssammlung. Allerdings übereignete Merzbacher seine Sammlungen nicht freiwillig. Die Inflation der 1920er Jahre hatte ihn um sein Vermögen gebracht und so war er mehr oder weniger gezwungen, die Kostbarkeiten an den Bayerischen Staat zu verkaufen. Der Deutsche Alpenverein verschwieg später in den 1930er Jahren sein langjähriges Mitglied Merzbacher. Aufgrund des so genannten „Arierparagraphen" wurden mit Beginn des Nationalsozialismus alle jüdischen Mitglieder ausgeschlossen. Ein Interesse, weiter an den Juden Merzbacher und seine Verdienste zu erinnern, bestand nicht.

Dennoch hat Merzbacher zumindest international große Anerkennung erhalten. So benannte man eine Bergkette im chinesischen Tien Shan nach ihm. Und der See auf dem Inyltschek-Gletscher, der ihm einst den Weg zum Khan Tengri versperrte, wurde drei Jahre nach seinem Tod von russischen Alpinisten „Merzbacher-See" getauft.

Mit 80 Pferden durch den Pamir: Die Vermessung des Fedtschenko-Gletschers

Wissenschaftliche Aufgaben kommen Willi Rickmers nicht zu, als er von der Notgemeinschaft der Deutschen Wissenschaft, dem Vorgänger der Deutschen Forschungsgemeinschaft, ausgewählt wurde, die für das Jahr 1928 geplante Reise deutscher Forscher in den Pamir zu leiten. Obwohl selbst Geologe, Zoologe und Botaniker, hält sich Rickmers mit eigenen Ambitionen zurück. „Ich halte es für gut, dass der Führer einer großen Expedition keine Wissenschaft ausübt, sondern sich ganz dem Haushalte widmet", schreibt er in einem seiner Reiseberichte. Dank einer solchen Arbeitsteilung sei jeder imstande, „sein Fachfeld zu beackern, ohne von den hundert Einzelheiten des Reisebetriebes allzusehr beansprucht zu werden."

Zu diesen „hundert Einzelheiten" gehört es, für Proviant und Transportpferde zu sorgen, mit Dolmetschern und anzuheuernden Trägern zu verhandeln, den Reiseverlauf zu planen und die Ziele mit den wissenschaftlichen Teilnehmern abzustimmen. Rickmers nimmt seine Sache so ernst, dass er bereits im Jahre 1927 allen Teilnehmern einen so genannten „Rüstplan" schickt und sie um Anmerkungen und Vorschläge für eine bessere Vorbereitung bittet. Die vielen Gedanken, die er sich, noch in Deutschland, um das Gelingen des Unternehmens machte, erweisen sich vor Ort als unnötig: „In Bezug auf die brieflich so schwer zu erledigenden Vorbereitungen im Reiselande enthob mich Professor Schtscherbakoff aller Sorgen. Bei unserer Ankunft in Osch fanden wir schon tüchtige Dolmetscher, eine zuverlässige Dienerschaft und die Pferde vor", schreibt er später. Rickmers selbst ist bereits mehrfach in der Region unterwegs gewesen und weiß eine gute Organisation der Reise zu schätzen. 15 Jahre zuvor hatte er bereits den zentralen Teil des Pamirs erkundet.

Ziel der Expedition im Jahre 1928 soll es nun sein, den bis dahin nahezu unbekannten Westrand des Gebirges und den im Norden zwischen Tien Shan und Pamir gelegenen Transalai zu erkunden. An der Forschungsreise nimmt neben den Deutschen eine ganze Reihe sowjetischer Forscher teil. Die Aufgaben haben Deutsche und Russen untereinander aufgeteilt. Letztere übernehmen die Mineralogie, Petrografie sowie die strategisch wichtigen geodätisch-astronomischen Arbeiten. Den Deutschen bleiben Geologie, Vermessung und Kartierung, Glaziologie und Sprachenforschung. Wirtschaftlich gesehen sind das die weit weniger einträglichen Forschungsbereiche. Dennoch bleibt der Ruhm der Expedition an den Deutschen hängen. Denn der stellvertretende Expeditionsleiter und Vermessungsingenieur Richard Finsterwalder wird mit der Aufgabe betraut, den Fedtschenko-Gletscher im westlichen Pamir zu vermessen.

Der nach dem russischen Naturwissenschaftler Alexej Fedtschenko benannte Gletscher war bereits im Jahre 1878 entdeckt worden. Bis zur Vermessung durch die Deutschen hatte man seine Länge auf gerade mal 20 Kilometer geschätzt. Doch durch Triangulation, die klassische Vermessungstechnik mithilfe eines Dreiecksnetzes, ermittelt Finsterwalder nicht nur die genaue Lage des Gletschers auf der Ostseite des 6.595 Meter hohen Pik Garmo, sondern auch seine Ausmaße. Der Eisstrom selbst beginnt danach auf 6.200 Meter Höhe, hat eine maximale Dicke von einem Kilometer und erweist sich als einer der längsten der damals bekannten Gletscher. 77 Kilometer Länge registriert Finsterwalder, und eine Fläche von 700 Quadratkilometern. Bis heute ist der Fedtschenko damit der längste Gletscher außerhalb der Polarregionen.

Doch nicht nur die deutschen Wissenschaftler haben im Pamir großen Erfolg, auch die Leistung des Expeditionsleiters Rickmers ist nicht geringer einzuschätzen. Keiner der ihm anvertrauten Leute kommt in der unzugänglichen Bergregion zu Tode, obwohl Rickmers nicht stets alle im Auge haben kann und sich einige Unfälle ereignen. „Ich habe so an die 30 Mann in sechs Gruppen über 10.000 Geviertkilometer Pamirgelände verstreut", schrieb er später in seinem Reisebericht.

Rickmers und Finsterwalder: Einer Mäzen, einer Kartograph

Die deutsch-sowjetische Alai-Pamir-Expedition von 1928 war Rickmers letzte große Forschungsreise. Nach der Rückkehr nach Deutschland am 28. November 1928 widmete er sich vor allem der Aufarbeitung seiner Arbeit in zahlreichen Berichten und wissenschaftlichen Publikationen, unter anderem einem sechsbändigen Werk über die Ergebnisse der Expedition von 1928. Als Dank für seine Verdienste bei der Erforschung Zentralasiens erhielt er 1930 von der Alpenuniversität Innsbruck die Ehrendoktorwürde.

Dass es Rickmers vor allem auch darauf ankam, sein Wissen mit anderen zu teilen und nicht selbst im Vordergrund zu stehen, hatte er bereits früh bewiesen. Schon 1895 lernte er die Bibliothek des britischen „Alpine Club" kennen. Er wollte etwas Ähnliches auch für den deutschen Sprachraum aufbauen und dachte dabei zuerst an seine eigene Sammlung von etwa 5000 Büchern: „Als ich so vor den endlosen Reihen der Bände stand, kam mir der Gedanke, warum ich diese Schätze in ländlicher Stille versauern lassen sollte. Lesen würde ich sie ja doch nicht alle; und die Freude am bloßen Hamsterbesitz erschien mir plötzlich als geistige Beschränktheit. Gab ich alles hin, dann durften tausend andere mitgenießen, ohne dass ich darum weniger davon hatte. So entschloss ich mich, meine Bergbücher dem Deutschen und Österreichischen Alpenverein zu schenken."

Im Jahr 1902 wurde mit Rickmers' Hilfe schließlich die Zentralbibliothek des Alpenvereins in München eröffnet. Mit mittlerweile 70.000 Bänden ist die Alpenvereinsbücherei heute eine der größten alpinen Fachbüchereien der Welt. Seine „Buchara-Sammlung", die er auf den Reisen nach Russisch-Turkestan und in den Pamir zusammengetragen hatte, überließ er dem Berliner Museum für Völkerkunde.

Für den jungen Richard Finsterwalder dagegen bedeutete die Expedition in den Pamir den Beginn seiner Karriere als Kartograf. Nach seiner Rückkehr nach Deutschland wurde er zunächst als Dozent für Geodäsie an die Universität Hannover berufen. Doch schon im Jahr 1934 bot sich ihm die Gelegenheit, an einem weiteren Meilenstein deutscher Hochgebirgsforschung teilzuhaben. Damals plante Deutschland, eine eigene Expedition in den Himalaya zu schicken, um nach mehreren gescheiterten Versuchen den 8125 Meter hohen Nanga Parbat zu bezwingen. Das Ziel der Reise war somit eher bergsportlicher Natur. Doch der Expeditionsleiter und Bergsteiger Willy Merkl berief auch drei Wissenschaftler mit in die Expeditionsmannschaft – einer davon war der Kartograf Finsterwalder.

Der „Schicksalsberg" der Deutschen: Scheitern am Nanga Parbat

Willy Merkl, der Leiter der Nanga Parbat Expedition im Jahr 1934, ist bereits zum zweiten Mal im Himalaya. Schon 1932 hat er gemeinsam mit Deutschen und Amerikanern einen ersten Aufstieg auf den Berg versucht – vergeblich. Wenige hundert Höhenmeter vor der Gipfelregion mussten er und seine Kollegen Peter Aschenbrenner und Herbert Kunigk aufgeben.

Als Merkl 1934 erneut die Erlaubnis erhält, eine Expedition zusammenzustellen, ist bereits Hitler in Deutschland an der Macht. Die gesamte Expedition nutzen die Nationalsozialisten im Heimatland zu einer Propaganda-Schlacht. Der Kampf um den Nanga Parbat wird von ihnen als Kampf der Deutschen um Blut und Boden hochstilisiert. Wissenschaftliche Erkenntnisse spielen zu dieser Zeit längst keine Rolle mehr. Ende Mai langt die Expedition wohlbehalten am Fuße des Nanga Parbat an – mit 7.000 Tonnen Ausrüstung und Verpflegung im Gepäck. Das ganze Unternehmen ist generalstabsmäßig organisiert und wird von zwei britischen Transportoffizieren unterstützt. 600 Sherpas stehen der Expedition zur Verfügung. Alles bestens – so scheint es zumindest.

Richard Finsterwalder umrundet gemeinsam mit seinen zwei Wissenschaftlerkollegen Walter Rächl und Peter Misch zunächst mehrfach das Massiv des Achttausenders. Sie vermessen das Gebiet und kartieren Topographie und Geologie. Die Chance, einen Aufstieg auf den Nanga Parbat zu wagen, erhalten sie nicht. Dafür aber die deutschen Bergsteiger. Zwei von ihnen erreichen Anfang Juli eine Höhe von 7.895 Metern. Der Rest der Truppe, darunter Expeditionsleiter Willy Merkl, müsste aus einem weiter unten gelegenen Lager nur noch nachsteigen. Dann jedoch ändert sich das Wetter. An einen weiteren Aufstieg ist nicht zu denken. Doch selbst der Abstieg misslingt völlig. Es kommt zur Katastrophe: Drei deutsche Bergsteiger, dabei auch Willy Merkl, und sechs Sherpas sterben.

Obwohl Merkl nicht von wissenschaftlichem Erkenntnisdrang angetrieben war, ist sein Name dennoch wie kaum ein anderer mit dem Alpinismus und so auch mit der Hochgebirgsforschung verbunden. Als Bergsteiger erschloss er über 40 Gipfelaufstiege in den Alpen und bei einer Durchquerung des Kaukasus im Jahre 1929 gelangen ihm acht Erstbesteigungen. Als Leiter der Deutsch-Amerikanischen Himalaya-Expedition im Jahre 1932 entdeckte zudem er die Route zum Gipfel des Nanga Parbat, auf der er schließlich tödlich scheiterte. Er legte damit aber immerhin den Grundstein für die weitere Erschließung des Himalayas.

Erst im Jahr 1953 gelingt es endlich, auch den Nanga Parbat erstmals zu bezwingen. Die erneute Expedition hatte der deutsche Arzt Karl Maria Herligkoffer im Gedenken an seinen Halbbruder Willy Merkl organisiert. Da er selbst kein Bergsteiger war, überließ er den Aufstieg dem ehemaligen Gefährten Merkls, Peter Aschenbrenner. Unter dessen Leitung betritt Hermann Buhl am 3. Juli 1953 erstmals den Gipfel des Nanga Parbat.

14

Dieter Lohmann

Zusammenfassung

Mitte des 20. Jahrhunderts hat die Erde die meisten ihrer Geheimnisse längst preisgegeben. Die Kontinente sind seit Jahrhunderten entdeckt und auch fast alle anderen weißen Flecken konnten mittlerweile von der Weltkarte getilgt werden. Was für die Wissenschaftler jetzt nur noch zu erobern bleibt, sind die Tiefsee und vor allem das Weltall. Doch für diese Vorhaben ist die Zeit noch nicht reif. In dieses Vakuum stößt 1947 der Norweger Thor Heyerdahl mit seiner Expedition „Kon-Tiki". Zusammen mit fünf Gefährten versucht er, auf einem einfachen, nach alten südamerikanischen Überlieferungen gebauten Balsaholz-Floß von Peru aus den Pazifik zu überqueren und nach Polynesien zu gelangen. Was weder die Fachwelt noch die Öffentlichkeit erwartet haben, passiert tatsächlich: Die „Kon-Tiki" und ihre Crew überwinden alle Tücken der rund 7000 Kilometer langen Reise unbeschadet und landen mit ihrem primitiven Vehikel wohlbehalten im Tuamotu-Archipel inmitten der Südsee.

Die Presse überschlägt sich vor Begeisterung über die historische Fahrt und feiert Thor Heyerdahl als den größten Entdecker des 20. Jahrhunderts. Und auch die Archäologie steht Kopf. Heyerdahl hat mit seiner Reise nachgewiesen, dass schon lange bevor die Europäer die Erde eroberten, frühe Völker in der Lage waren, die Weltmeere zu überqueren und neue Lebensräume für sich zu erobern. Kurzzeitig bringt er sogar die eherne archäologische Theorie von der

D. Lohmann, N. Podbregar, *Im Fokus: Entdecker*,
DOI 10.1007/978-3-642-24337-0_14, © Springer-Verlag Berlin Heidelberg 2012

Besiedlung des Pazifiks von Asien aus ins Wanken. Heyerdahls Gegenthese stellt sich zwar später als falsch heraus, findet aber zunächst in der Öffentlichkeit großen Anklang.

Aus einem einfachen Naturforscher wird in der Folge im Handumdrehen ein weltberühmter Entdecker und Seefahrer, dessen Thesen unter Kollegen allerdings immer heftig umstritten bleiben. Kein Wunder, dass er deshalb gelegentlich auch als Enfant Terrible der Wissenschaft bezeichnet wird. Ob Genie oder Scharlatan – Heyerdahl gelingt es auch später mit anderen Expeditionen die Aufmerksamkeit der Weltöffentlichkeit auf sich zu ziehen und der Forschung zahlreiche neue Impulse zu verleihen.

„Out of Asia" auf dem Prüfstand: Heyerdahl auf Fatu Hiva

Mr. Kon-Tiki, größter Abenteurer des 20. Jahrhunderts, Begründer der experimentellen Archäologie – als der 22 Jahre alte norwegische Student der Zoologie und Geographie Thor Heyerdahl 1937 mit seiner Frau Liv zum ersten Mal in die Südsee kommt, deutet nur wenig auf seinen späteren märchenhaften Aufstieg hin. Er ist enttäuscht vom modernen Stadtleben und den angeblichen Segnungen der Zivilisation. Besonders die blinde Fortschrittsgläubigkeit der Menschen und die Abkehr vom Leben im Einklang mit der Natur machen ihm arg zu schaffen.

Deshalb hat er Europa den Rücken gekehrt, um auf der Insel Fatu Hiva in der Marquesas-Gruppe zoologische Studien zu betreiben. Er will hier für ein Jahr den transozeanischen Ursprung des tierischen Lebens auf dem kleinen Südsee-Eiland erforschen und ansonsten den typischen „Polynesian way of life" kennenlernen. Er glaubt, dass das Leben wie Adam und Eva, was ihn und seine Frau dort erwartet, sehr viel glücklicher und erfüllender ist, als das, was ihm die Alte Welt oder Amerika bieten können. Beim Fischfang auf dem offenen Meer mit seinen polynesischen Nachbarn lernt Heyerdahl auf Fatu Hiva schon bald die immerwährenden starken östlichen Winde und Meeresströmungen kennen, die hier herrschen. Schon bald nagen in ihm Zweifel, ob die gängige Lehrmeinung wirklich richtig sein kann, die eine Besiedlung der Inseln von Westen her aus Südostasien vertritt. Konnten sich die frühen Einwanderer wirklich mit ihren einfachen Booten zehntausend Kilometer gegen Wind und Wellen bis nach Polynesien vorangekämpft haben?

Und noch eine andere Beobachtung weckt die Aufmerksamkeit des Norwegers: Auf antiken Felsmalereien entdeckt er Überlieferungen von Wasserfahrzeugen, die gar nicht so recht in die Region zu passen scheinen. Sie erinnern ihn vielmehr an jahrtausendealte ägyptische Boote. Mit der Zeit findet Heyerdahl immer mehr Hinweise, die seine Skepsis gegenüber dem Dogma der Völkerwanderung „Out of Asia" stützen. Auf einer seiner zahlreichen Entdeckungstouren sichtet er beispielsweise große Skulpturen, die denen vom Titicacasee in Südamerika zum Verwechseln ähnlich sehen. Schon bald entwickelt er auf der Basis polynesischer Sagen und indianischer Legenden die Theorie, dass die Inseln im Pazifik nicht von Asien, sondern von Südamerika aus besiedelt wurden. Doch noch ist es aus seiner Sicht zu früh für ein endgültiges Urteil. Seine Gedanken kreisen fortwährend um die zentrale Frage, an deren Beantwortung alles hängt: Waren die Menschen in Südamerika vor vielen Jahrhunderten bereits in der Lage, mit ihren primitiven Booten die Ozeane zu überqueren und nach Polynesien zu gelangen?

Heyerdahl weiß, dass der Humboldt-Strom, der vor der Küste Südamerikas verläuft, etwa auf der Höhe von Peru in Richtung des offenen Pazifiks abdriftet. Diese Meeresströmung könnten die südamerikanischen Seefahrer damals genutzt haben, so seine Hypothese, um mit den üblichen Balsa-Flößen nach Polynesien zu kommen. Ohne es zu wissen, hat Heyerdahl seine Lebensaufgabe gefunden – die Erforschung von frühen Wanderungsrouten des Menschen über die Ozeane. Der Zweite Weltkrieg, an dem er für Norwegen als Freiwilliger teilnimmt, unterbricht seine Überlegungen nur kurz. Schon 1941 veröffentlicht er im in New York erscheinenden Journal „International Science" erstmals die Grundzüge seiner Theorie. Von dieser nimmt allerdings zunächst kaum jemand Notiz.

Doch Thor Heyerdahl lässt sich nicht entmutigen. „Polynesien wurde von Südamerika aus besiedelt" – mit dieser provokanten These geht der Norweger schon bald nach Kriegsende auf Tingeltour durch Europa und Nordamerika. Auch jetzt will ihm niemand glauben, geschweige denn ihn unterstützen. Ganz im Gegenteil man hält ihn für einen Spinner. Schließlich gilt es als völlig unmöglich, dass die Völker der Vor-Inkazeit mit ihren primitiven Wasserfahrzeugen erfolgreich den Pazifik bereisen konnten. Heyerdahls Hinweis auf die bereits existierenden Balsaholz-Flöße entlockt den Wissenschaftlern allenfalls ein müdes Lächeln. Damit – so die gängige Meinung der Forscher – könne man allenfalls in Küstennähe herumschippern, aber niemals den gewaltigen Kräften der Natur auf hoher See trotzen.

Mit einem Floß über den Pazifik: Kon-Tiki

Heyerdahl jedoch ist überzeugt von der Besiedlung Polynesiens aus Südamerika und beschließt die Sache selber in die Hand zu nehmen. Nach Vorgaben uralter Überlieferungen lässt er im peruanischen Hafen Callao ein Floß aus Balsaholz bauen, das den Namen „Kon-Tiki" tragen soll. Er achtet darauf, dass vor allem junge Holzstämme verwendet werden, denn die werden nicht so schnell vom Meerwasser durchtränkt. Noch im Jahr 1947 ist das primitive Vehikel fertig und Heyerdahl sticht am 28. April mit fünf Begleitern – alle ohne größere seemännische Erfahrung – in See. Mit Unterstützung des Humboldt-Stroms und der vorherrschenden östlichen Winde will er die rund 7.000 Kilometer lange Reise zu den Inseln Polynesiens bewältigen. An Bord stapeln sich die Vorräte. Auch viele wissenschaftliche Instrumente und vor allem genügend Trinkwasser gehen mit auf die Reise ins Ungewisse.

Die Crew lässt sich bei ihrem Vorhaben auch von den Kassandra-Rufen der Behörden und der Marine vor Ort nicht entmutigen, die ein baldiges Scheitern der Expedition und den Tod aller Crew-Mitglieder vorhersagen. Und siehe da, das Floß erweist sich von Anfang an als viel hochseetauglicher als man erhofft hatte. Bis aber die Mannschaft alle Tricks und Kniffs beherrscht, um das Floß sicher zu manövrieren, vergeht einige Zeit. Immer wieder gerät die „Kon-Tiki" dadurch in brenzlige Situationen, die sie nur mit viel Glück heil übersteht. Eine Verbindung zur Außenwelt besteht nur über das mitgenommene Funkgerät. Als eine Art „Tischlein-Deck-Dich" bei der Versorgung der Männer erweist sich im Laufe der Zeit das Meer. Immer wieder findet die Besatzung am frühen Morgen so viele Fische an Deck, dass sie nicht einmal mehr die Angeln auswerfen muss, um an frische Nahrung zu kommen. Als gutes Trinkwasser langsam zur Neige geht, haben sie sich schließlich bereits soweit nach Westen vorgekämpft, um ihren Durst aus den ergiebigen Regenfällen in der Region stillen zu können.

Land in Sicht: Nach etwas mehr als drei Monaten gibt es für die „Kon-Tiki" und ihre Besatzung schließlich Grund zum Feiern. Die Atolle des Tuamotu-Archipels sind es, die da am Horizont auftauchen und zum Symbol für den Triumph Heyerdahls werden: Die polynesische Inselwelt ist erreicht. Der Abenteurer hat der Welt und vielen argwöhnischen Zeitgenossen bewiesen, dass die Einwohner Südamerikas tatsächlich schon vor tausenden von Jahren die Mittel besaßen, um über den Pazifik bis nach Polynesien zu gelangen. Die Besiedlung Polynesiens von Südamerika aus ist zwar damit noch nicht bewiesen, zumindest aber in den Bereich des Möglichen gelangt. Müssen die Geschichtsbücher schon bald neu geschrieben werden?

Bei aller Euphorie über das erreichte Ziel hat die Besatzung der „Kon-Tiki" erst einmal andere Probleme zu lösen. Gefährliche Riffe behindern das Anlanden. Schließlich strandet das Floß auf einem der gefährlichen Korallen-Bauwerke des Raroia-Atolls und die Besatzung hat alle Hände voll zu tun, um sich auf einer nahen Insel in Sicherheit zu bringen. Als sie endlich sicheren Boden unter den Füßen haben, pflanzen sie als Zeichen ihres Erfolgs eine aus Südamerika mitgebrachte Kokospalme.

Ein französisches Schiff befreit die Crew der „Kon-Tiki" schließlich aus ihrem Robinson-Dasein. Es nimmt sie und ihr Floß an Bord und bringt sie nach Tahiti – die von Heyerdahl so ungeliebte Zivilisation hat die Expeditionsmitglieder wieder eingeholt. Viel Zeit zum Nachdenken bleibt allerdings nicht. Ausgerechnet ein norwegischer Ozeanriese liegt dort gerade vor Anker und bringt den Landsmann und seine Kollegen auf direktem Weg in die USA. Dort werden sie von der Weltpresse und der amerikanischen Öffentlichkeit begeistert empfangen. In Windeseile erlangen die erfolgreichen Abenteurer Kultstatus und weltweite Berühmtheit. Aus dem belächelten Fantasten Heyerdahl ist im Handumdrehen einer der gefeierten Entdecker des 20. Jahrhunderts geworden.

Abenteurer oder Wissenschaftler?
Heyerdahl im Kreuzfeuer der Kritik

Heyerdahl erweist sich in der Folge als echter Medienprofi. Es gelingt ihm, das Kon-Tiki-Abenteuer geschickt zu vermarkten. Sein Tagebuch „Kon-Tiki Ekspedisjonen" erscheint schon bald nach Ende der Reise und wird in mehr als 60 Sprachen übersetzt. Es verkauft sich blendend und nimmt ihm alle finanziellen Sorgen. Die Zeiten, wo Heyerdahl sich für seine Vorhaben Geld borgen muss, sind ab jetzt für immer vorbei. Für den Dokumentarfilm zur Reise gibt es 1952 sogar einen Oscar in Hollywood. Und noch eines hat Kon-Tiki bewirkt: Von jetzt an sind bei jedem neuen Vorhaben Heyerdahls zahllose Kameras und Mikrophone auf ihn gerichtet und jedes Statement geht per Bild oder Ton um die ganze Welt.

Auch wenn die Öffentlichkeit Heyerdahl seit Kon-Tiki feiert, die von einem Nobody blamierte wissenschaftliche Welt zeigt ihm weiter die kalte Schulter. Sie spricht seinen Expeditionsergebnissen nach wie vor jegliche Bedeutung ab. Der angesehene polynesische Gelehrte Sir Peter Buck bewertet Kon-Tiki sogar abfällig als „nettes Abenteuer, das man aber doch unmöglich als wissenschaftliche Expedition bezeichnen kann". Auch der Ethnologe, Archäologe und Linguist Robert von Heine-Geldern liefert sich mit Heyerdahl zahlreiche heftige Dispute über die Besiedlung Polynesiens. Anhand von archäologischen Belegen versucht von Heine-Geldern darzulegen, dass die Völkerwanderung nur von Südostasien aus stattgefunden haben könne. Auf dem großen Amerikanisten Kongress im Jahr 1951, zu dem beide Forscher eingeladen sind, eskaliert die Situation und es kommt zu hitzigen und lauten Wortduellen, aus denen letztlich keiner als Sieger hervorgeht.

Von der auf ihn herabprasselnden Kritik unbeeindruckt, bringt Heyerdahl in den folgenden Jahren seine Sicht der Dinge in dem 800 Seiten dicken Wälzer „American Indians in the Pacific" zu Papier. Er scheut sich auch nicht, weiterhin – wie beim 1952 stattfindenden 4th International Congress of Anthropologists and Ethnologists in Wien – mit seiner Theorie vor Fachpublikum aufzutreten. Danach aber macht er sich daran, nach weiteren Beweisen für seine Sicht der Dinge zu suchen. Bei der Planung der ersten größeren Expedition nach Kon-Tiki fällt seine Wahl schließlich auf die Galapagos-Inseln.

Heyerdahl organisiert und leitet die Norwegian Archaeological Expedition, die 1952 aufbricht, um die vorkolumbianischen Spuren auf den Galapagos-Inseln näher zu untersuchen. Eine Inka-Flöte und Tonscherben von mehr als 100 Keramikstücken, die später auf die Vor-Inka-Zeit datiert werden, bilden die wichtigste Ausbeute des Unternehmens. Für Heyerdahl sind sie ein sicheres Indiz dafür, dass die mehr als 1.000 Kilometer von der Küste entfernt liegenden Inseln schon früh von den (Ur-)Einwohnern Perus über das Meer besucht wurden.

Beweise müssen her! Den Geheimnissen der Osterinsel auf der Spur

Ermuntert durch den Erfolg der Galapagos-Expedition beschließt Heyerdahl, als nächstes die Osterinsel nach Indizien für seine Theorie abzusuchen. 1955 macht sich ein 23 Mann starkes Wissenschaftlerteam auf den Weg zu dem nur 171 Quadratkilometer großen Eiland, das mehr als 3500 Kilometer vom nächsten Land entfernt mitten im Pazifik liegt. Die Osterinsel oder Rapa Nui, wie der polynesische Name der Insel lautet, ist berühmt für ihre zahlreichen riesigen Moai-Steinköpfe, deren Ursprung und Sinn allerdings noch immer weitgehend unbekannt sind.

Bei ihren ersten Ausgrabungen auf der Insel stellen die Wissenschaftler fest, dass Rapa Nui früher einmal sehr waldreich gewesen musste. Erst durch das Abholzen der Bäume durch die Ureinwohner war es dann zu der jetzt vorherrschenden kärglichen Vegetation gekommen. Kohlenstoffdatierungen belegen zudem eine Besiedlung der Insel seit mindestens 380 v. Chr. – dies ist tausend Jahre länger als man bis dahin glaubte.

Im Rahmen ihrer Arbeit auf der Osterinsel können Heyerdahls Archäologen darüber hinaus einige andere Rätsel des Eilandes lösen. So finden sie heraus, dass die berühmten Moai-Steinköpfe in Wirklichkeit früher riesige Statuen waren, deren untere Teile in Erde und Steinbruch-Trümmern begraben wurden. Die Expedition entdeckt aber auch einen auf der Osterinsel bisher unbekannten Typ Statue, die vom Stil her den Kunstwerken gleicht, die man auch in Südamerika gefunden hatte. War das nicht ein sicherer Hinweis darauf, dass südamerikanische Boote schon vor Jahrhunderten oder Jahrtausenden bis hierher vorgedrungen waren?

Wichtiger als alle anderen Funde sind für Thor Heyerdahl und seine Völkerwanderungstheorie allerdings die Boote, die er auf der Osterinsel zu Gesicht bekommt. Sie sind aus einer Schilfpflanze mit dem Namen Totora gebaut, die in einigen Regionen von Rapa Nui wächst. Das gleiche Material verwenden bis heute auch die Aymara-Indianer vom Titicacasee im Peru und Bolivien, um ihre beinahe unsinkbaren Wasserfahrzeuge zu bauen. Da auch einige Legenden der Rapa Nui-Bewohner davon sprechen, dass ihre Ahnen aus einem weit entfernten Land im Osten stammen, ist für Heyerdahl der Fall endgültig klar: Einwanderer aus Südamerika hatten die Osterinsel und vielleicht auch Polynesien als erste besiedelt und nicht Südostasiaten.

Die Ergebnisse und Funde Heyerdahls werden 1961 auf dem 10. Pacific Science Congress in Honolulu ausführlich präsentiert und diskutiert. Während des Kongresses verabschieden die Delegierten schließlich eine Resolution, die das eherne Gesetz der Archäologie über die südostasiatische Invasion nach Polynesien zumindest ein wenig aufweicht: „Südostasien und die angrenzenden Inseln bilden genauso eine herausragende Informationsquelle über die Menschen und Kulturen der Pazifischen Inseln wie Südamerika auf der anderen Seite des Pazifik."

Amerika im Visier: Mit der „Ra" über den Atlantik

Nachdem Heyerdahl der Weltöffentlichkeit und der Wissenschaft vor Augen geführt hat, dass eine frühe Völkerwanderung von Südamerika zur Osterinsel und nach Polynesien mehr als eine fixe Idee ist, beginnt er sich mit einer neuen Hypothese zu befassen. Auf Tonscherben und Töpferwaren aus der peruanischen Vor-Inkazeit hatte er Schiffe gesehen, die große Übereinstimmungen mit den altägyptischen Papyrusbooten besaßen. Sollten schon damals vor vielen tausend Jahren – und damit lange vor Kolumbus – Seefahrer aus dem Land der Pharaonen bis nach Südamerika gelangt sein? Waren die Papyrusboote so seetüchtig, dass sie allen Unbilden des Atlantiks trotzen konnten? Heyerdahl will es ausprobieren. Schon kurz nachdem das Projekt publik wird, schütteln die Archäologen wieder entrüstet ihre Häupter. Schilfboote, so glaubt man zu wissen, sind in weniger als zwei Wochen auf offener See wasserdurchtränkt und deshalb untauglich einen Ozean zu überqueren.

Heyerdahl lässt sich auch dieses Mal nicht beirren. 1969 kauft er zwölf Tonnen Papyrus und baut mithilfe von Schiffsbauexperten des afrikanischen Burundi-Stamms am Fuß der Pyramiden die „Ra I", ein nach dem ägyptischen Sonnengott benanntes Boot. Nach einigen Monaten intensiver Arbeit läuft schließlich die 15 Meter lange „Ra I" im alten Phönizischen Hafen von Safi in Marokko vom Stapel. Schon bald darauf ist sie mit Heyerdahl und sieben anderen Besatzungsmitgliedern an Bord mit dem Kanarischen Meeresstrom, der vor der Küste Nordafrikas verläuft, auf dem Weg über den großen Teich. Schnell werden Mängel bei der Konstruktion des Hecks und des Steuers offenkundig, die der Belastung durch Wellen und Wind nicht standhalten. Zudem rächt sich, dass man das Boot vor Beginn der Reise nicht lange genug getestet hat. Nach immerhin 5.000 Kilometern und 56 Tagen auf hoher See muss die Crew die „Ra I"-Expedition schließlich wenige Tage vor Erreichen der Karibikinsel Barbados abbrechen.

Doch Heyerdahl gibt nicht auf. Der Schiffsrumpf aus Papyrus war gut seetauglich, das hat die „Ra I" bewiesen. Deshalb beauftragt er im Jahr 1970 Aymara-Indianer vom Titicacasee in Bolivien damit, das Schiff von der Konstruktion her zu verbessern. Sie sind noch bestens mit der Kunst vertraut, Schilfboote nach alter Tradition zu bauen. Einige Monate später startet die zwölf Meter lange „Ra II" mit ihrer Crew erneut von Safi in Marokko aus in die Neue Welt. 57 Tage braucht sie schließlich für die rund 6.000 Kilometer bis Barbados und beweist einmal mehr, dass die moderne Wissenschaft die alten Boote der Ureinwohner völlig unterschätzt hat. Und wieder ist zudem ein Dogma der Archäologie gefallen: Anders als bisher vermutet, hatten bereits die frühen Ägypter vor mehreren tausend Jahren das Zeug dazu, mit den Indianern in Süd- und Mittelamerika in Kontakt zu treten. Ob es diesen Kulturaustausch allerdings tatsächlich gab, dafür konnte Heyerdahl auch mit seiner „Ra II" letztlich keine Beweise liefern.

Die Ra-Expeditionen sorgen aber noch aus einem anderen Grund für Aufsehen: Die von Heyerdahl während der Überfahrt mit der „Ra I" entdeckten Ölverschmutzungen des Ozeans sorgen für eine Welle der

Empörung in der Weltöffentlichkeit. Schärfere Gesetze zum Schutz der Meere sind die Folge und machen Heyerdahl zu einer Art Pionier der Umweltbewegung.

Ein Boot aus Schilfrohr: Die Tigris-Reise

Mit dem positiven Ergebnis der „Ra II"-Mission ist Thor Heyerdahls Wissensdurst in Sachen Wanderungsbewegungen des Menschen noch lange nicht gestillt. Schon wenige Jahre später hat er eine neue Hypothese entwickelt, die er durch eine Expedition überprüfen will. Dieses Mal sind es die Hochkulturen der Sumerer in Mesopotamien, die der Mohendscho Daro im Industal und des rätselhaften Punt der Ägypter, die es ihm angetan haben. Er will wissen, ob es zwischen diesen drei Zivilisationen Kulturaustausch und Handelsbeziehungen über die Meere hinweg gegeben haben könnte. Und vielleicht – so seine Spekulation weiter – war Mesopotamien ja sogar die Wiege all dieser Kulturen, die vor circa 5000 Jahren fast zeitgleich ihre Blütezeit erlebten.

Um seine Hypothese zu überprüfen, lässt Heyerdahl aus Berdi, einer im Irak schon seit vielen tausend Jahren vorkommenden heimischen Schilfrohrart, das Schilfboot „Tigris" bauen. Bei der Fertigstellung der Tigris, die bis aufs I-Tüpfelchen den altsumerischen Schiffen gleicht, sind neben einheimischen Irakern auch wieder die Indianer beteiligt, die bereits bei der „Ra II" perfekte Arbeit geleistet hatten.

Elf Mann Besatzung gehen am 24. November 1977 in Al Qurnah, am Zusammenfluss von Euphrat und Tigris, mit der „Tigris" auf die gefährliche Reise. Den Tigris hinunter durch den Persischen Golf und weiter in den Indischen Ozean verläuft die Route des Schilfbootes. Viele Gefahren lauern auf dem Weg. Nicht nur Meer, Wind und Wellen zerren an dem Boot, auch riesige Öltanker drohen die „Tigris" zu überfahren oder durch ihre Bugwellen zum Kentern zu bringen. Glücklicherweise aber erweist sich das Segelschiff als voll seetauglich und übersteht auch die stark belasteten Gewässer im Persischen Golf und vor allem in der Straße von Hormus ohne gravierende Schäden. Schon bald wird Maskat im Oman angelaufen, von da aus geht es weiter über den Indischen

Ozean bis nach Karatschi nahe dem Indus-Delta. Das erste wichtige Ziel der Reise ist erreicht.

Zurück über den Indischen Ozean Richtung Somalia lautet nun der Kurs. Dort soll der Legende nach das sagenhafte Goldland Punt des alten Ägyptens liegen. An der Insel Sokotra vorbei bis in den Golf von Aden geht alles gut, dann verhindert der Krieg zwischen Jemen und Äthiopien das erfolgreiche Ende der Reise. Aus Protest gegen den Krieg und die Inhumanität verbrennt Heyerdahl 1978 demonstrativ sein noch voll funktionstüchtiges Schiff auf dem Meer vor der Küste von Djibouti. Dennoch hat auch diese Expedition ihr Ziel erreicht. Heyerdahl kann beweisen, dass es mit den 5.000 Jahre alten Schiffen der Sumerer möglich war, Meere zu befahren und Kontakte zwischen den drei Hochkulturen herzustellen.

Wanderer zwischen den Welten

Mit Ehrungen und Auszeichnungen überhäuft, weltberühmt und aufgrund von Büchern wie „Kon-Tiki – Ein Floß treibt über den Pazifik" oder „Aku-Aku – Das Geheimnis der Osterinsel" und zahlreichen erfolgreichen Dokumentarfilmen finanziell unabhängig: Was kann ein Forscher und Abenteurer mehr erreichen? Trotzdem bleibt er auch in den nächsten Jahren und Jahrzehnten seiner Lebensaufgabe treu.

So sucht und findet Heyerdahl 1983 auf den Malediven Ruinen einer längst vergessenen alten Hochkultur. Nur wenige Jahre später, von 1986 bis 1988, begibt er sich zum wiederholten Mal auf die Osterinsel, um dort seine Studien fortzusetzen. Zwischen 1988 und 1994 leitet er dann Ausgrabungen im Norden Perus und legt in Tucume das mit 26 Exemplaren umfangreichste Pyramiden-Feld Südamerikas frei. Zahlreiche religiöse Stätten und andere Ausgrabungsfunde belegen, dass dort schon lange vor Macchu Picchu und anderen Inka-Hochburgen hochentwickelte Kulturen existierten.

Mitte der 1990er Jahre begibt sich Heyerdahl schließlich auf die Kanaren und fördert bei Ausgrabungen unweit von Guimar auf Teneriffa sechs jeweils sechs Meter hohe Stufen-Pyramiden ans Tageslicht. Er sieht in den Bauten einen Missing Link der Archäologie, eine lang gesuchte Verbindung zwischen den Kulturen Mesopotamiens und Südamerikas. Andere Archäologen halten die Monumente allerdings schlicht für Steinhaufen, die in früheren Zeiten mehr oder minder zufällig von Bauern oder anderen Bewohnern der Inseln aufgestapelt worden sind. Eine seiner letzten Missionen 2001 treibt Thor Heyerdahl schließlich im Alter von 86 Jahren nach Russland, wo er nahe den Gestaden des Schwarzen Meeres Hinweise auf den Kriegsgott Odin zu finden hofft, der seiner Meinung nach dort kurz nach Christi Geburt als König regiert haben soll.

Am 18. April 2002 ist dann das Abenteuer seines Lebens – wie er es in einer Biografie selbst nennt – endgültig zu Ende. Thor Heyerdahl stirbt im Alter von 87 Jahren an den Folgen eines Hirntumors auf dem Familiensitz an der italienischen Riviera. Die „Kon-Tiki" und die „Ra II" jedoch gibt es noch heute. Sie befinden sich zusammen mit einem Modell der „Tigris" und Statuen von der Osterinsel im Kon-Tiki-Museum in der norwegischen Hauptstadt Oslo.

Zwischen Anerkennung und Ablehnung

Genauso begeistert wie die Weltöffentlichkeit Thor Heyerdahls Expeditionen und Theorien feierte, so umstritten blieb sein Wirken zeitlebens in großen Teilen der wissenschaftlichen Welt. Man warf ihm häufig nicht nur mangelnde Seriosität und Scharlatanerie vor, sondern setzte auch alles daran, seine Hypothesen und Ideen zu widerlegen. Und häufig genug ist dies durch den technischen Fortschritt in den nächsten Jahren und Jahrzehnten auch gelungen.

Thor Heyerdahls vielleicht wichtigste Theorie, die eine frühgeschichtliche Völkerwanderung von Südamerika in den Pazifik postulierte, ist jedenfalls heute weitgehend entkräftet. Ein ganzes Sammelsurium an Belegen aus den verschiedensten Wissenschaftsdisziplinen spricht dafür, dass die ersten Einwohner Polynesiens stattdessen von Südostasien aus in den Pazifischen Raum einwandert sind. So haben Sprachwissenschaftler in dieser Region mittlerweile mehr als 800 verschiedene Dialekte entdeckt, die samt und sonders auf einer sogenannten austronesischen Ursprache beruhen, die ihre linguistische Heimat irgendwo in Südostasien hat.

Untersuchungen des Erbguts der polynesischen Bevölkerung ergaben nur geringe Unterschiede zwischen den vielen verschiedenen Populationen, die im riesigen Dreieck zwischen der Osterinsel, Hawaii und Neuseeland leben. Gefunden wurden dabei auch Gene, die sonst nur in Asien vorkommen. DNA-Analysen lieferten darüber hinaus auch den Beweis dafür, dass die Eroberung dieser pazifischen Inseln von zwei verschiedenen Ausgangspunkten in Angriff genommen wurde: Taiwan und Papua-Neuguinea. Weitere Hinweise auf die Besiedlung Polynesiens von Südostasien aus lieferte die Archäologie. Ein besonderer Typ der Keramik, die Lapita-Keramik, die nach einem Fundort auf Neukaledonien benannt ist, gilt als Paradebeispiel für die Schlüssigkeit der „Out of Asia-Hypothese". Dieses Steingut mit den typischen Motiven und Ornamenten ist nicht nur in Polynesien weit verbreitet, sondern taucht auch von Melanesien über Indonesien bis nach Südostasien auf.

Trotz aller Kritik an seiner Arbeit und der wiederlegten Theorien hat Thor Heyerdahl jedoch seinen Eintrag im Buch der Geschichte in jedem Fall sicher. Durch die Fahrten mit der „Kon-Tiki", „Ra II" oder „Tigris" hat er der bis dahin fast ausschließlich auf Scherben, Silbermünzen oder Sarkophage fixierten Archäologie zu neuen, ungewöhnlichen Methoden der Erkenntnisgewinnung verholfen. Der von seinen Anhänger als Begründer der experimentellen Archäologie gefeierte Seemann, Wissenschaftler, Abenteurer und Kriegsgegner bediente sich dabei eines einfachen Verfahrens: Kopiere die antiken Schiffe anhand von alten Zeichnungen oder Bildern und probiere aus, was sie leisten können.

Mit seinen Expeditionen konnte er so nachweisen, dass die bis zu 5.000 Jahre alten Kulturen lange vor den Europäern durchaus dazu in der Lage waren, mit ihren primitiven Booten und Flößen die Weltmeere zu befahren und Einfluss auf andere Kulturen zu nehmen. Und wenn dies möglich war, warum sollten frühe Seefahrer aus Ägypten, Mesopotamien oder Südamerika diese Chance im Einzelfall nicht genutzt haben, ohne dass wir heute davon wissen? Vermutlich hat Thor Heyerdahl also Recht, wenn er behauptet: „Weil wir Europäer glauben, dass wir das Reisen erfunden haben, ignorieren wir das Naheliegende einfach. In Wirklichkeit haben wir keinen einzigen Kontinent entdeckt, vermutlich nicht einmal ein Inselchen. Irgendjemand war immer vor uns da …"

Index

D. Lohmann, N. Podbregar, *Im Fokus: Entdecker*,
DOI 10.1007/978-3-642-24337-0, © Springer-Verlag Berlin Heidelberg 2012

License: creative commons – Attribution-ShareAlike 3.0 Unported

1. Definitions

a. **"Adaptation"** means a work based upon the Work, or upon the Work and other pre-existing works, such as a translation, adaptation, derivative work, arrangement of music or other alterations of a literary or artistic work, or phonogram or performance and includes cinematographic adaptations or any other form in which the Work may be recast, transformed, or adapted including in any form recognizably derived from the original, except that a work that constitutes a Collection will not be considered an Adaptation for the purpose of this License. For the avoidance of doubt, where the Work is a musical work, performance or phonogram, the synchronization of the Work in timed-relation with a moving image ("synching") will be considered an Adaptation for the purpose of this License.

b. **"Collection"** means a collection of literary or artistic works, such as encyclopedias and anthologies, or performances, phonograms or broadcasts, or other works or subject matter other than works listed in Section 1(f) below, which, by reason of the selection and arrangement of their contents, constitute intellectual creations, in which the Work is included in its entirety in unmodified form along with one or more other contributions, each constituting separate and independent works in themselves, which together are assembled into a collective whole. A work that constitutes a Collection will not be considered an Adaptation (as defined below) for the purposes of this License.

c. **"Creative Commons Compatible License"** means a license that is listed at http://creativecommons.org/compatiblelicenses that has been approved by Creative Commons as being essentially equivalent to this License, including, at a minimum, because that license: (i) contains terms that have the same purpose, meaning and effect as the License Elements of this License; and, (ii) explicitly permits the relicensing of adaptations of works made available under that license under this License or a Creative Commons jurisdiction license with the same License Elements as this License.

d. **"Distribute"** means to make available to the public the original and copies of the Work or Adaptation, as appropriate, through sale or other transfer of ownership.

e. **"License Elements"** means the following high-level license attributes as selected by Licensor and indicated in the title of this License: Attribution, ShareAlike.

f. **"Licensor"** means the individual, individuals, entity or entities that offer(s) the Work under the terms of this License.

g. **"Original Author"** means, in the case of a literary or artistic work, the individual, individuals, entity or entities who created the Work or if no individual or entity can be identified, the publisher; and in addition (i) in the case of a performance the actors, singers, musicians, dancers, and other persons who act, sing, deliver, declaim, play in, interpret or otherwise perform literary or artistic works or expressions of folklore; (ii) in the case of a phonogram the producer being the person or legal entity who first fixes the sounds of a performance or other sounds; and, (iii) in the case of broadcasts, the organization that transmits the broadcast.

h. **"Work"** means the literary and/or artistic work offered under the terms of this License including without limitation any production in the literary, scientific and artistic domain, whatever may be the mode or form of its expression including digital form, such as a book, pamphlet and other writing; a lecture, address, sermon or other work of the same nature; a dramatic or dramatico-musical work; a choreographic work or entertainment in dumb show; a musical composition with or without words; a cinematographic work to which are assimilated works expressed by a process analogous to cinematography; a work of drawing, painting, architecture, sculpture, engraving or lithography; a photographic work to which are assimilated works expressed by a process analogous to photography; a work of applied art; an illustration, map, plan, sketch or three-dimensional work relative to geography, topography, architecture or science; a performance;

a broadcast; a phonogram; a compilation of data to the extent it is protected as a copyrightable work; or a work performed by a variety or circus performer to the extent it is not otherwise considered a literary or artistic work.

i. **"You"** means an individual or entity exercising rights under this License who has not previously violated the terms of this License with respect to the Work, or who has received express permission from the Licensor to exercise rights under this License despite a previous violation.

j. **"Publicly Perform"** means to perform public recitations of the Work and to communicate to the public those public recitations, by any means or process, including by wire or wireless means or public digital performances; to make available to the public Works in such a way that members of the public may access these Works from a place and at a place individually chosen by them; to perform the Work to the public by any means or process and the communication to the public of the performances of the Work, including by public digital performance; to broadcast and rebroadcast the Work by any means including signs, sounds or images.

k. **"Reproduce"** means to make copies of the Work by any means including without limitation by sound or visual recordings and the right of fixation and reproducing fixations of the Work, including storage of a protected performance or phonogram in digital form or other electronic medium.

2. Fair Dealing Rights

Nothing in this License is intended to reduce, limit, or restrict any uses free from copyright or rights arising from limitations or exceptions that are provided for in connection with the copyright protection under copyright law or other applicable laws.

3. License Grant

Subject to the terms and conditions of this License, Licensor hereby grants you a worldwide, royalty-free, non-exclusive, perpetual (for the duration of the applicable copyright) license to exercise the rights in the Work as stated below:

a. to Reproduce the Work, to incorporate the Work into one or more Collections, and to Reproduce the Work as incorporated in the Collections;

b. to create and Reproduce Adaptations provided that any such Adaptation, including any translation in any medium, takes reasonable steps to clearly label, demarcate or otherwise identify that changes were made to the original Work. For example, a translation could be marked "The original work was translated from English to Spanish," or a modification could indicate "The original work has been modified.";

c. to Distribute and Publicly Perform the Work including as incorporated in Collections; and,

d. to Distribute and Publicly Perform Adaptations.

e. For the avoidance of doubt:

    i. **Non-waivable Compulsory License Schemes**. In those jurisdictions in which the right to collect royalties through any statutory or compulsory licensing scheme cannot be waived, the Licensor reserves the exclusive right to collect such royalties for any exercise by You of the rights granted under this License;

    ii. **Waivable Compulsory License Schemes**. In those jurisdictions in which the right to collect royalties through any statutory or compulsory licensing scheme can be waived, the Licensor waives the exclusive right to collect such royalties for any exercise by You of the rights granted under this License; and,

    iii. **Voluntary License Schemes**. The Licensor waives the right to collect royalties, whether individually or, in the event that the Licensor is a member of a collecting society that administers voluntary licensing schemes, via that society, from any exercise by You of the rights granted under this License.

The above rights may be exercised in all media and formats whether now known or hereafter devised. The above rights include the right to make such modifications as are technically necessary to exercise the rights in other media and formats. Subject to Section 8(f), all rights not expressly granted by Licensor are hereby reserved.

4. Restrictions

The license granted in Section 3 above is expressly made subject to and limited by the following restrictions:

a. You may Distribute or Publicly Perform the Work only under the terms of this License. You must include a copy of, or the Uniform Resource Identifier (URI) for, this License with every copy of the Work You Distribute or Publicly Perform. You may not offer or impose any terms on the Work that restrict the terms of this License or the ability of the recipient of the Work to exercise the rights granted to that recipient under the terms of the License. You may not sublicense the Work. You must keep intact all notices that refer to this License and to the disclaimer of warranties with every copy of the Work You Distribute or Publicly Perform. When You Distribute or Publicly Perform the Work, You may not impose any effective technological measures on the Work that restrict the ability of a recipient of the Work from You to exercise the rights granted to that recipient under the terms of the License. This Section 4(a) applies to the Work as incorporated in a Collection, but this does not require the Collection apart from the Work itself to be made subject to the terms of this License. If You create a Collection, upon notice from any Licensor You must, to the extent practicable, remove from the Collection any credit as required by Section 4(c), as requested. If You create an Adaptation, upon notice from any Licensor You must, to the extent practicable, remove from the Adaptation any credit as required by Section 4(c), as requested.

b. You may Distribute or Publicly Perform an Adaptation only under the terms of: (i) this License; (ii) a later version of this License with the same License Elements as this License; (iii) a Creative Commons jurisdiction license (either this or a later license version) that contains the same License Elements as this License (e.g., Attribution-ShareAlike 3.0 US); (iv) a Creative Commons Compatible License. If you license the Adaptation under one of the licenses mentioned in (iv), you must comply with the terms of that license. If you license the Adaptation under the terms of any of the licenses mentioned in (i), (ii) or (iii) (the "Applicable License"), you must comply with the terms of the Applicable License generally and the following provisions: (I) You must include a copy of, or the URI for, the Applicable License with every copy of each Adaptation You Distribute or Publicly Perform; (II) You may not offer or impose any terms on the Adaptation that restrict the terms of the Applicable License or the ability of the recipient of the Adaptation to exercise the rights granted to that recipient under the terms of the Applicable License; (III) You must keep intact all notices that refer to the Applicable License and to the disclaimer of warranties with every copy of the Work as included in the Adaptation You Distribute or Publicly Perform; (IV) when You Distribute or Publicly Perform the Adaptation, You may not impose any effective technological measures on the Adaptation that restrict the ability of a recipient of the Adaptation from You to exercise the rights granted to that recipient under the terms of the Applicable License. This Section 4(b) applies to the Adaptation as incorporated in a Collection, but this does not require the Collection apart from the Adaptation itself to be made subject to the terms of the Applicable License.

c. If You Distribute, or Publicly Perform the Work or any Adaptations or Collections, You must, unless a request has been made pursuant to Section 4(a), keep intact all copyright notices for the Work and provide, reasonable to the medium or means You are utilizing: (i) the name of the Original Author (or pseudonym, if applicable) if supplied, and/or if the Original Author and/or Licensor designate another party or parties (e.g., a sponsor institute, publishing entity, journal) for attribution ("Attribution Parties") in Licensor's copyright notice, terms of service or by other reasonable means, the name of such party or parties; (ii) the title of the Work if supplied; (iii) to the extent reasonably practicable, the URI, if any, that Licensor specifies to be associated with the Work, unless such URI does not refer to the copyright notice or licensing information for the Work; and (iv), consistent with Section 3(b), in the case of an Adaptation, a credit identifying the use of the Work in the Adaptation (e.g., "French translation of the Work by Original Author," or "Screenplay based on original Work by Original Author"). The credit required by this Section 4(c) may be implemented in any reasonable manner; provided, however, that in the case of a Adaptation or Collection, at a minimum such credit will appear, if a credit for all contributing authors of the Adaptation or Collection appears, then as part of these credits and in a manner at least as prominent as the credits for the other contributing authors. For the avoidance of doubt, You may only use the credit required by this Section for the purpose of attribution in the manner set out above and, by exercising Your rights under this License, You may not implicitly or explicitly assert or imply any connection with, sponsorship or endorsement by the Original Author, Licensor and/or Attribution Parties, as appropriate, of You or Your use of the Work, without the separate, express prior written permission of the Original Author, Licensor and/or Attribution Parties.

d. Except as otherwise agreed in writing by the Licensor or as may be otherwise permitted by applicable law, if You Reproduce, Distribute or Publicly Perform the Work either by itself or as part of any Adaptations or Collections, You must not distort, mutilate, modify or take other derogatory action in relation to the Work which would be prejudicial to the Original Author's honor or reputation. Licensor agrees that in those jurisdictions (e.g. Japan), in which any exercise of the right granted in Section 3(b) of this License (the right to make Adaptations) would be deemed to be a distortion, mutilation, modification or other derogatory action prejudicial to the Original Author's honor and reputation, the Licensor will waive or not assert, as appropriate, this Section, to the fullest extent permitted by the applicable national law, to enable You to reasonably exercise Your right under Section 3(b) of this License (right to make Adaptations) but not otherwise.

5. Representations, Warranties and Disclaimer

UNLESS OTHERWISE MUTUALLY AGREED TO BY THE PARTIES IN WRITING, LICENSOR OFFERS THE WORK AS-IS AND MAKES NO REPRESENTATIONS OR WARRANTIES OF ANY KIND CONCERNING THE WORK, EXPRESS, IMPLIED, STATUTORY OR OTHERWISE, INCLUDING, WITHOUT LIMITATION, WARRANTIES OF TITLE, MERCHANTABILITY, FITNESS FOR A PARTICULAR PURPOSE, NONINFRINGEMENT, OR THE ABSENCE OF LATENT OR OTHER DEFECTS, ACCURACY, OR THE PRESENCE OF ABSENCE OF ERRORS, WHETHER OR NOT DISCOVERABLE. SOME JURISDICTIONS DO NOT ALLOW THE EXCLUSION OF IMPLIED WARRANTIES, SO SUCH EXCLUSION MAY NOT APPLY TO YOU.

6. Limitation on Liability

EXCEPT TO THE EXTENT REQUIRED BY APPLICABLE LAW, IN NO EVENT WILL LICENSOR BE LIABLE TO YOU ON ANY LEGAL THEORY FOR ANY SPECIAL, INCIDENTAL, CONSEQUENTIAL, PUNITIVE OR EXEMPLARY DAMAGES ARISING OUT OF THIS LICENSE OR THE USE OF THE WORK, EVEN IF LICENSOR HAS BEEN ADVISED OF THE POSSIBILITY OF SUCH DAMAGES.

7. Termination

a. This License and the rights granted hereunder will terminate automatically upon any breach by You of the terms of this License. Individuals or entities who have received Adaptations or Collections from You under this License, however, will not have their licenses terminated provided such individuals or entities remain in full compliance with those licenses. Sections 1, 2, 5, 6, 7, and 8 will survive any termination of this License.
b. Subject to the above terms and conditions, the license granted here is perpetual (for the duration of the applicable copyright in the Work). Notwithstanding the above, Licensor reserves the right to release the Work under different license terms or to stop distributing the Work at any time; provided, however that any such election will not serve to withdraw this License (or any other license that has been, or is required to be, granted under the terms of this License), and this License will continue in full force and effect unless terminated as stated above.

8. Miscellaneous

a. Each time You Distribute or Publicly Perform the Work or a Collection, the Licensor offers to the recipient a license to the Work on the same terms and conditions as the license granted to You under this License.
b. Each time You Distribute or Publicly Perform an Adaptation, Licensor offers to the recipient a license to the original Work on the same terms and conditions as the license granted to You under this License.
c. If any provision of this License is invalid or unenforceable under applicable law, it shall not affect the validity or enforceability of the remainder of the terms of this License, and without further action by the parties to this agreement, such provision shall be reformed to the minimum extent necessary to make such provision valid and enforceable.
d. No term or provision of this License shall be deemed waived and no breach consented to unless such waiver or consent shall be in writing and signed by the party to be charged with such waiver or consent.

e. This License constitutes the entire agreement between the parties with respect to the Work licensed here. There are no understandings, agreements or representations with respect to the Work not specified here. Licensor shall not be bound by any additional provisions that may appear in any communication from You. This License may not be modified without the mutual written agreement of the Licensor and You.

f. The rights granted under, and the subject matter referenced, in this License were drafted utilizing the terminology of the Berne Convention for the Protection of Literary and Artistic Works (as amended on September 28, 1979), the Rome Convention of 1961, the WIPO Copyright Treaty of 1996, the WIPO Performances and Phonograms Treaty of 1996 and the Universal Copyright Convention (as revised on July 24, 1971). These rights and subject matter take effect in the relevant jurisdiction in which the License terms are sought to be enforced according to the corresponding provisions of the implementation of those treaty provisions in the applicable national law. If the standard suite of rights granted under applicable copyright law includes additional rights not granted under this License, such additional rights are deemed to be included in the License; this License is not intended to restrict the license of any rights under applicable law.